冶金工业出版社

高职高专“十四五”规划教材

SolidWorks 项目化教程

主　编　郑丽文　尹凌鹏　张新星

副主编　徐文俊　方晓汾　方坤礼　余文利

主　审　王神龙

扫码输入刮刮卡密码

查看数字资源

北　京

冶　金　工　业　出　版　社

2024

内容提要

本书从 SolidWorks 软件起源、发展趋势、界面、草图绘制、三维建模、装配结构、工程图的绘制、曲面设计等模块展开，基于 SolidWorks 软件应用案例，全面、系统地介绍了运用 SolidWorks 软件进行三维建模的方法。

本书可作为高职高专院校机械类相关专业的教材，也可供机械设计行业工程技术人员以及从事三维设计工作的专业技术人员阅读和参考。

图书在版编目(CIP)数据

SolidWorks 项目化教程/郑丽文，尹凌鹏，张新星主编. -- 北京：冶金工业出版社，2024. 10. --（高职高专“十四五”规划教材）. -- ISBN 978-7-5240-0018-1

Ⅰ. TP391. 72

中国国家版本馆 CIP 数据核字第 202484FF85 号

SolidWorks 项目化教程

出版发行	冶金工业出版社	**电　话**	(010)64027926
地　址	北京市东城区嵩祝院北巷 39 号	**邮　编**	100009
网　址	www. mip1953. com	**电子信箱**	service@ mip1953. com

责任编辑 杜婷婷　美术编辑 吕欣童　版式设计 郑小利

责任校对 石　静　责任印制 禹　蕊

三河市双峰印刷装订有限公司印刷

2024 年 10 月第 1 版，2024 年 10 月第 1 次印刷

787mm×1092mm　1/16；14 印张；338 千字；216 页

定价 49. 00 元

投稿电话　(010)64027932　投稿信箱　tougao@cnmip. com. cn

营销中心电话　(010)64044283

冶金工业出版社天猫旗舰店　yjgycbs. tmall. com

（本书如有印装质量问题，本社营销中心负责退换）

前言

SolidWorks 是三维建模行业一款功能强大的软件，该软件易学易用、性能优异，应用领域涉及机械、汽车、航空航天、医疗行业等。

本书以高等职业院校机械类专业学生为主要读者对象，结合高职机械类学生的培养要求，以及行业、企业的岗位需求，从 SolidWorks 基本操作出发，系统介绍了 SolidWorks 软件界面、草图绘制、三维建模、装配结构、工程图绘制、曲面设计六大板块相关知识，每个板块都以相应的案例展开建模，包含图纸分析、建模分析、建模操作、操作视频四个方面，便于读者熟悉了解 SolidWorks 软件三维设计的应用方法。本书具体内容为：项目 1 介绍了 SolidWorks 软件的起源与安装；项目 2 先对二维草绘的基本操作进行讲解，之后引入二维草绘的相关案例；项目 3 讲解了三维建模的基础操作；项目 4 以装配设计的 3 个案例展开教学，讲解了装配设计的基本操作；项目 5 介绍了工程图绘制的 3 个案例；项目 6 介绍了曲面设计的 2 个案例。

本书层次分明、内容完整、条理清晰、通俗易懂，通过实践案例来讲解三维建模软件的应用方法，实用性强；同时本书为新形态教材，每个案例均有讲解视频，读者可扫描书中二维码进行学习。

本书由衢州职业技术学院郑丽文、尹凌鹏、张新星担任主编，衢州职业技术学院徐文俊、方晓汾、方坤礼、余文利担任副主编，衢州职业技术学院邓玉娟、浙江省衢州理工学校王英、浙江省衢州中等专业学校祝齐祁和朱涛、衢州市技师学院邱宏峰参编，上海理工大学王神龙主审。具体编写分工如下：项目 1 由尹凌鹏编写，项目 2 由张新星编写，项目 3~项目 5 由郑丽文编写，项目 6 由徐文俊编写，邓玉娟、王英、祝齐祁、朱涛、邱宏峰参与书稿的整理校对工作；本书的视频录制和讲解由郑丽文完成，视频策划由尹凌鹏完成，方晓汾、方坤礼、余文利参与数字资源开发工作；全书由郑丽文统稿。

本书在编写过程中，参考了有关文献资料，在此向文献资料的作者表示感谢。

由于编者水平所限，书中不妥之处，敬请广大读者批评指正。

郑丽文

2024 年 5 月

目　录

项目 1　SolidWorks 的起源

知识目标

了解 SolidWorks 的起源、发展脉络及未来发展趋势。

相关知识

随着科技的飞速发展，各行各业的设计师越来越迫切地需要一款既可以 3D 实体建模又具备桌面应用性的软件。SolidWorks 应运而生。

1993 年，SolidWorks 创建人 Jon Hirschtick 先生招募工程师团队，明确的目标就是使 3D CAD 技术更为简易。他们开发出在 Windows 平台上执行的首创 3D CAD 技术，而且不需要昂贵的硬件做基础软件就能操作。

1995 年，SolidWorks 软件问世，在短短两个月内，它就因易于使用而广获赞誉，有更多的工程师可以利用 3D CAD 设计出生动优秀的产品。

1997 年，Dassault Systemes 公司鉴于 SolidWorks 产品的强大功能和使用简易性，于 1997 年收购了 SolidWorks，从那时开始，SolidWorks 就逐步建立完整的工具组，以建立、模拟、发布及管理资料，将工程资源的创新力与生产力最大化，使公司以成本效益更高的方式更快设计出更好的产品。

2001 年，Dassault Systemes 公司收购 SRAC，SolidWorks 也在当年把模拟整合到主流设计中。2006 年，Dassault Systemes 公司收购 Conisio 时，公司的产品组合增加了 SolidWorks Enterprise PDM。2007 年，Dassault Systemes 公司收购了 Seemage，将 3DVIA Composer 加入产品线。2008 年，Dassault Systemes 公司收购了 Priware，将 CircuitWorks 整合到了 SolidWorks 软件中。2012 年，SolidWorks Plastics Premium、SolidWorks Plastics Professional 以及 SolidWorks 电气套件加入产品组合中。2014 年，SolidWorks 3D Experience 软件和 SolidWorks Inspection 列入产品组合中。2015 年，SolidWorks 将 SolidWorks MBD 列入产品组合中，同年，Dassault Systemes 公司收购了一款照片质量渲染引擎 Bunkspeed，很快列入了 SolidWorks Visualize 产品组合中。2018 年，SolidWorks 增加了 SolidWorks CAM 模块，能提供完整的设计到制造策略，使流程更加智能。

今天，SolidWorks 已经拥有 2000 多名员工，办公地点遍布全球，全世界 280 万名用户，100 多个国家、31000 多家企业使用。每年来自全球 4300 所教育机构近 14.5 万名学生通过 SolidWorks 开展培训，包括麻省理工学院、斯坦福大学等在内的著名大学已经把 SolidWorks 列为制造专业的必修课，国内一些大学，如清华大学、中山大学、哈尔滨工业大学、电子科技大学等也在应用 SolidWorks 进行教学。

SolidWorks 目前已在航空、航天、铁道、兵器等领域得到广泛应用，并且在电动车、电视、冰箱、空调等生产企业及医疗器械生产企业、模具生产企业拥有数量众多的用户。鉴于其出色的技术和市场表现，SolidWorks 不仅成为 CAD 行业一颗耀眼的明星，而且也成为 CAD 行业一家高素质的专业化公司。

项目 2　SolidWorks 二维草图绘制

知识目标

（1）掌握 SolidWorks 草图环境的设置。

（2）掌握 SolidWorks 二维草图的绘制。

（3）掌握 SolidWorks 二维草图的编辑、几何约束及尺寸标注。

技能目标

（1）掌握基本的二维图形的读图技能。

（2）掌握 SolidWorks 二维草图绘制的基本思路与步骤。

（3）掌握 SolidWorks 草图绘制与尺寸标注的相关操作。

思政目标

（1）敬业精神：培养学生认真负责、一丝不苟的工作态度，努力克服各种困难去完成本职工作，做到善始善终。

（2）工匠精神：培养学生敬业、精益、专注、创新的设计思想，认真负责的工作态度和爱岗敬业的工匠精神。

（3）规范意识：在具体的制图过程中，培养学生严格遵守日常行为准则、职业规范与职业道德，严格按照标准和规范绘制工程图，强化学生的规范设计意识、责任担当意识。

思政案例引入

案例 2-1

长征五号火箭发动机每一次焊接都是一次全新的挑战，其中难度最大的就是喷管的焊接。长征五号火箭发动机的喷管上，有数百根空心管线，管壁的厚度只有 0.33 mm，高凤林需要通过 3 万多次精密的焊接操作，才能把它们编织在一起。这些细如发丝的焊缝加起来，长度达到了 1600 多米。而最“要劲儿”的是，每个焊点只有 0.16 mm 宽，完成焊接允许的时间误差是 0.1 s。发动机是火箭的心脏，一小点焊接瑕疵都可能导致一场灾难。这位火箭“心脏”焊接人作为央视《大国工匠》纪录片“第一人”亮相，成为公众瞩目的工匠明星，更成为弘扬工匠精神的践行者。成功的背后，离不开汗水的浇灌。吃饭时，高凤林拿着筷子练习送丝；喝水时，端着盛满水的缸子练习稳定性；休息时，举着铁块练习耐力，甚至冒着高温观察铁水的流动规律。这种精神值得我们学习。

案例 2-2

千里之堤，溃于蚁穴。1990 年 6 月 10 日，英国航空 5390 号航班在飞行过程中正机长位置的挡风玻璃脱落。调查员发现，该飞机出事前曾更换过挡风玻璃，但是使用了不合规格的螺钉。安装在挡风玻璃里的 90 颗螺钉中，84 颗的直径为 1 mm，比标准的要小；其余 6 颗的长度是 3 mm，比标准的要短。当时英国维修部门的工程师因为工作负荷量大，挑选部件时多以肉眼观察经验的“尽量相似”为准则，没有参考飞机的维修档案和仓管人员意见。当机舱内及机外的气压有异，挡风玻璃最终承受不了这股气压而发生爆炸性减压，导致空难发生。

任务 2.1　SolidWorks 草图基本知识

任务描述

（1）完成 SolidWorks 草图环境的设置。

（2）完成平面基本图形的绘制。

（3）完成二维草图的编辑操作。

（4）设置二维草图中不同的几何约束。

任务分析

（1）在建模之前需要进入 SolidWorks 界面，熟悉 SolidWorks 草图环境的设置。

（2）掌握基本图形如矩形、圆等的绘制。

（3）掌握剪裁、延伸、分割草图，复制、镜向、缩放、旋转、移动、等距、转换草图实体等基本操作。

（4）掌握设置垂直、平行、水平、相切等草图的几何约束。

相关知识

2.1.1　SolidWorks 草图环境的认识和设置

草图环境是建立二维草图的工作界面，SolidWorks 中的三维建模模型可以基于二维草图进行特征模型的建模，因此无论是二维草图的绘制还是三维模型的建立都需要进入二维草图的工作界面进行设计。

2.1.1.1　进入草图环境

启动 SolidWorks 软件，选择“文件—新建”命令，系统出现如图 2-1 所示对话框，选择“零件”，点击“确定”。出现草绘界面，切换到“草图”选项卡，选择一个基准面，进入草图绘制环境。

2.1.1.2　草图环境介绍

整个草图界面可以分成下拉菜单、工具栏按钮、任务窗格、模型树、绘图区、状态栏等区域，如图 2-2 所示。

（1）下拉菜单。下拉菜单中包含文件、编辑、视图、插入、工具、窗口、帮助等项

目。各项目中又包含具体的子项目

（2）工具栏按钮。工具栏里面有相应选项的命令，为快速进入命令及设置工作环境提供了极大的方便，同时用户可以根据具体的情况定制相应的任务栏。

视频　进入草图环境

（3）任务窗格。任务栏与常规软件状态栏的用处一样，其包含 SolidWorks

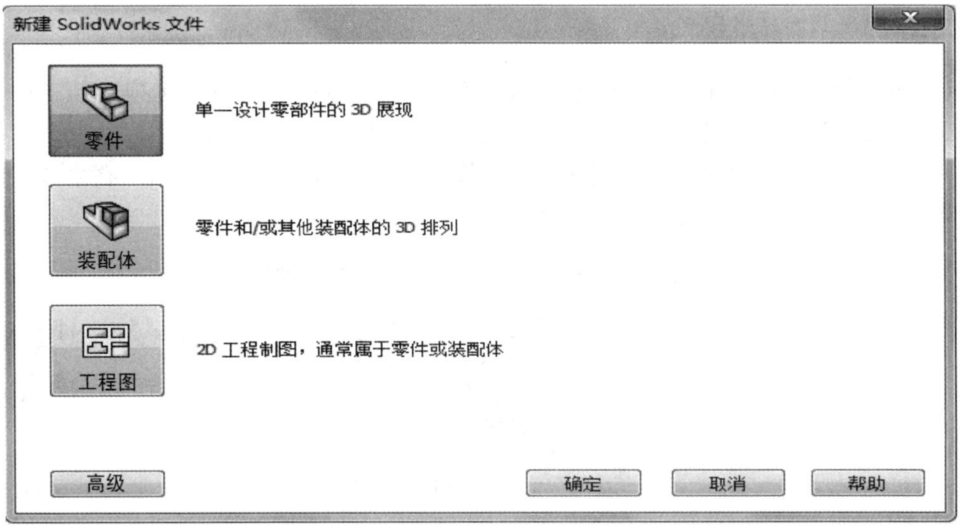

图 2-1　“新建 SolidWorks 文件”对话框

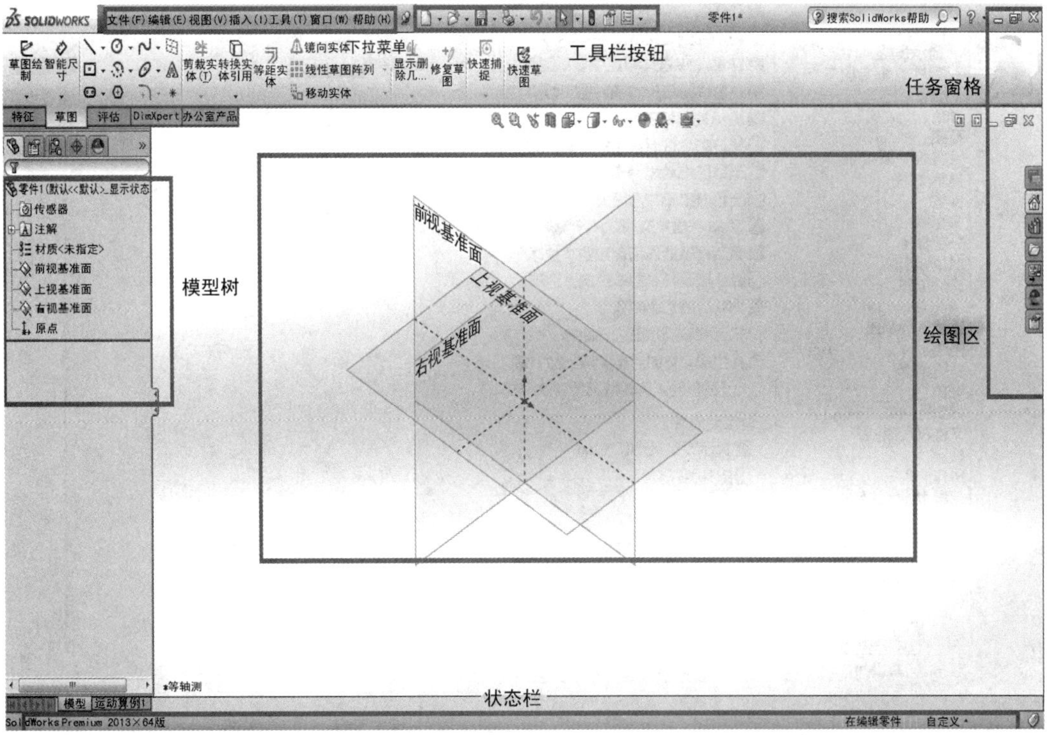

图 2-2　设计界面

资源、设计库、文件探索器、视图调色板、外观与布景和贴图、自定义属性、SolidWorks Forum 等。

(4) 模型树。模型树里列出了活动文件中所有零件、特征、模型建模的路径，在模型树里面可以编辑和删除模型特征。

(5) 状态栏。状态栏里面有模型的定义状态，同时提醒和引导用户当前的操作。

2.1.1.3　草图环境设置

(1) 启用在草图生成时自动垂直和荧屏数字输入。点击工具栏“选项”按钮的下拉按钮，出现如图 2-3 所示对话框，点击“选项”，弹出如图 2-4 所示对话框，点击“系统选项—草图”，勾选“在草图生成时垂直于草图基准面自动旋转视图”和“在生成实体时启用荧屏数字输入”，点击右下角“确定”。

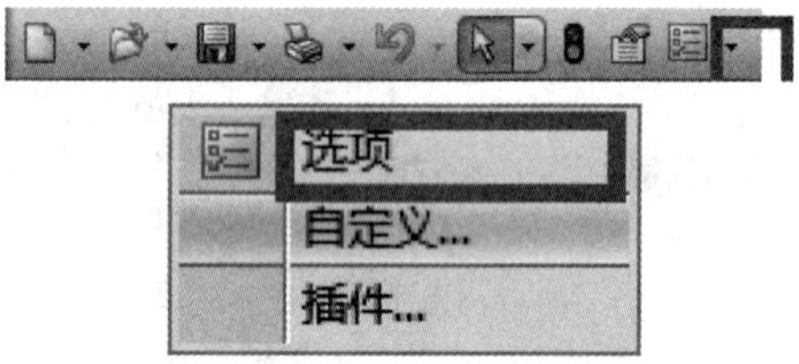

图 2-3　工具栏下拉对话框

视频　草图环境设置

图 2-4　草图窗口

（2）设置捕捉。同样如上述进入系统选项窗口，点击“系统选项—草图—几何关系/捕捉”，设置在草图过程中自动约束，如图 2-5 所示。

2.1.2　SolidWorks 二维草图基本图形的绘制

视频　设置捕捉

（1）草图绘制的基本过程。

1）进入草图绘制界面。点击工具栏上的“新建”按钮，出现新建 SolidWorks 文件对话框，单击“零件”按钮，单击“确定”。

2）确定绘图基准面，选择合适的基准面进行绘制。

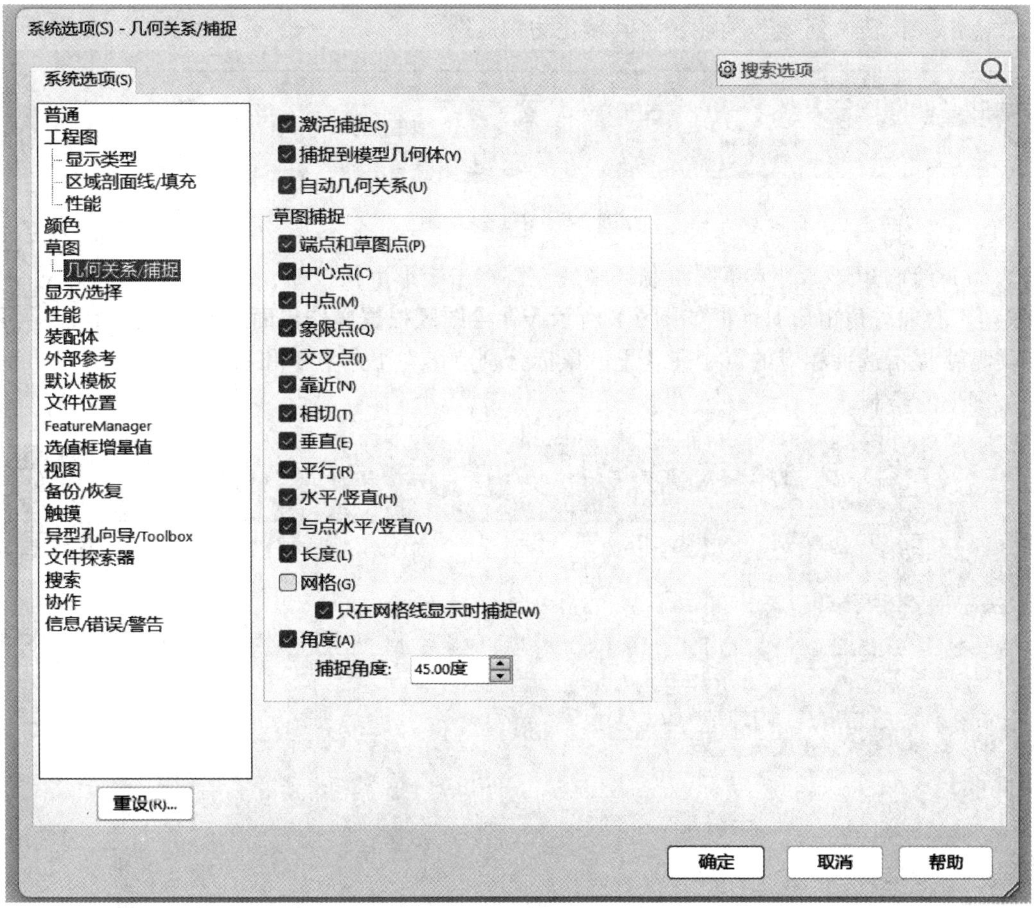

图 2-5　几何关系窗口

3）点击草图绘制工具栏上的“绘制草图”按钮进行草图的绘制。

4）草图绘制完以后对草图进行尺寸标注。

（2）绘制直线。进入草图绘制环境，点击如图 2-6 所示直线命令。或者在绘图区鼠标右击，在弹出的菜单栏中选择“直线”命令。在绘图区点击鼠标左键选择直线的起点，此时可以看到一条线附着在选定的起点上。点击左键选择直线的终点，双击左键结束该段直线绘制。但是此时直线命令并没有结束。鼠标单击可以取消指令，或鼠标右击，在弹出的右键菜单中选择“取消”，也可以

视频　进入草图绘制

图 2-6 直线绘制

在键盘按“Esc”键结束所有直线命令的绘制。

（3）绘制中心线、构造线。进入草图绘制环境，左键点击直线命令的下拉按钮，再选择“中心线”命令，如图 2-7 所示。

构造线的绘制同直线。如已经绘制中心线，可以选中中心线之后鼠标右击，点击“构造几何线”功能，将其转化为构造线。

视频 绘制直线

图 2-7 中心线绘制

视频 绘制中心线

（4）绘制矩形。进入草图绘制环境，左键点击矩形下拉按钮，再选择“边角矩形”出现边角矩形对话框如图 2-8 所示。在绘图区根据操作界面左侧的“矩形类型”提示选择相应的点。在这里，鼠标分别点击左下角点 1 和右上角点 2 完成图形的绘制。

视频 绘制边角矩形

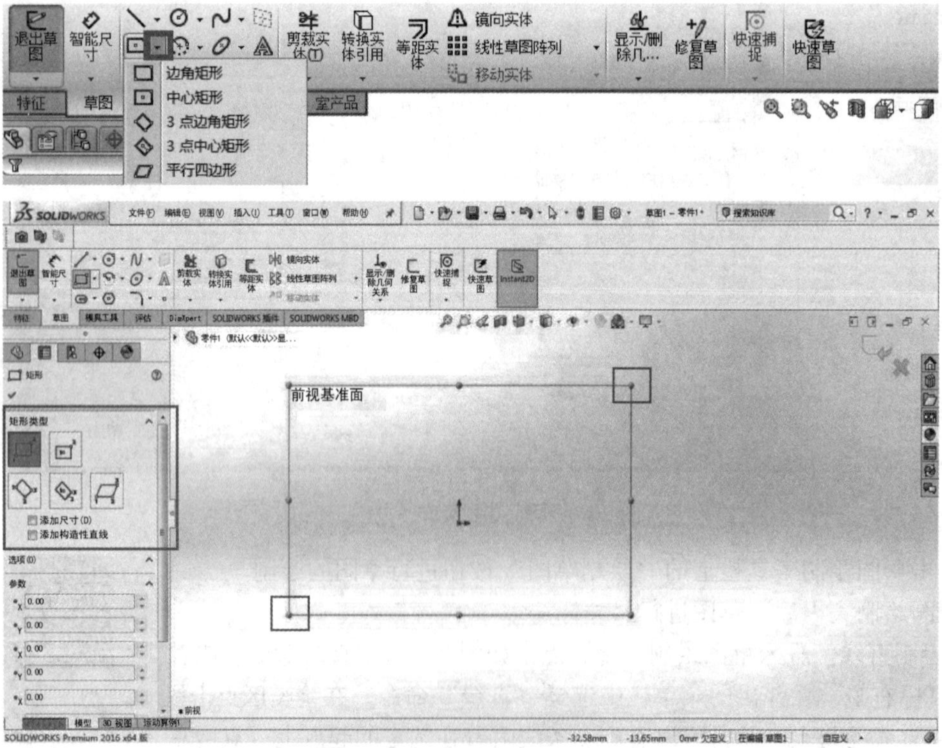

图 2-8 绘制矩形

其他类型的矩形绘制方法与此类似。

（5）绘制圆形。进入草图绘制环境，点击圆命令 。操作界面左侧“圆类型”下提示有中心画圆和三点画圆两种方式，如图 2-9 所示。若选择中心画圆法，则左键点击圆心位置，在数字框内输入圆的半径即可。

视频　绘制中心点圆

三点画圆的绘制方法与此类似。

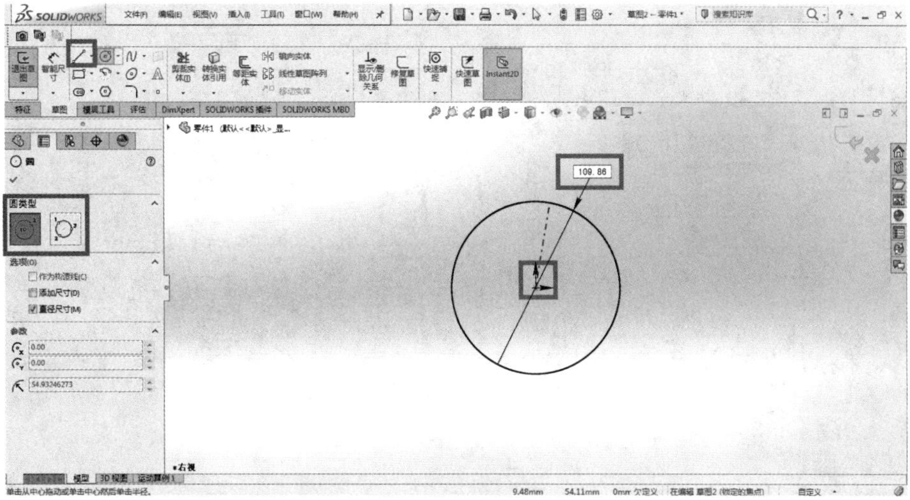

图 2-9　绘制圆

（6）绘制圆弧。进入草图绘制环境，点击圆弧命令 。操作界面左侧“圆弧类型”下提示有圆心/起/终点画弧、切线弧、三点圆弧三种方式如图 2-10 所示。若选择圆心/起/终点画弧，则左键点击圆心位置 1，在数字框内输入圆的半径，再依次点击圆弧的起点 2、终点 3。

视频　绘制中心点圆弧

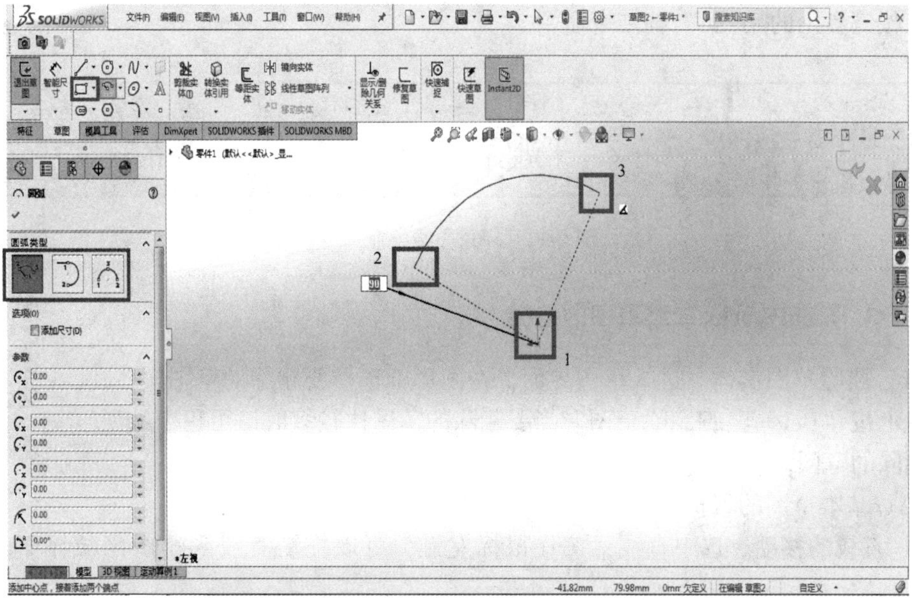

图 2-10　绘制圆弧

另外两种圆弧的绘制方法与此类似。

（7）绘制椭圆曲线。进入草图绘制环境，点击椭圆命令 。在绘图区内，点击椭圆的圆心 1，再分别点击点 2 和点 3 定位长轴和短轴。如图 2-11 左下角“参数”所示，绘制完成以后可以分别对圆心位置、长短轴进行修改。

视频　绘制椭圆

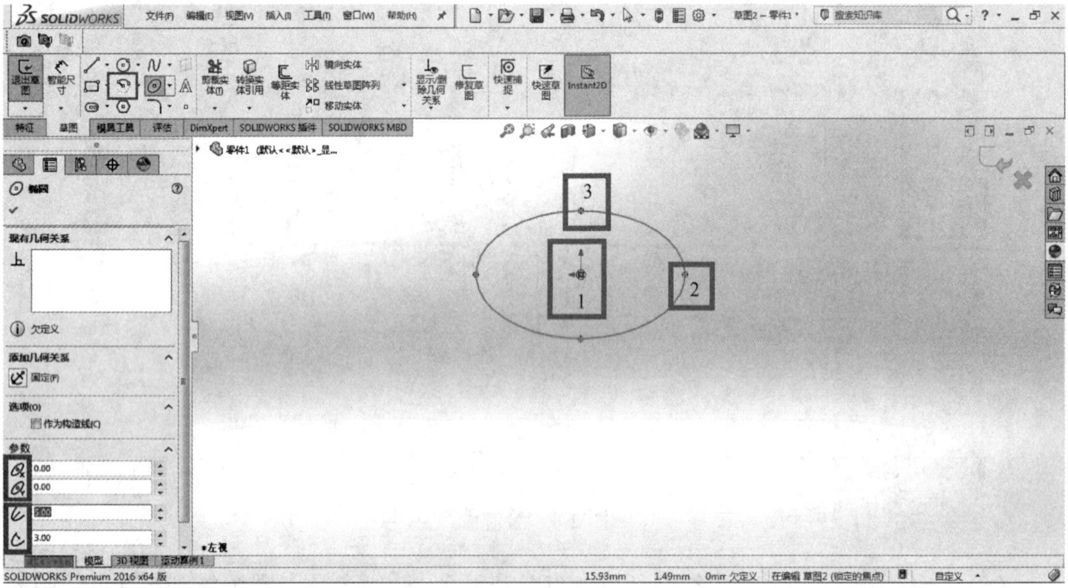

图 2-11　绘制椭圆

（8）绘制样条曲线。进入草图绘制环境，点击样条曲线命令，如图 2-12 所示。先点击起点 1，再点击中间点 2、3，最后鼠标左键双击即可结束命令。也可以按键盘上的“Esc”键结束命令。

视频　绘制样条曲线

图 2-12　样条曲线绘制命令

2.1.3　SolidWorks 二维草图的编辑

视频　删除草图实体

（1）删除草图实体。进入草图界面，在图形中选择要删除的草图实体，在键盘上按“Delete”键删除草图。当要删除的草图比较多时，可以窗选所需要删除的草图。

（2）基本草图的编辑。

1）直线的移动。选中直线，按住鼠标左键，可以拖动直线到绘图区域界面的任意位置。

2）圆的缩放。选中圆弧，按住鼠标左键，可以拖动进行放大和缩小选中圆的操作。

（3）绘制倒角和圆角。

1）绘制倒角。点击 “绘制倒角” 命令，出现如图 2-13 所示绘制倒角对话框，选择 “角度距离” 或者 “距离-距离” 选项。选中第一条倒角边，再按住 “Ctrl” 键选中另外一条倒角边，进行倒角操作。

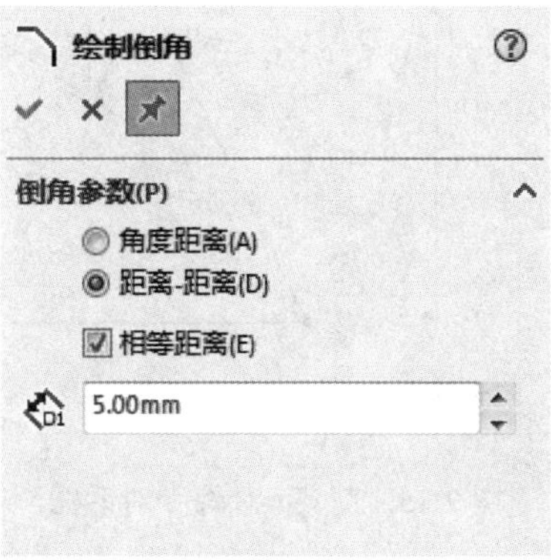

图 2-13　绘制倒角对话框

视频　绘制倒角

2）绘制圆角。点击命令，出现如图 2-14 绘制倒圆角对话框，选择需要倒圆角的直角点，进行倒圆角操作。

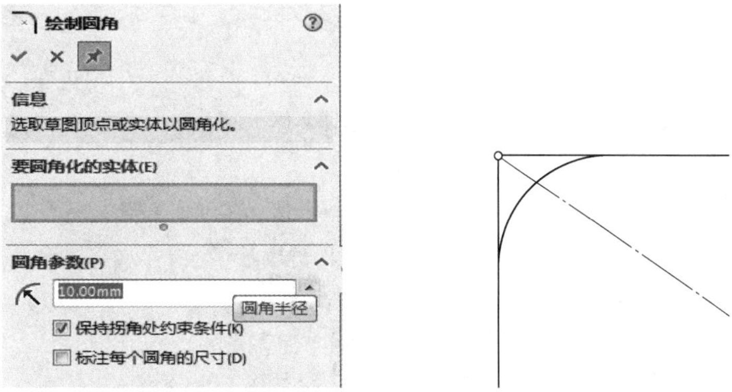

图 2-14　绘制倒圆角对话框

视频　绘制圆角

（4）剪裁、延伸、分割草图实体。

1）剪裁实体。选择 “剪裁实体” 命令，出现剪裁实体命令对话框，如图 2-15 所示，选择 “剪裁到最近端”，对多余部分的线段进行剪裁。

视频　剪裁实体

2）延伸实体。延伸如图 2-16（a）中的直线，选择菜单 “工具—草图工具—延伸”，点击需要延伸的直线，完成直线的延伸。

3）分割实体。选择菜单 “工具—草图工具—分割实体”，在要分割的对象的相应位置进行分割。

（5）复制、镜向、缩放、旋转、移动、等距、转换草图实体。

1）复制。选择 “工具—草图工具—复制” 如图 2-17 所示，出现如图 2-18 所示复制对话框，选择复制的起点，这里选择原始圆心 1，之后选择复制的终点 2，完成草图的复制。

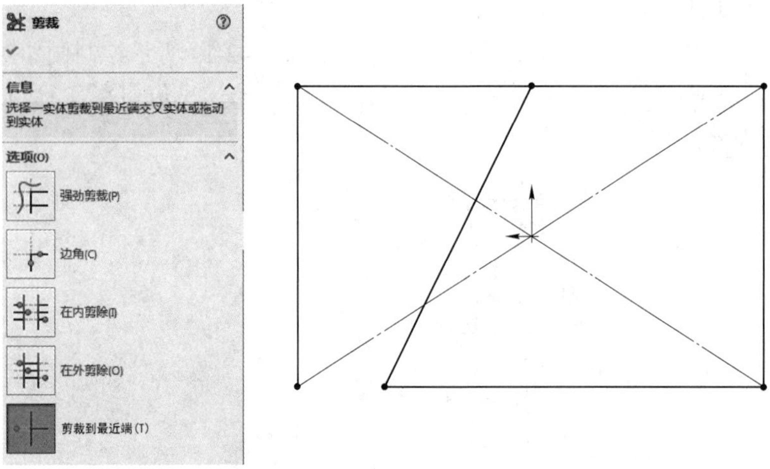

图 2-15　剪裁实体命令对话框

视频　延伸实体

视频　分割实体

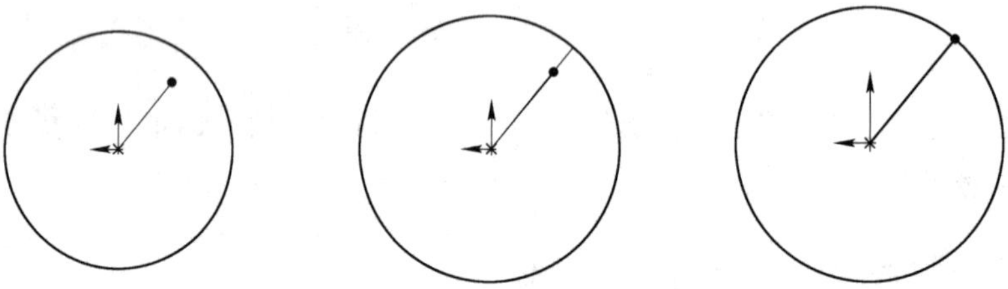

(a)　(b)　(c)

图 2-16　延伸实体

视频　复制草图命令

图 2-17　复制命令

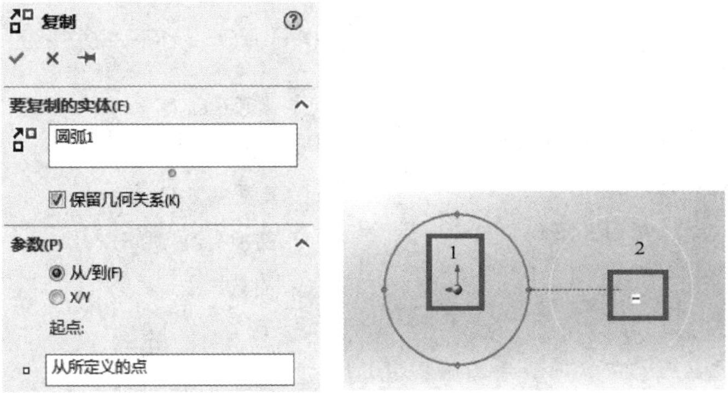

图 2-18　复制对话框

2）镜向。镜向的图形需要有草图和中心线。点击“镜向”按钮，出现如图 2-19 对话框，分别选择要镜向的实体和对称中心线进行草图的镜向。

视频　镜向草图命令

3）缩放。缩放图像需要设置一定的缩放比例。点击“工具—草图工具—缩放比例”，如图 2-20 所示，分别选择要缩放的草图、缩放点以及缩放的比例。图形放大 2 倍后的效果如图 2-21 所示。

4）旋转。点击“工具—草图工具—旋转”，如图 2-22 所示，分别选择要旋转的草图、旋转的点以及旋转的角度，以逆时针为正。旋转后的图形效果如图 2-23 所示。

视频　缩放草图命令

5）移动。点击“工具—草图工具—移动”，如图 2-24 所示，在弹出的对话框中设置要移动的实体，如图 2-25 所示。

6）等距操作。点击“工具—草图工具—等距实体”，如图 2-26 所示，在弹出的对话框中输入等距的距离，如图 2-27 所示。

7）转换实体引用。转换实体引用，在草图绘制中应用比较广泛。实体操作时，可以直接用转换实体引用来进行草图的绘制。

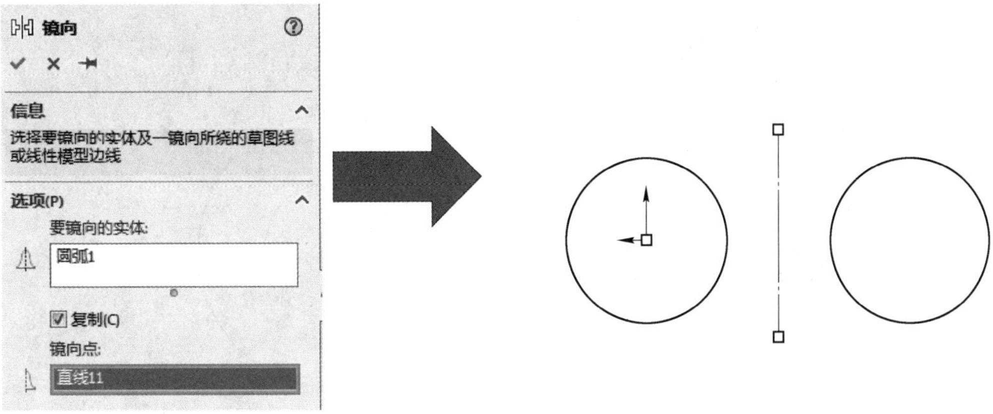

图 2-19　镜向对话框

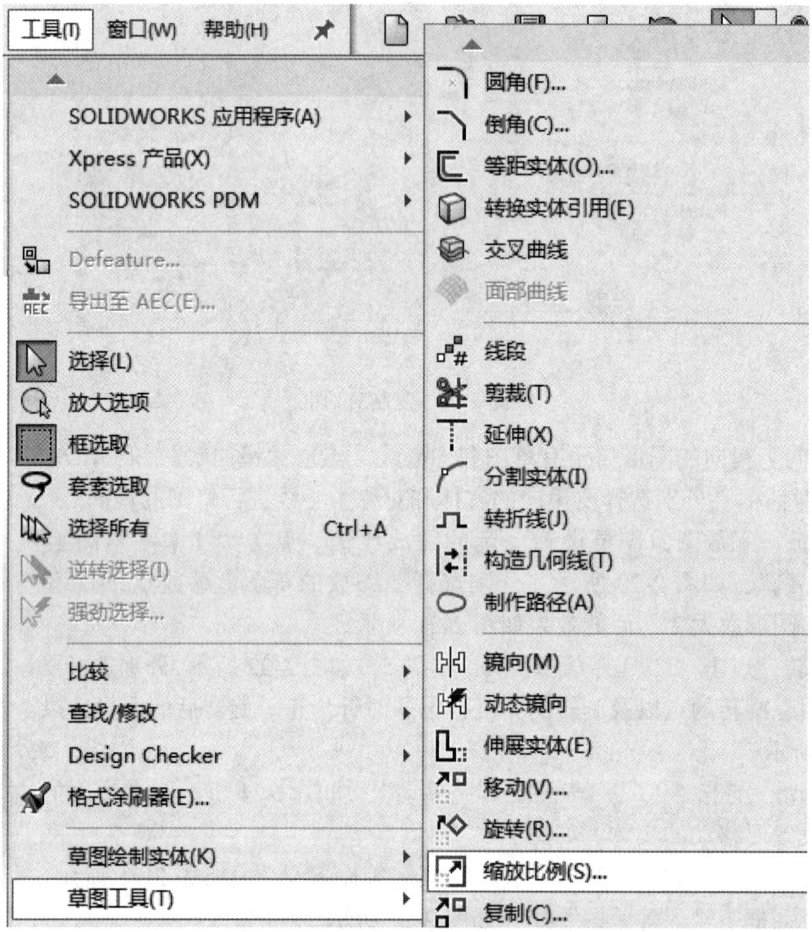

图 2-20　缩放命令

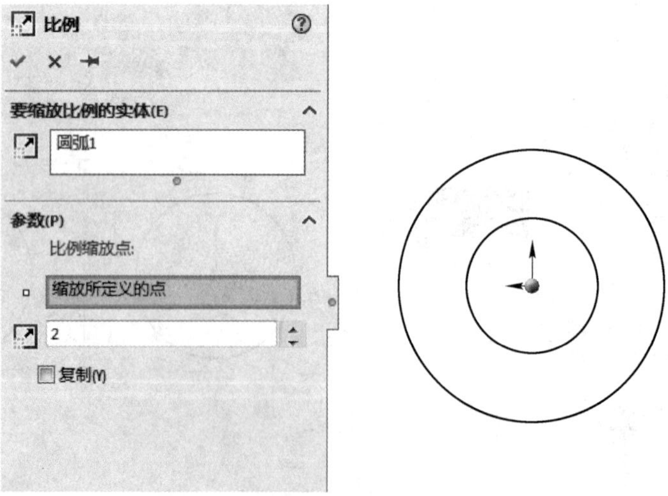

图 2-21　缩放对话框

图 2-22 旋转命令

视频 旋转草图命令

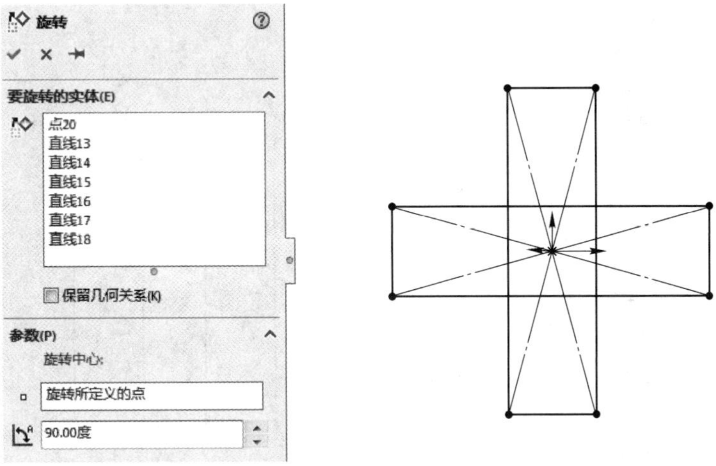

图 2-23 旋转图形

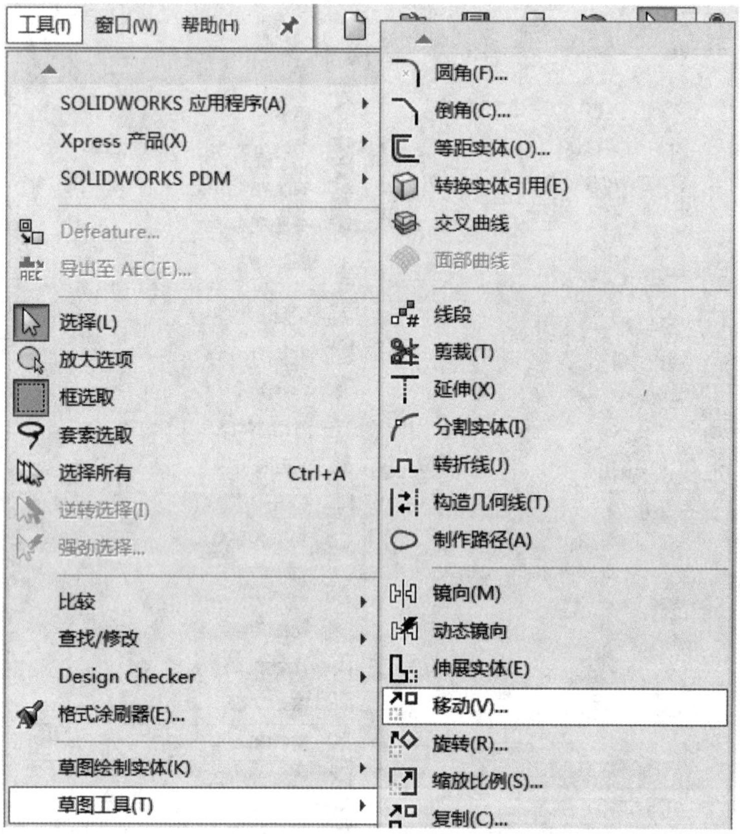

图 2-24　移动命令

视频　移动草图命令

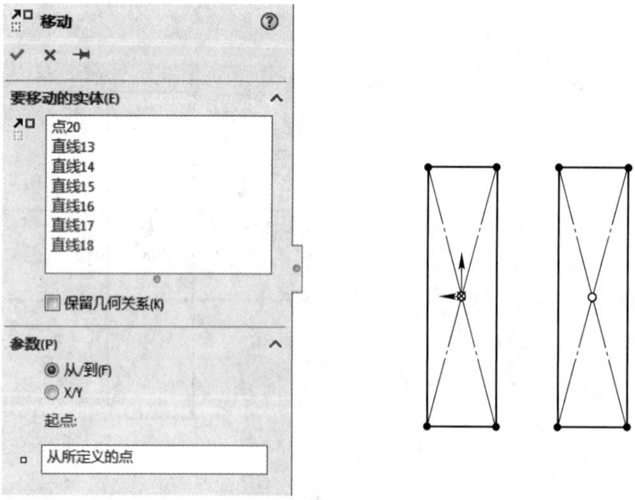

图 2-25　移动对话框

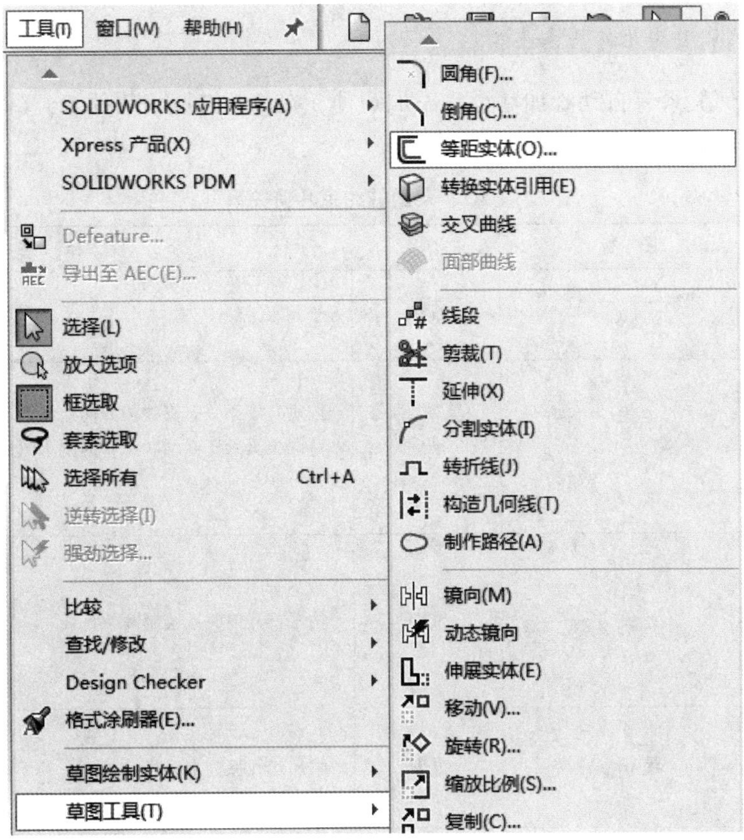

图 2-26　等距命令

视频　等距草图命令

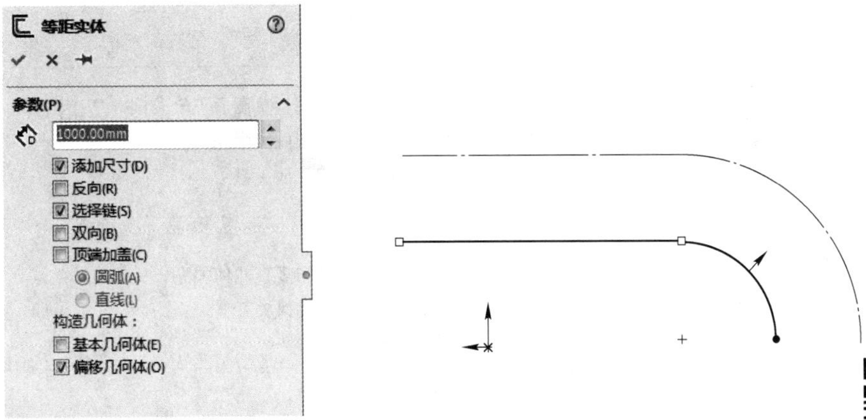

图 2-27　等距对话框

视频　转换实体引用

2.1.4　SolidWorks 二维草图的几何约束

2.1.4.1　草图的状态定义

任何草图都有三种状态，分别为过定义、欠定义和完全定义。在草图定义的过程中，状态栏会显示草图所处状态。

2.1.4.2　草图的几何关系类型

草图的几何关系有自动添加和手动添加两种。在 SolidWorks 软件中，草图的几何约束是比较强大的功能，见表 2-1。

表 2-1　草图的约束几何关系

几何关系	图　标	类型	注　释
水平		推理	绘制水平线
垂直	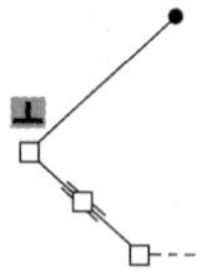	推理	按垂直于第一条直线的方向绘制第二条直线； 草图工具处于激活状态，因此草图捕捉中点显示在直线上
平行	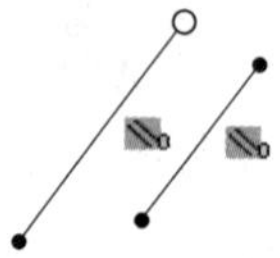	推理	按平行几何关系绘制两条直线
水平和相切	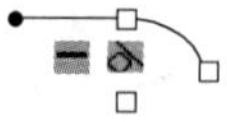	推理	添加切线弧到水平线
水平和重合	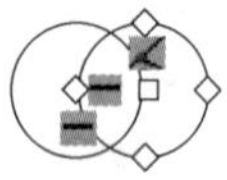	推理	绘制第二个圆； 草图工具处于激活状态，因此草图捕捉的象限显示在第二个圆弧上
竖直、水平相交和相切	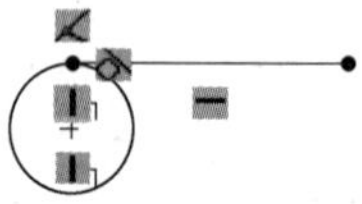	推理和添加	按中心推理到草图原点绘制圆（竖直）； 水平线与圆的象限相交； 添加相切几何关系
水平、竖直和相等	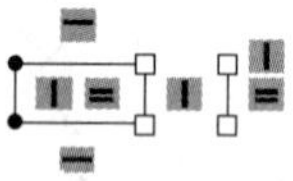	推理和添加	推理水平和竖直几何关系； 添加相等几何关系
同心	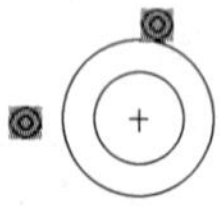	添加	添加同心几何关系
水平	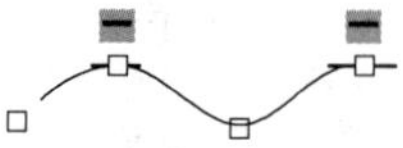	添加	添加水平几何关系到样条曲线控标

2.1.4.3 创建几何约束

下面以图 2-28 所示图形为例，讲解创建几何约束的一般过程。在图 2-28 的两个圆中，先选中第一个圆，再按住 Ctrl 键选中第二个圆，选择相应的约束关系，这里的约束关系为相切。

视频 创建几何约束

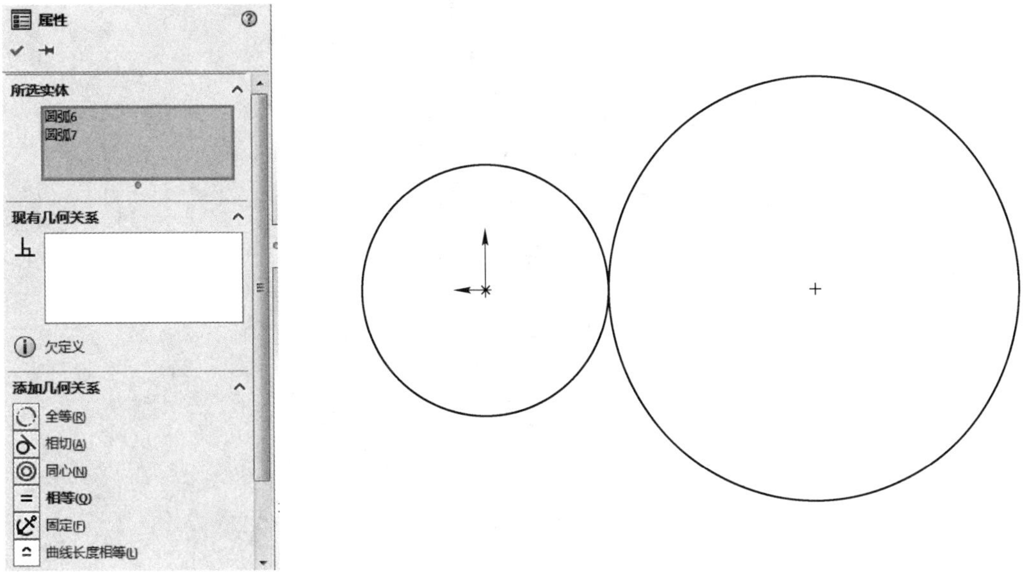

图 2-28 相切约束

2.1.4.4 删除几何约束

在工具栏—草图选项卡中单击“显示/删除几何关系”按钮，如图 2-29 所示，图中显示相应的几何关系按钮。图 2-29 中两圆的几何关系是相切。

视频 删除几何约束

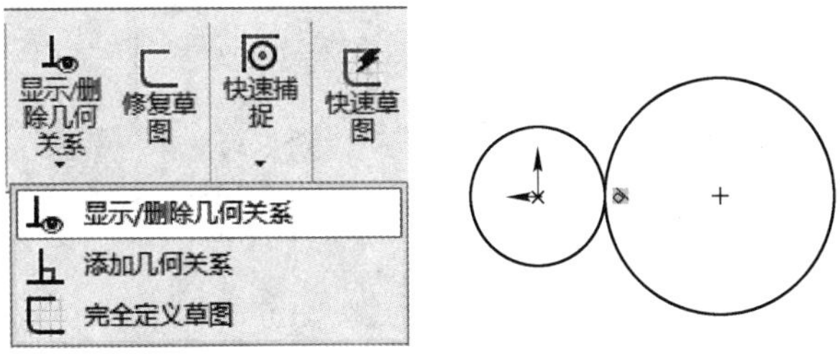

图 2-29 删除相切约束

如需要对相应的结合关系进行删除时，如删除图 2-29 中两圆的相切关系，可以点击相切符号，右键单击，在弹出的菜单栏中选择“删除”，如图 2-30 所示。

2.1.5 SolidWorks 二维草图的标注

（1）标注线段长度。在工具栏—草图选项卡中单击“智能尺寸”按钮，点击直线按钮，分别点击直线的两个端点，就会出现该直线的尺寸，修改对应的尺寸大小，如图 2-31 所示。

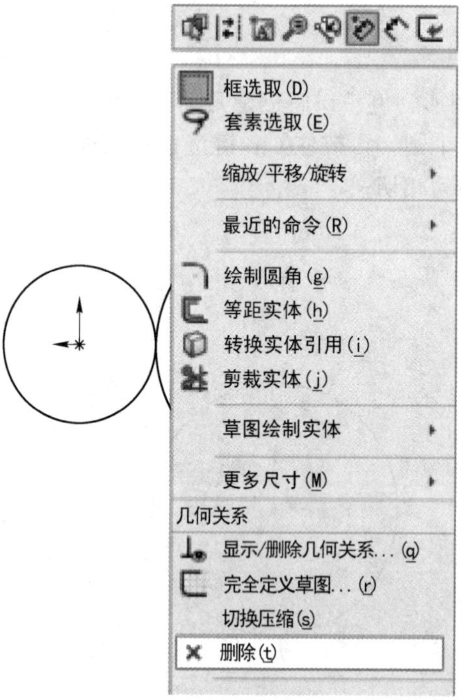

图 2-30　删除相切约束

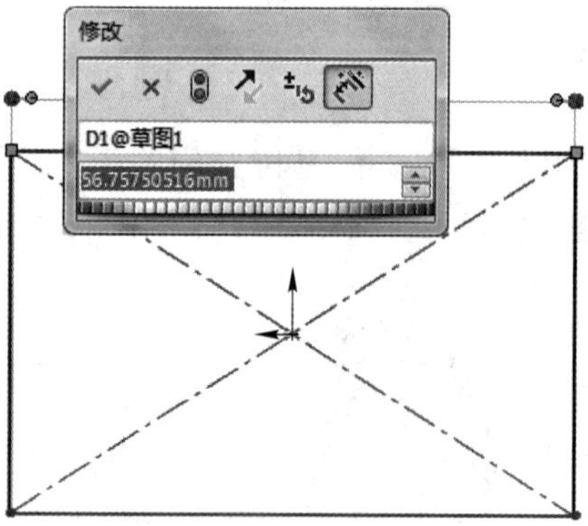

图 2-31　标注线段长度

（2）标注一点到直线、两点的距离。分别选择点和直线进行标注。

（3）标注两条平行线的距离。标注方式同上。

（4）标注直径和半径。分别选择相应需要标注的直径和半径，进行相应的尺寸标注，如图 2-32 所示。

（5）标注两条直线的角度。点击尺寸标注图标，选择要标注角度的两条直线进行标注，如图 2-33 所示，双击也可以修改尺寸。

（6）删除和移动尺寸。选中尺寸，按键盘 Delete 删除尺寸，也可以拖动尺寸放到相应的位置，如图 2-34 所示。

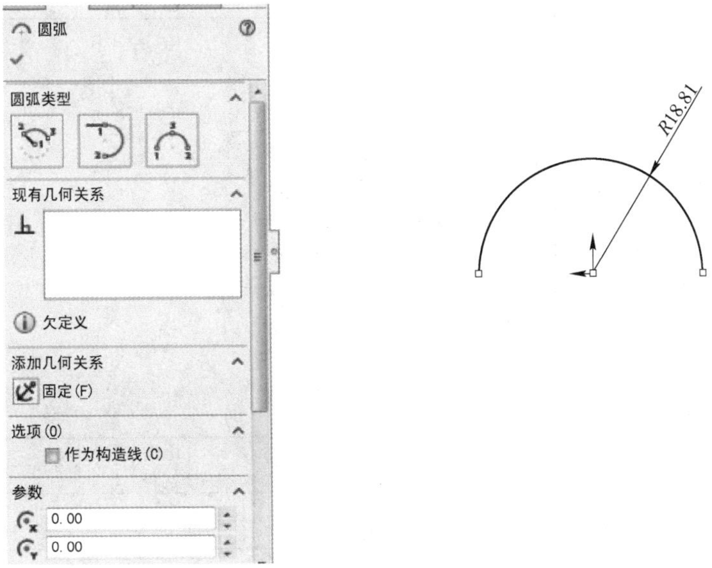

图 2-32　标注半径

视频　二维草图的简单标注

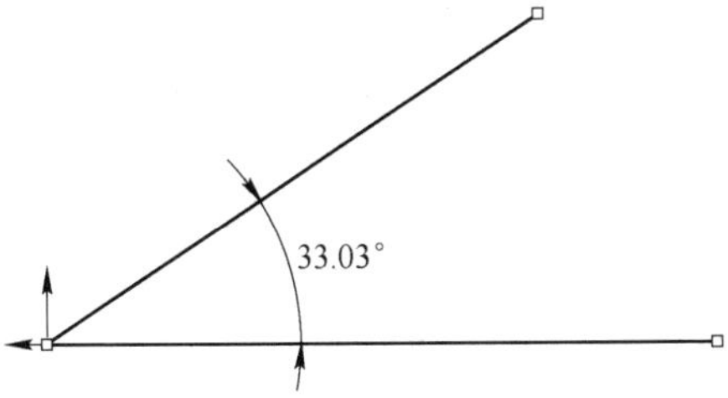

图 2-33　标注角度

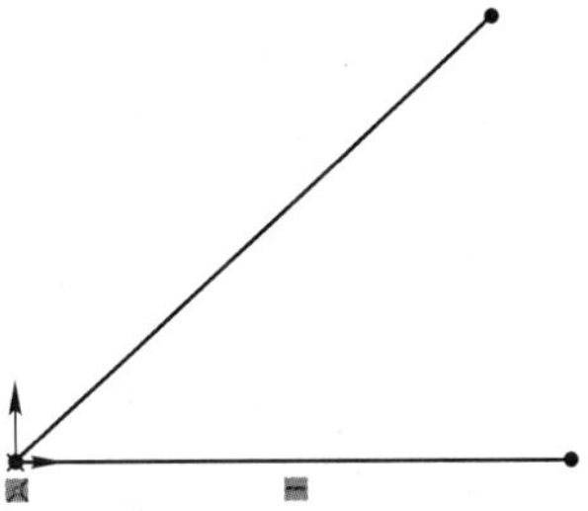

图 2-34　删除尺寸

任务 2. 2　特征垫片草图的绘制

案例引入

案例 2-3　完成如图 2-35 所示垫片草图的绘制。

任务描述

视频　垫片草图绘制

（1）完成垫片基本图纸的识读。

（2）完成垫片草图的绘制并标注尺寸。

（3）掌握矩形命令、倒圆角命令、圆命令的使用，掌握一般的尺寸标注方法。

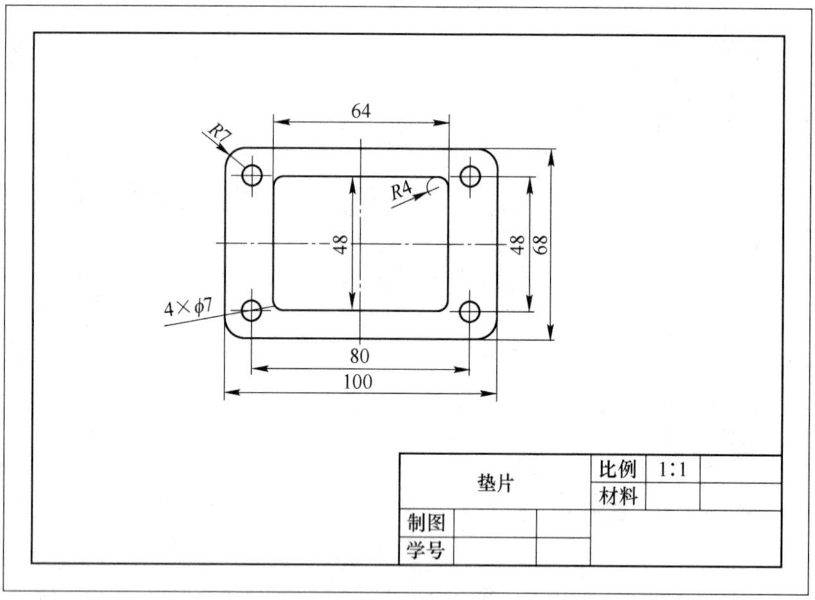

图 2-35　垫片草图

任务分析

（1）分析垫片草图的特点与尺寸。

（2）分析各个部分绘制的先后次序。

操作步骤

（1）在草绘选项卡中点击矩形命令 ，选择“中心点绘制矩形”，选择坐标原点为矩形中心点，出现矩形形状，如图 2-36（a）所示，绘制里面的矩形，在长度和宽度位置分别输入 45 和 64。同理，选择原点为矩形中心点完成外部矩形绘制，尺寸为 100×68，如图 2-36（b）所示。

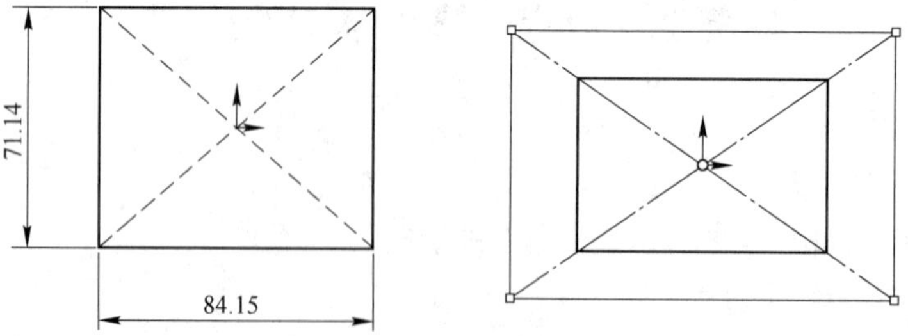

(a)　　(b)

图 2-36　矩形的绘制

（2）对两个矩形分别标注尺寸，如图 2-37 所示，为完全定义。

（3）点击倒圆角命令，对图形进行倒角，外部倒角大小为 *R*7，里面倒角为 *R*4，如图 2-38 及图 2-39 所示。

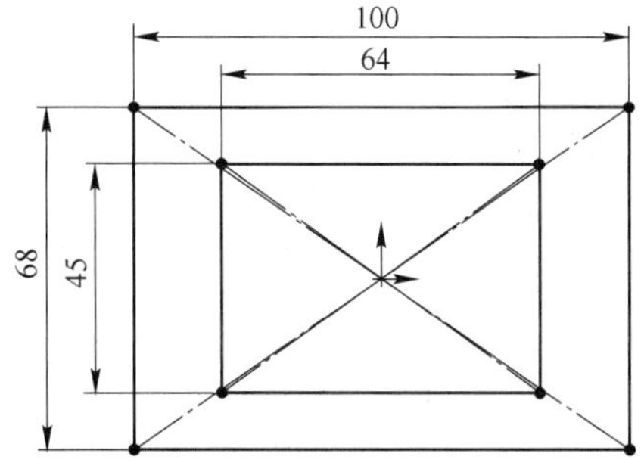

图 2-37　矩形尺寸的标注

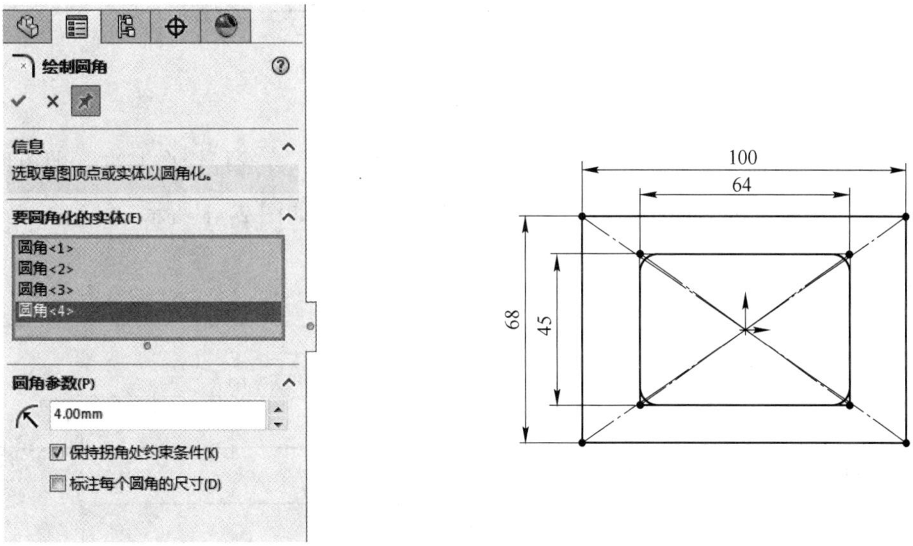

图 2-38　倒圆角命令

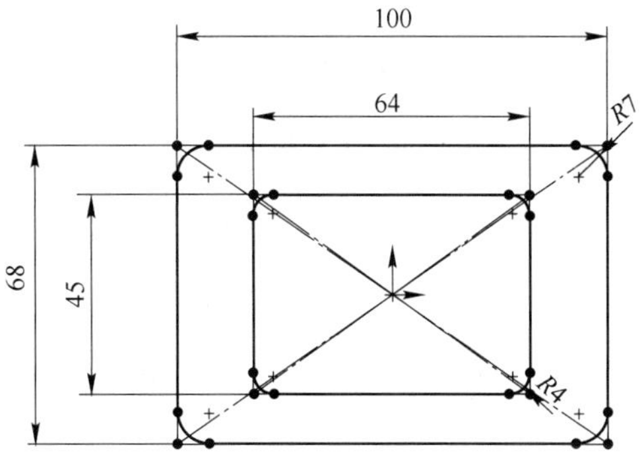

图 2-39　倒圆角结束的图形

（4）绘制矩形的中心线及图 2-35 四个圆中任一个圆的定位线，如图 2-40 所示。

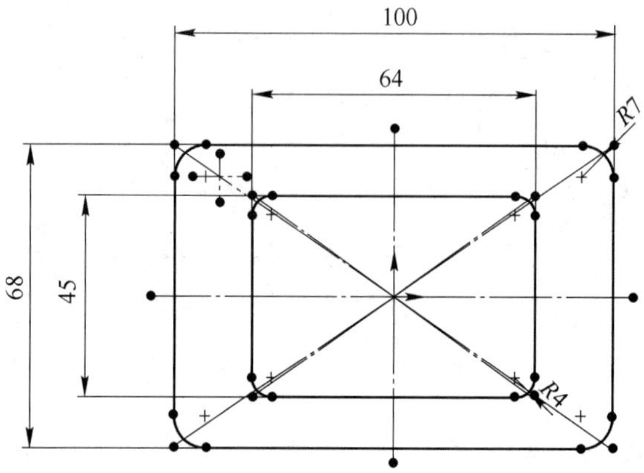

图 2-40　定位圆心草图

（5）点击镜向命令 ，先选择要镜向的圆的定位线，再选择镜向基准，即矩形的竖向镜向基准，即矩形的竖向中心线，完成左右镜向操作，如图 2-41 所示。

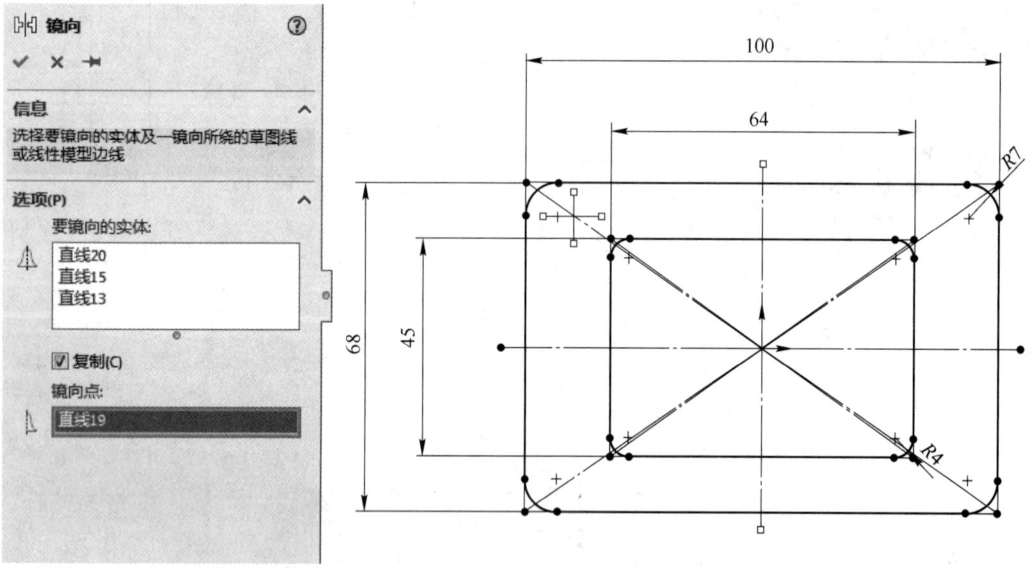

图 2-41　左右镜向草图

（6）标注左右两圆定位线的水平距离尺寸 80，完成定位尺寸从上到下的镜向，如图 2-42 所示。

（7）标注上下两圆定位线的竖直尺寸 48，如图 2-43 所示。

（8）完成一个圆的绘制，镜向得到其余的 3 个圆，完成后的效果如图 2-44 所示。

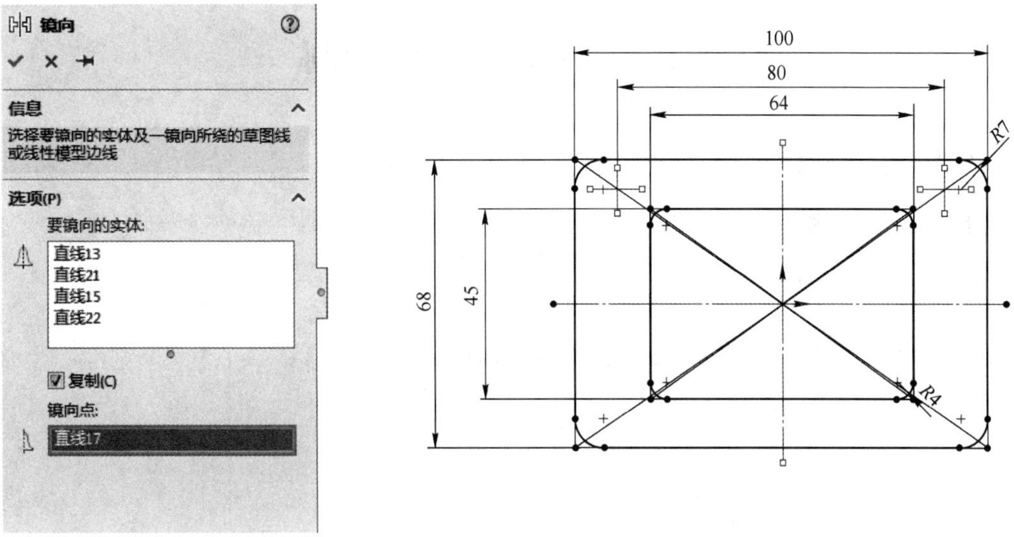

图 2-42　上下镜向草图

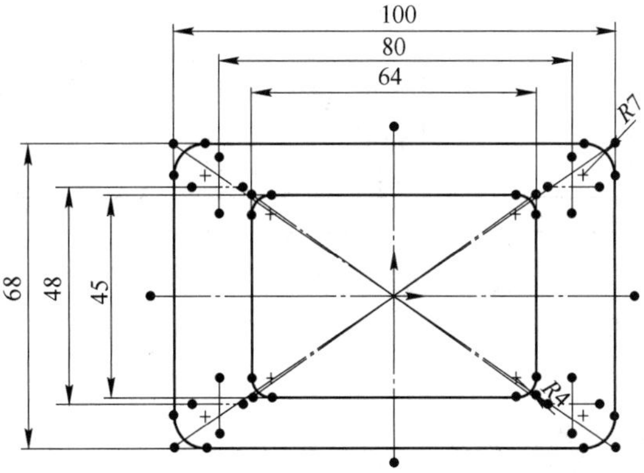

图 2-43　标注尺寸草图

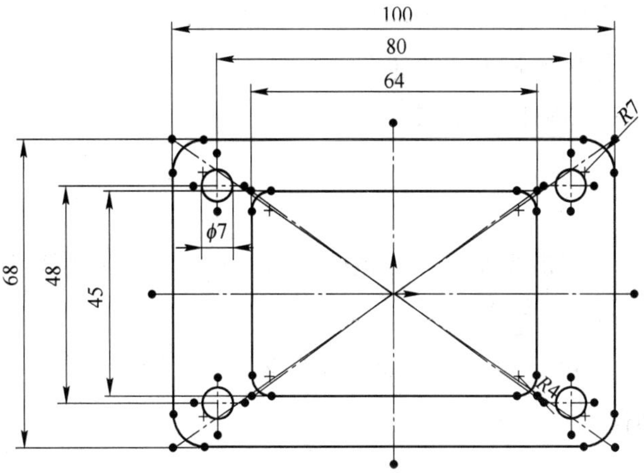

图 2-44　完成后的草图

任务 2.3　钣金件草图的绘制

案例引入

案例 2-4　完成图 2-45 所示钣金草图的绘制。

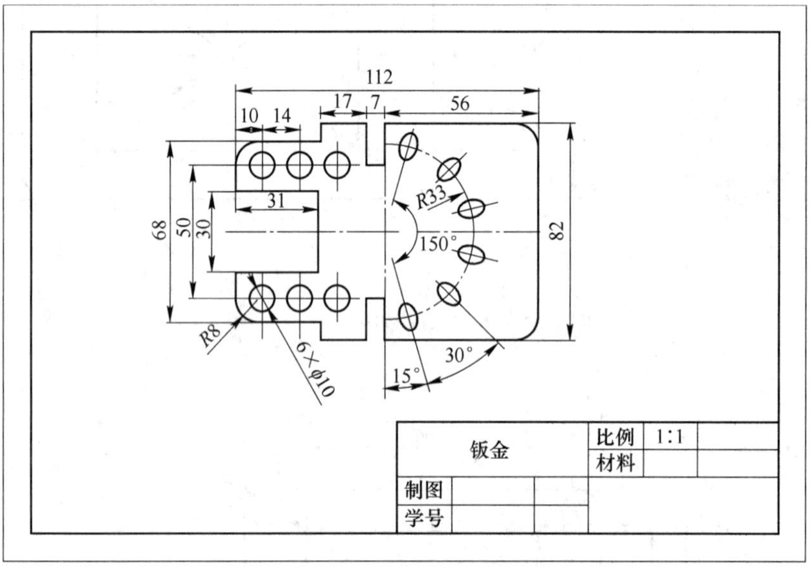

图 2-45　钣金草图

视频　钣金件草图的绘制

任务描述

(1) 完成钣金件基本图纸的识读。

(2) 完成钣金件草图的绘制并标注尺寸。

(3) 掌握椭圆命令、镜向命令的使用以及尺寸标注的方法。

任务分析

(1) 分析钣金件草图的特点与尺寸。

(2) 分析各个部分绘制的先后次序。

操作步骤

(1) 在模型树中选择前视基准面，鼠标右击，在弹出的右键菜单中选择 ，进入前视基准面的草图绘制，如图 2-46 所示。

(2) 绘制中心线，中心线的长度略大于图形尺寸，如图 2-47 所示。选择直线命令 绘制如图 2-48 所示的近似形状。

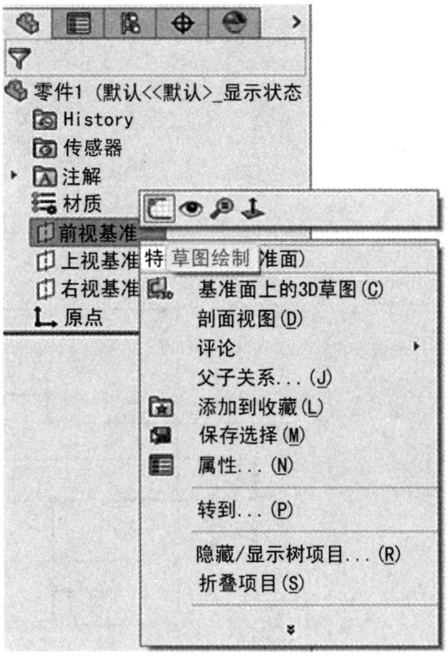

图 2-46　进入草图绘制

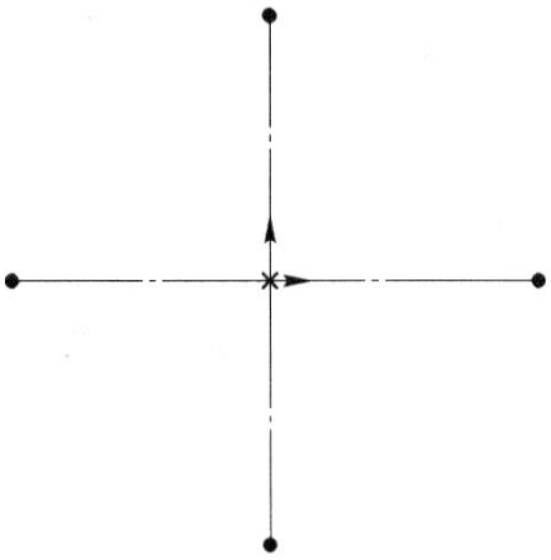

图 2-47　中心线的绘制

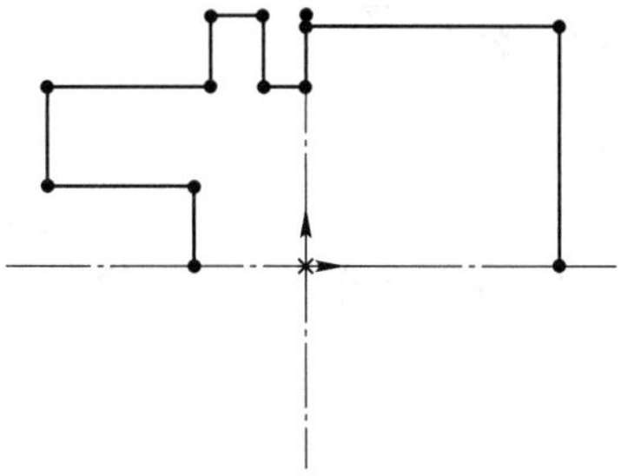

图 2-48　近似形状的绘制

（3）按照图 2-49 所示要求标注尺寸。

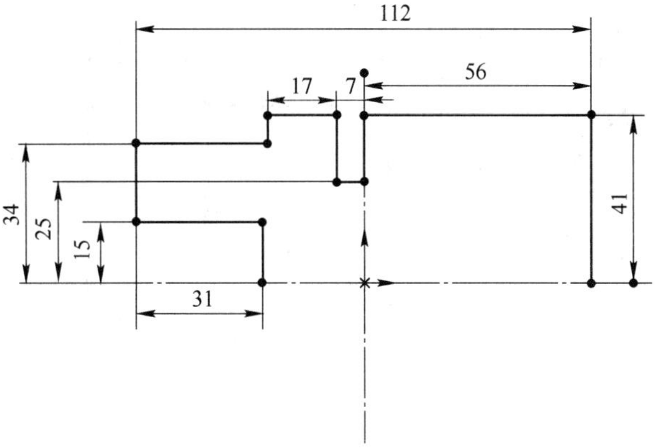

图 2-49　尺寸的标注

（4）点击镜向命令，先窗选需要镜向的草图实体，再选择镜向的中心线完成镜向，如图 2-50 所示。

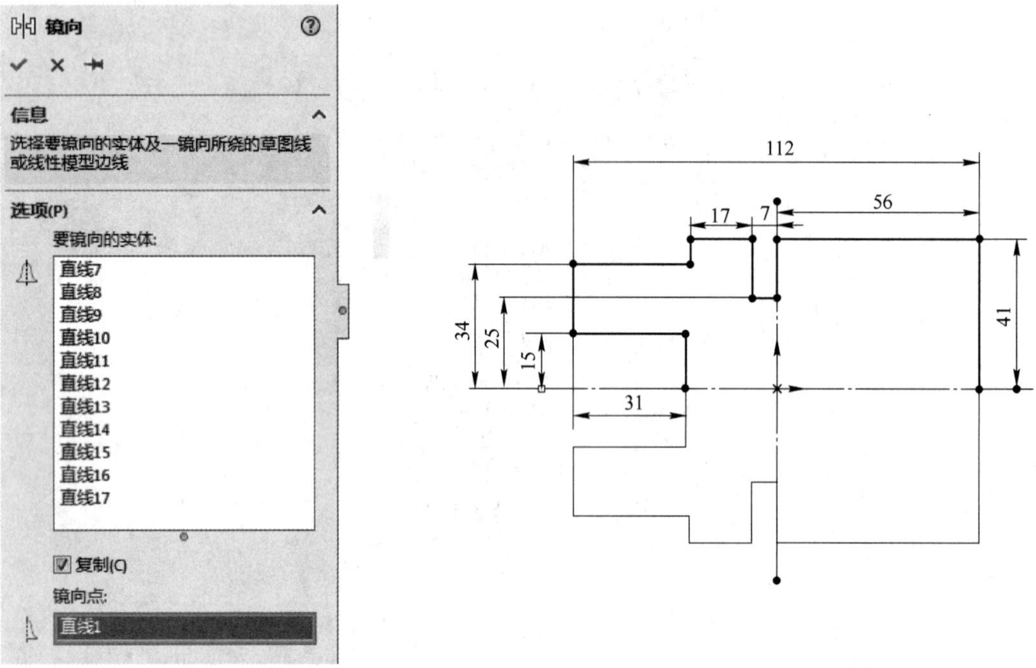

图 2-50　图形的上下镜向

（5）点击倒角命令，对有倒角要求的地方进行倒角，倒角的大小为 *R*8，如图 2-51 所示。

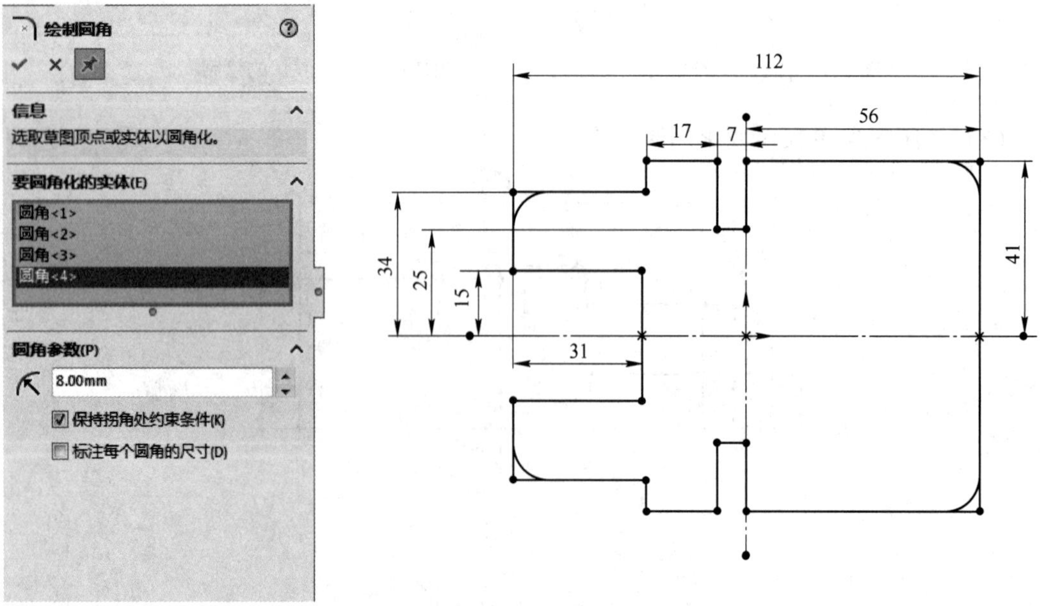

图 2-51　图形倒圆角

（6）绘制图 2-45 所示草图左侧的圆。首先绘制圆中心定位线，之后标注尺寸定位线到图形左端面的距离为 10，到图形中心线的距离为 25，如图 2-52 所示；点击圆命令绘制圆，标注圆的直径大小为 10，如图 2-53 所示。

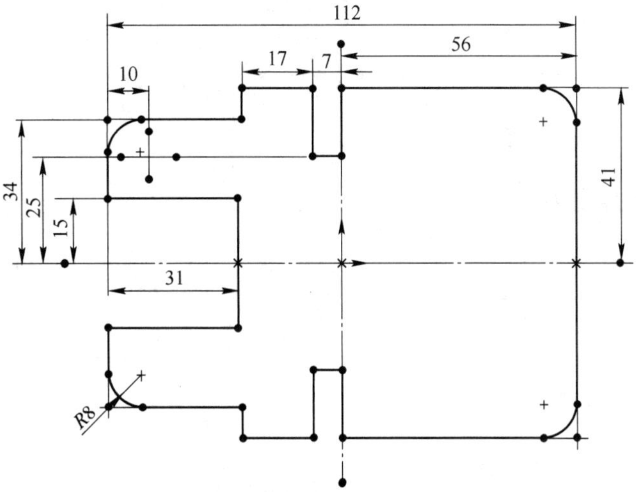

图 2-52　圆心尺寸的定位

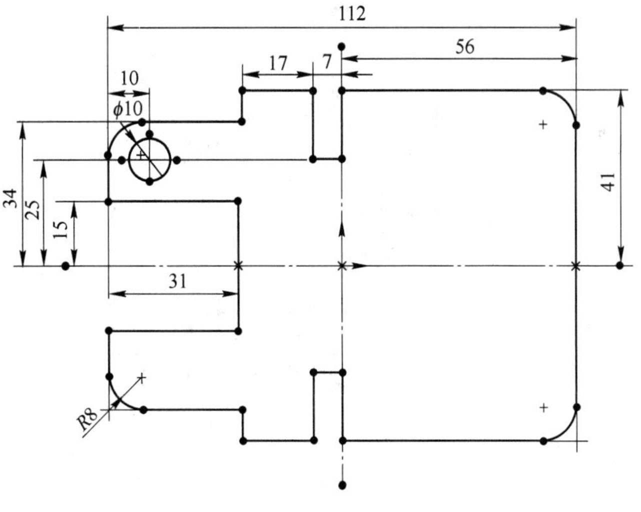

图 2-53　圆的绘制及标注

（7）进行阵列操作。点击“线性草图阵列”命令，在左侧的窗口中选择方向 1 为 X 方向，方向 2 为 Y 方向。其中，方向 1 的间距为 13，方向 2 的间距为 50，在方向前面的为正负方向切换的按钮。选择要阵列的实体为圆和中心线，完成阵列，如图 2-54 所示。

（8）椭圆的绘制。点击椭圆命令，分别修改左侧下拉菜单中的圆心、长短轴的大小，如图 2-55 所示。

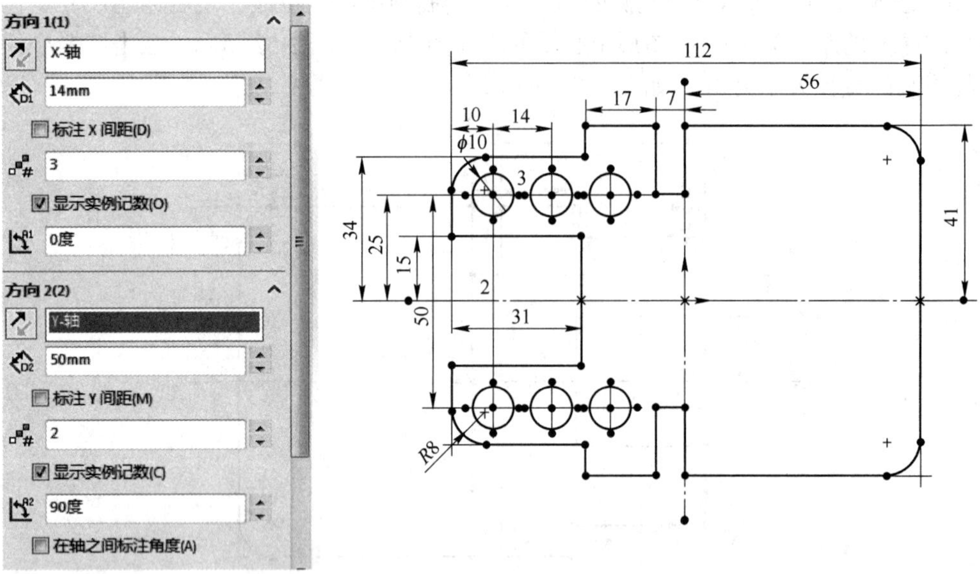

图 2-54　图形的阵列

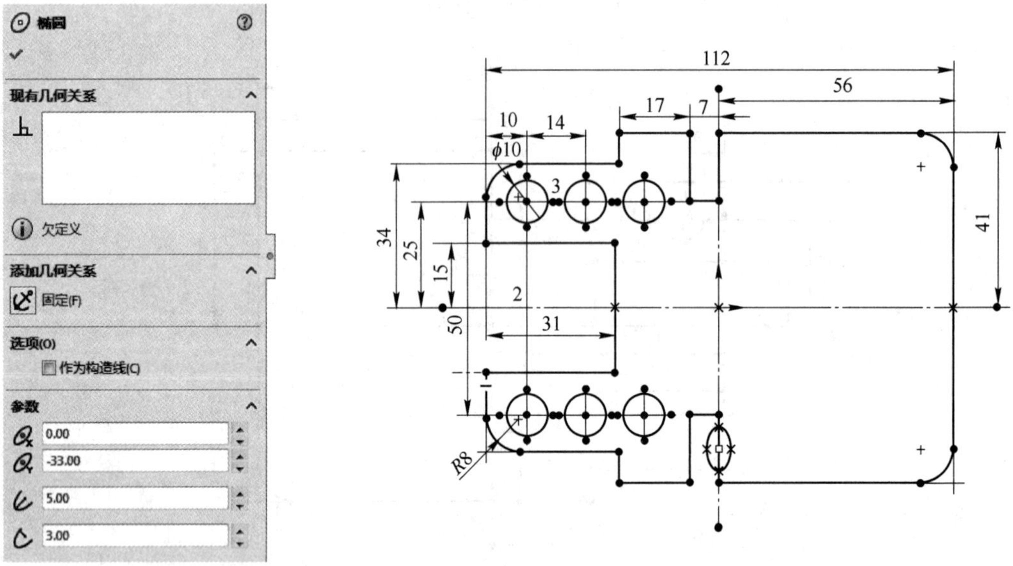

图 2-55　椭圆的绘制

标注椭圆的圆心定位尺寸以及椭圆的长短轴，如图 2-56 所示。

（9）点击“移动实体—旋转实体”，出现旋转窗口，点击选择要旋转的实体（即刚绘制的椭圆）、旋转的中心点以及旋转的角度，如图 2-57 所示。

（10）点击“圆周草图阵列”命令，分别修改总的角度、阵列的个数、等间距选项，如图 2-58 所示。

（11）完成草图的绘制和标注，如图 2-59 所示。

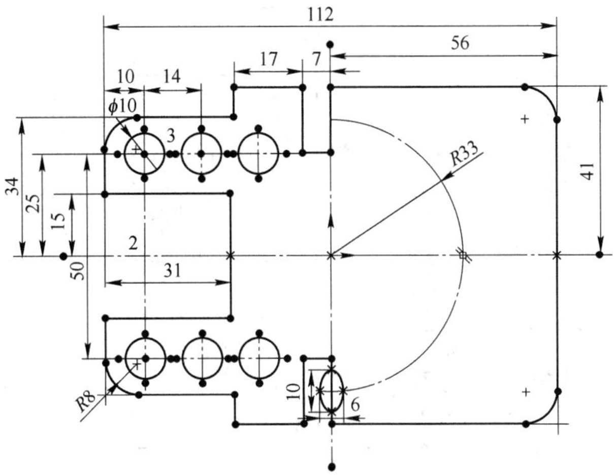

图 2-56　椭圆的尺寸标注

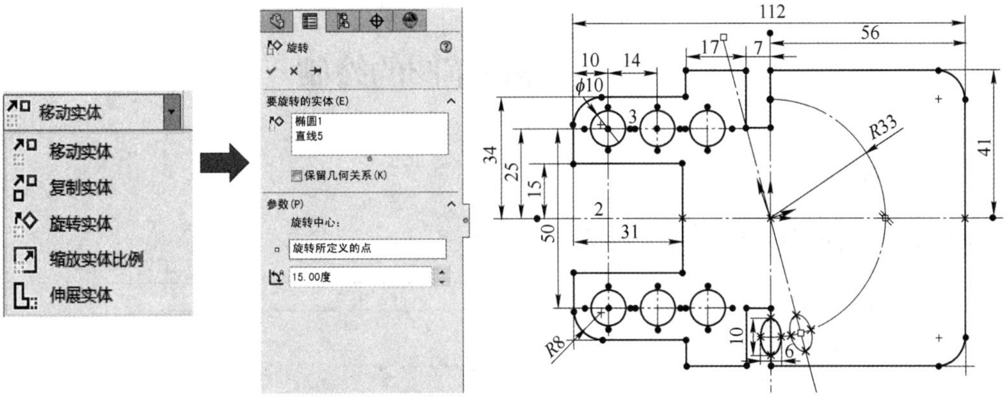

图 2-57　椭圆的旋转窗口

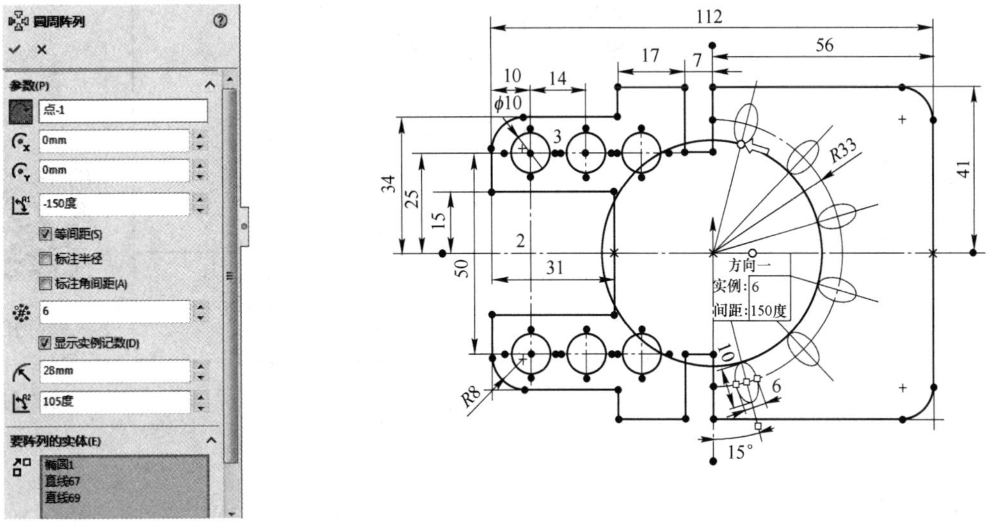

图 2-58　椭圆的旋转窗口

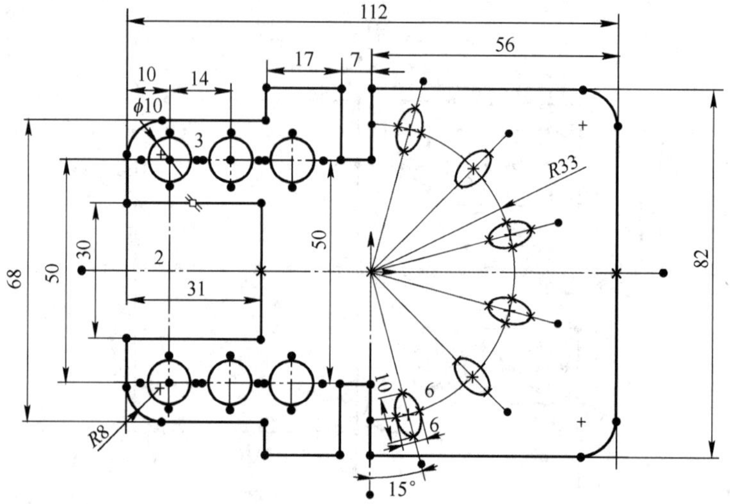

图 2-59　完成的草图

任务 2.4　座体草图的绘制

案例引入

案例 2-5　完成图 2-60 所示座体草图的绘制。

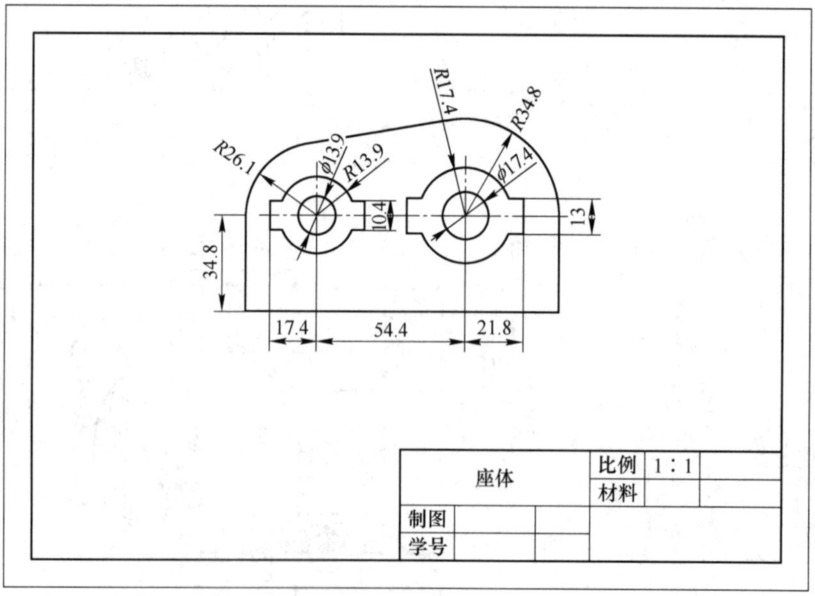

图 2-60　座体草图

视频　座体零件草图的绘制

任务描述

（1）完成座体基本图纸的识读。

（2）完成座体草图的绘制并标注尺寸。

（3）掌握直线命令、圆的命令、偏移命令的使用以及与圆相切直线的绘制。

任务分析

（1）在实际案例中进一步熟悉草图的绘制、编辑。

（2）掌握基本图形的绘制，掌握几何约束与尺寸约束的关系以及处理技巧。

操作步骤

（1）整个图符主要有三条中心线，首先估计大致的长度绘制这三条中心线，如图2-61所示。

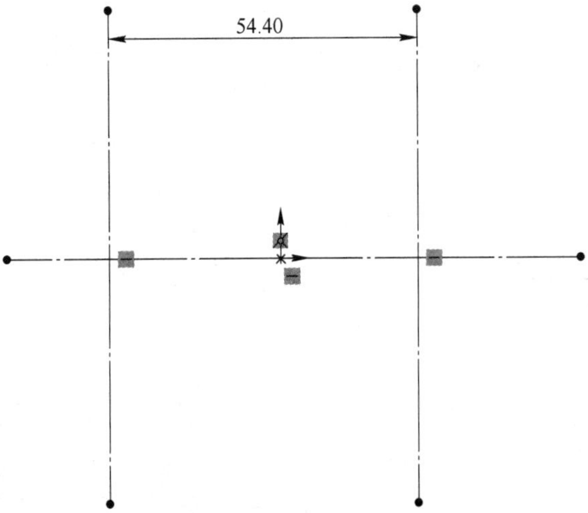

图 2-61　中心定位线的绘制

（2）点击圆命令，分别以中心线的两个交点为圆心绘制三个圆，圆的半径直径如图 2-62 所示。在如图 2-63 所示位置绘制一条与两个大圆相切的直线。

（3）选中直线，按住 Ctrl 键再选中直径 69. 2 mm 的外圆，出现如图 2-64 左侧所示的属性对话框。在该对话框中可以看到“所选实体”里面有直线和圆，在下方“添加几何关系”里面设置直线和圆为相切关系。以同样的方式约束直线与直径 26. 1 mm 的外圆，如图 2-65 所示。

（4）点击 “剪裁实体”命令，在弹出的菜单中，选择“剪裁到最近端”，对大圆外多余的直线部分进行剪裁，然后利用直线命令完成 34. 8 mm 直线及图形下部分直线的绘制，如图 2-66 所示。

（5）利用直线命令绘制圆两侧的矩形，通过镜向命令完成另一侧图形的绘制，如图 2-67 所示。

（6）完全定义并显示约束关系的图形如图 2-68 所示。

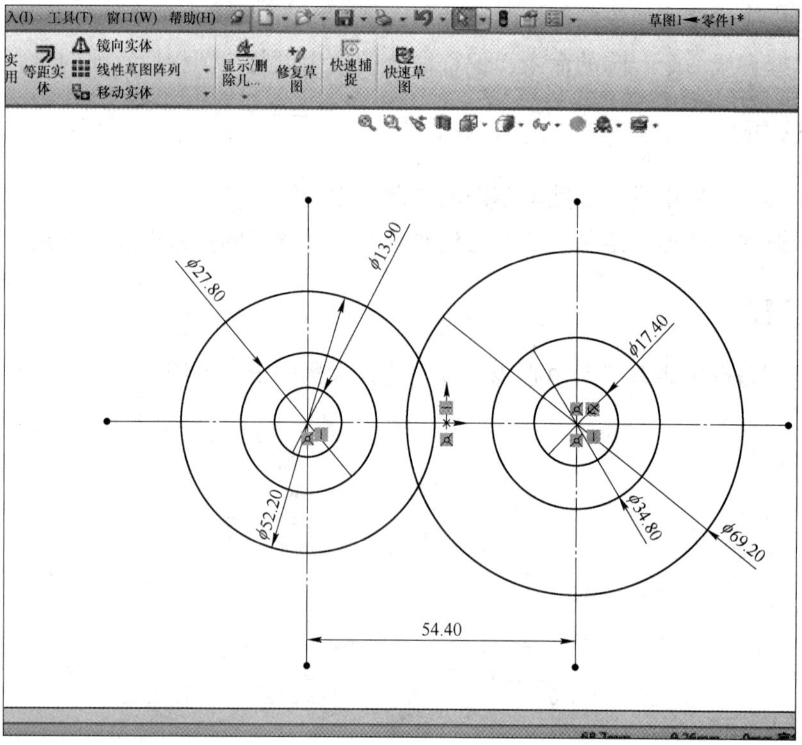

图 2-62　圆的绘制

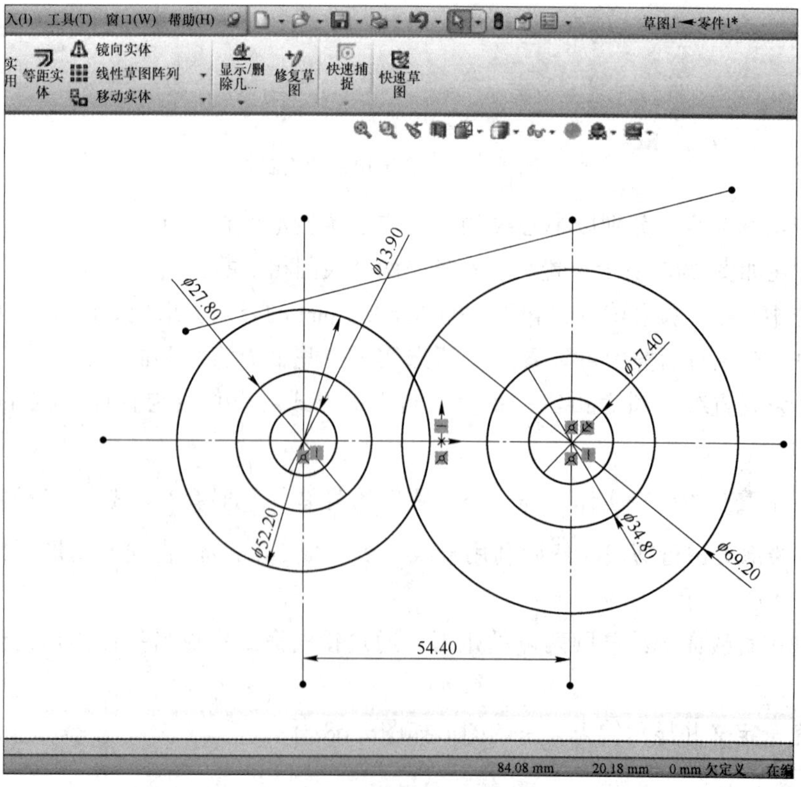

图 2-63　直线的绘制

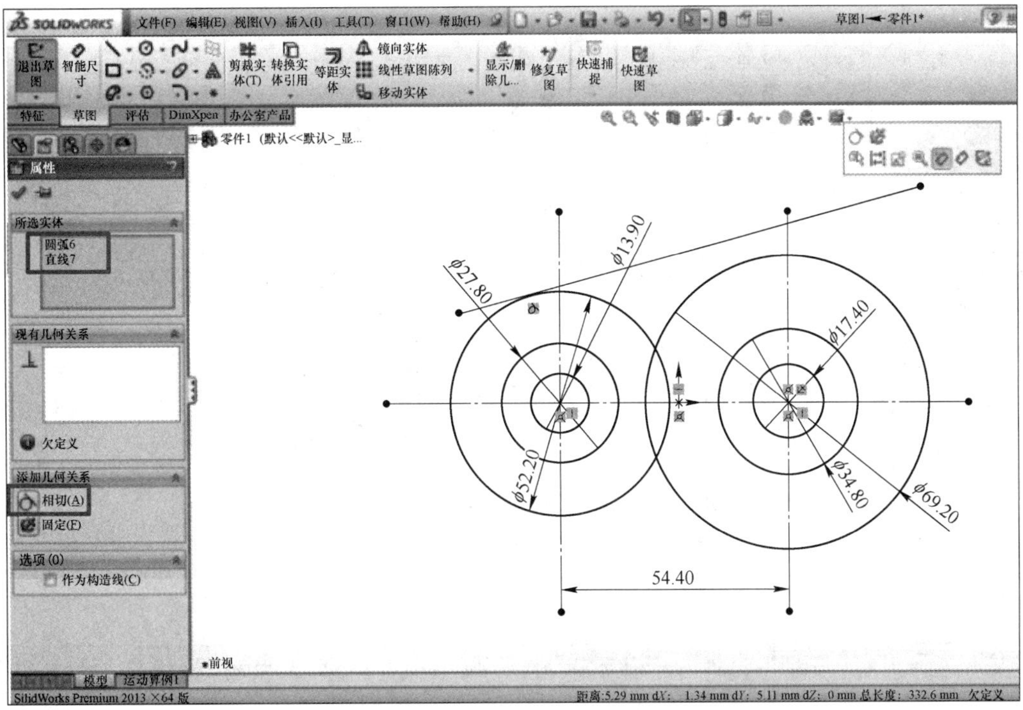

图 2-64　设置相切关系

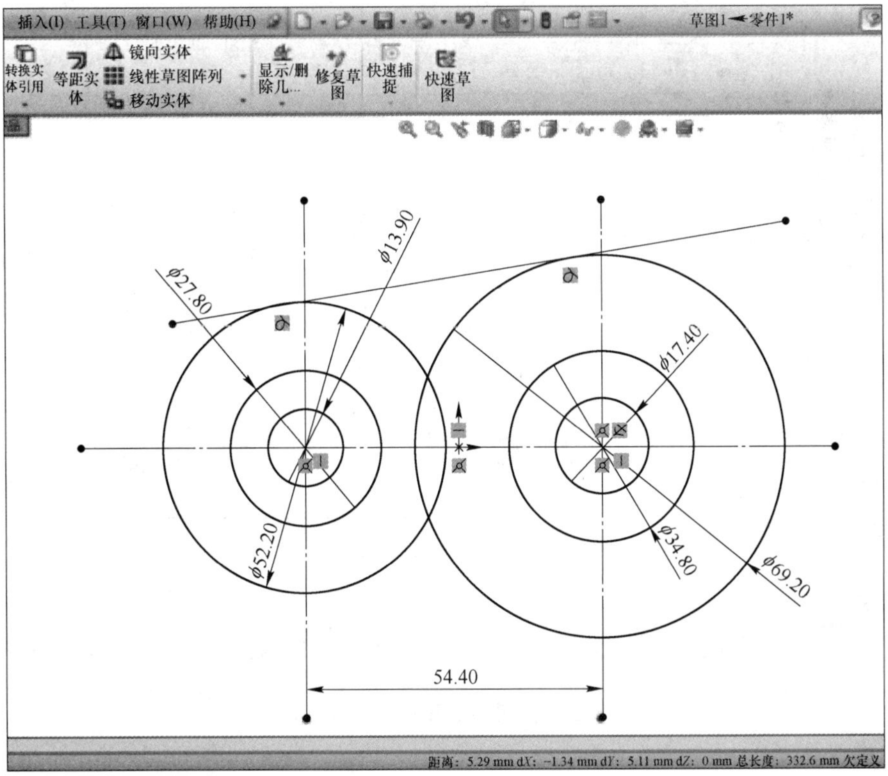

图 2-65　相切约束

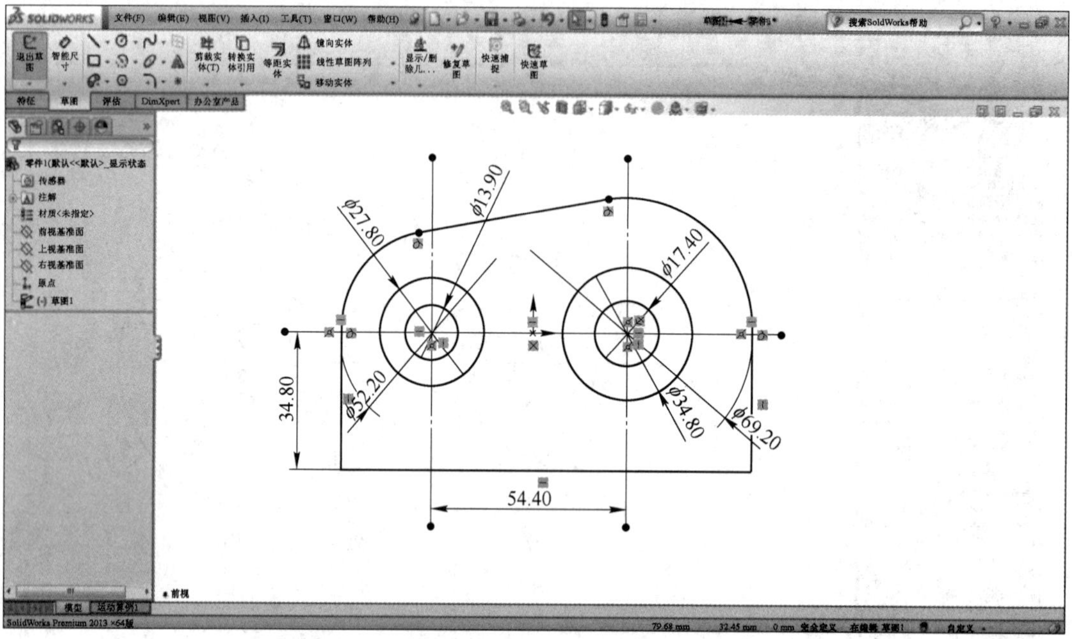

图 2-66　剪裁后的草图

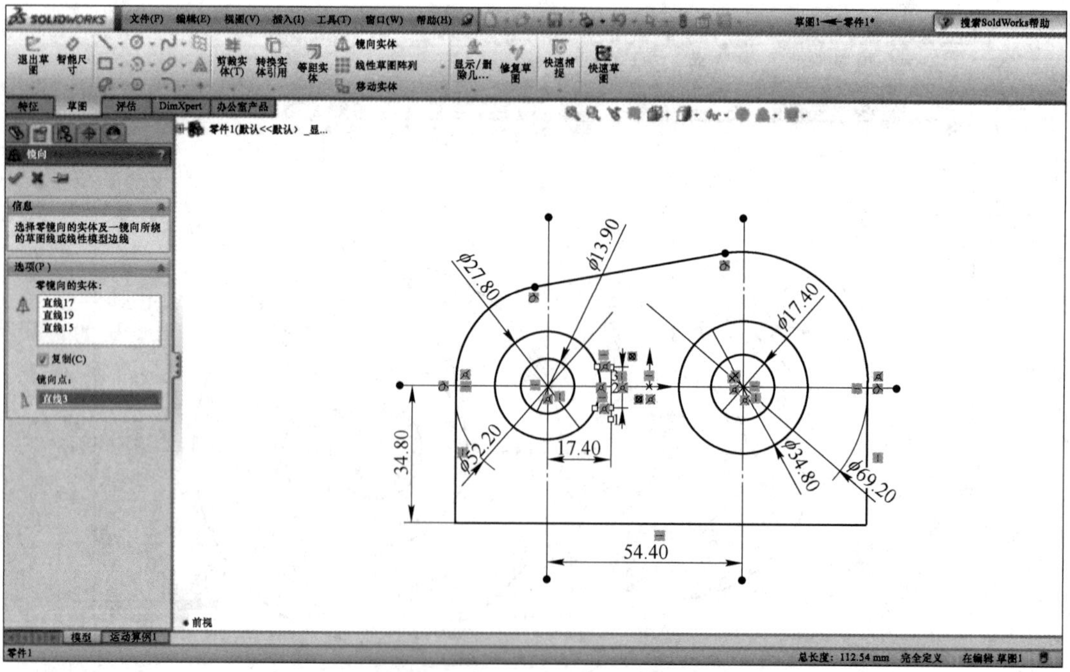

图 2-67　两边矩形的绘制示意图

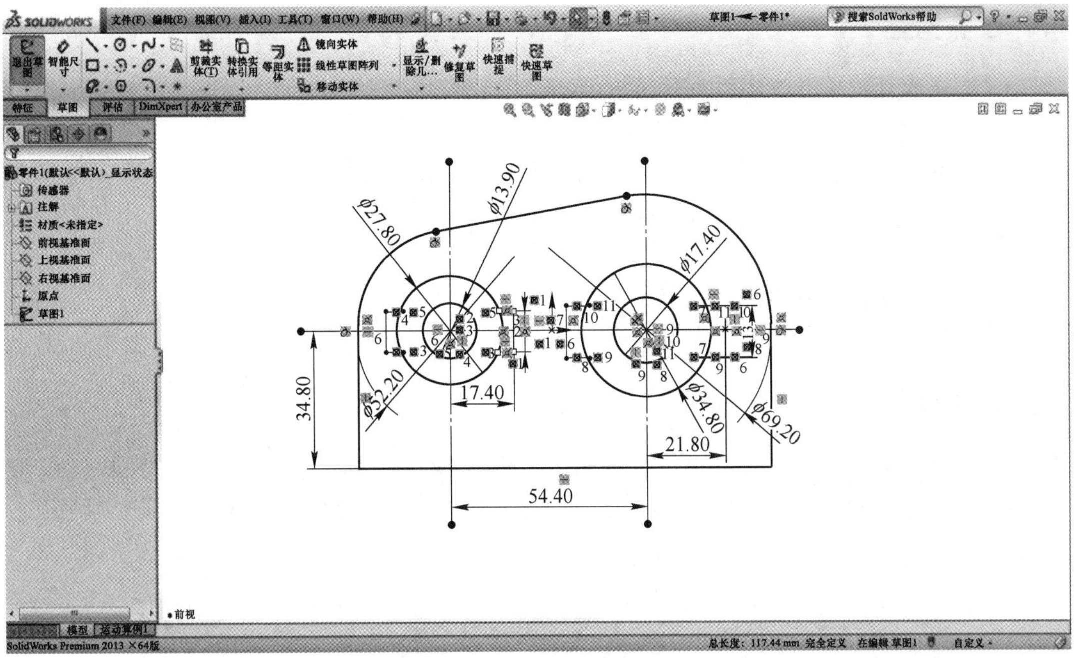

图 2-68　完成的草图示意图

任务 2.5　挂轮架草图的绘制

案例引入

案例 2-6　完成图 2-69 所示挂轮架草图的绘制。

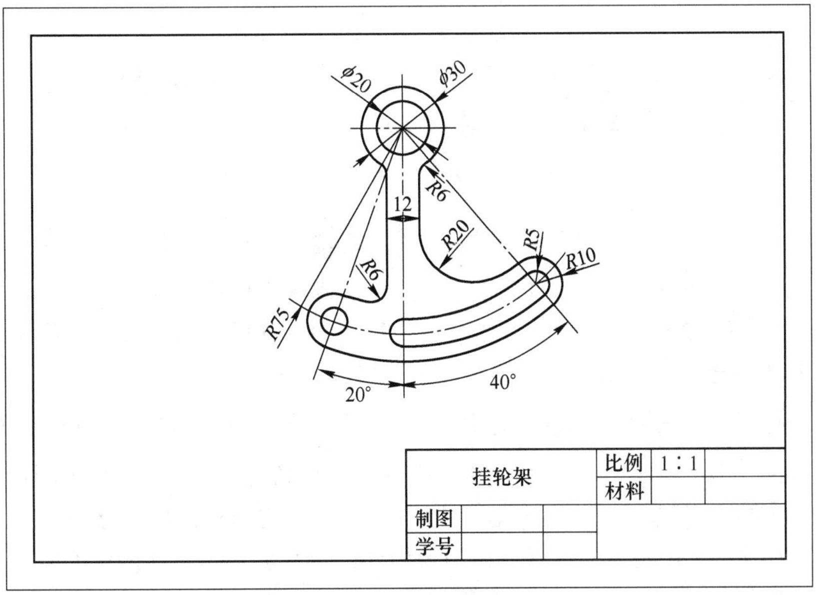

图 2-69　挂轮架草图

视频　挂轮架草图的绘制

任务描述

（1）完成挂轮架基本图纸的识读。

（2）完成挂轮架草图的绘制并标注尺寸。

（3）掌握倒角、镜向、中心的圆弧槽口等命令的相关操作。

任务分析

（1）分析挂轮架草图的特点与尺寸。

（2）分析各个部分绘制的先后次序。

操作步骤

（1）新建文件。打开 SolidWorks 软件，点击“文件—新建”，进入零件模块，点击“高级”，如图 2-70 所示，弹出高级对话框，如图 2-71 所示，选择“gb_ part”，点击“确定”。

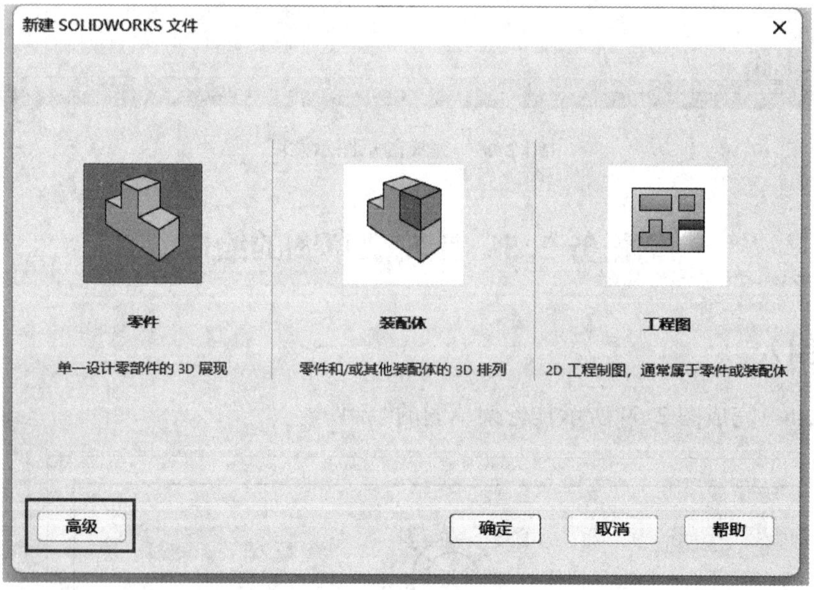

图 2-70　初级对话框

（2）绘制中心线。点直线工具右侧的下拉按钮，显示有两种直线绘制方式：一种是普通直线，另一种是中心线。选择“中心线”，绘制水平中心线长度为 30 mm，竖直中心线长度为 120 mm，如图 2-72 所示。在作图的过程中，选择与图纸尺寸相匹配的中心线，有利于后续的绘图。

（3）绘制中心圆。点击圆命令，选择两中心线的交点为圆心位置，分别绘制直径为 20 mm 和 30 mm 的圆，点击“智能尺寸标注”标注两圆的直径，如图 2-73 所示。

（4）绘制两侧的中心线，点击“智能尺寸标注”，再点击要标注的两条直线，这时候会出现尺寸度数的数字，在相应的位置输入需要标注的尺寸大小。标注两中心直线与竖直中心线的夹角分别为 20°和 40°，如图 2-74 所示。

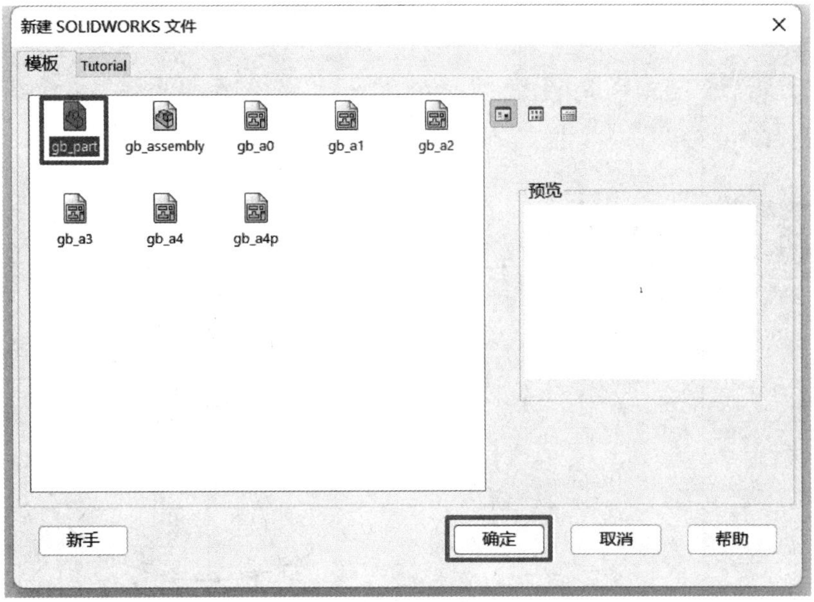

图 2-71　高级对话框

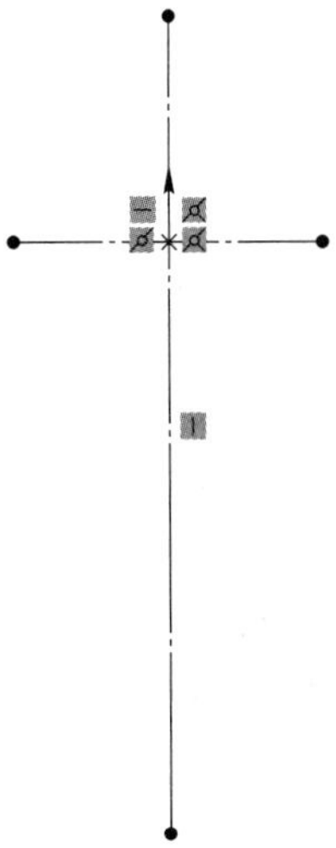

图 2-72　中心线的绘制

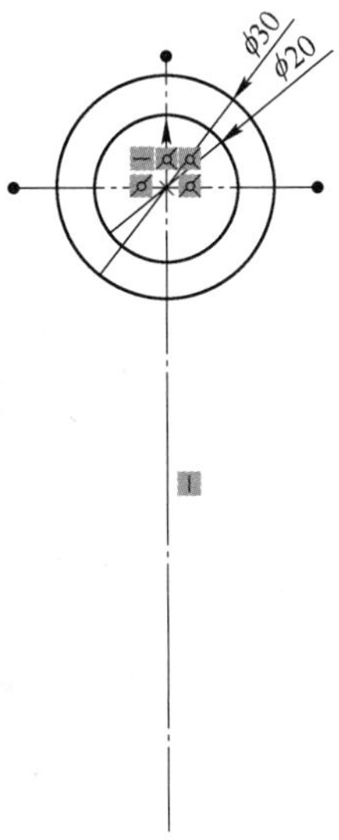

图 2-73　中心圆的绘制

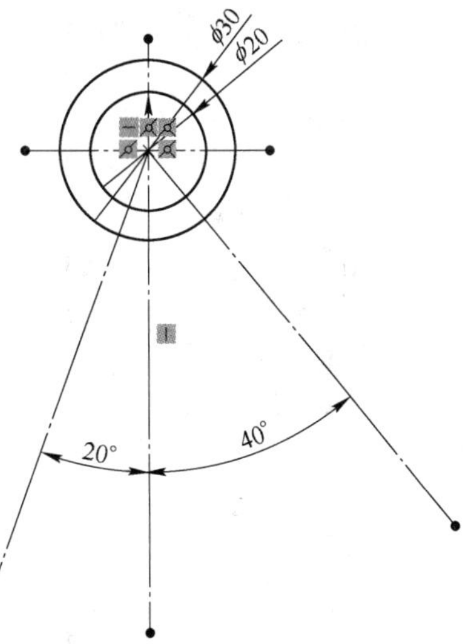

图 2-74　两边中心线的绘制

（5）绘制直径为 150 mm 的圆，再选中此圆，右击出现如图 2-75 所示的右键菜单，选择“将实线改成构造线”的命令。此时所绘制的实线圆就转化为构造线，如图 2-76 所示。

（6）为后续画弧形槽口做定位的准备。在草图命令选项下，点击槽口绘制命令右侧下拉按钮，选择“中心点圆弧槽口”。根据中心点圆弧槽口 1、2、3、4 的提示，依次绘制相应的位置，同时设置槽的宽度为 10 mm，如图 2-77 所示。

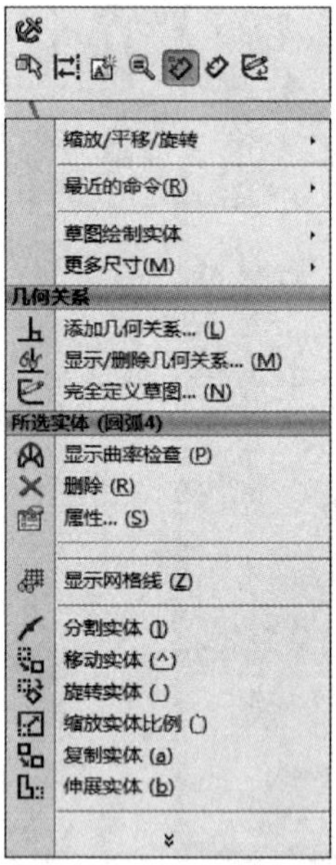

图 2-75　右击窗口

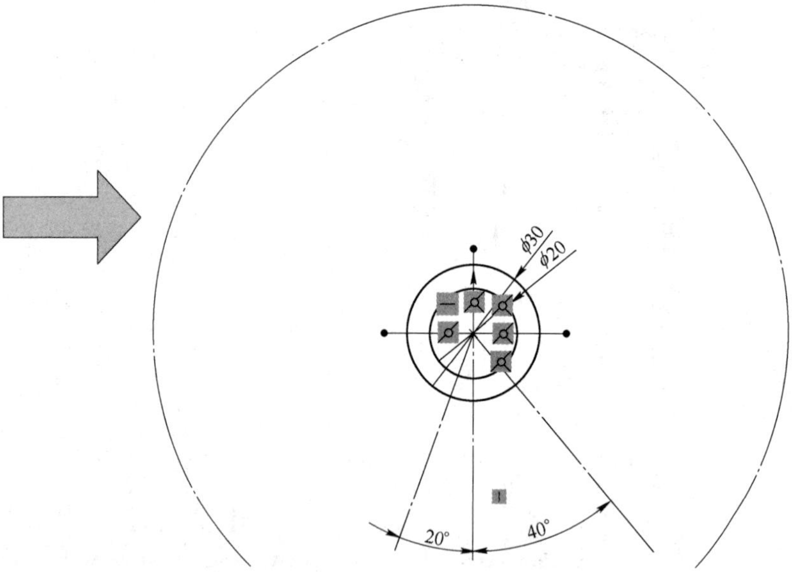

图 2-76　转化为构造线草图

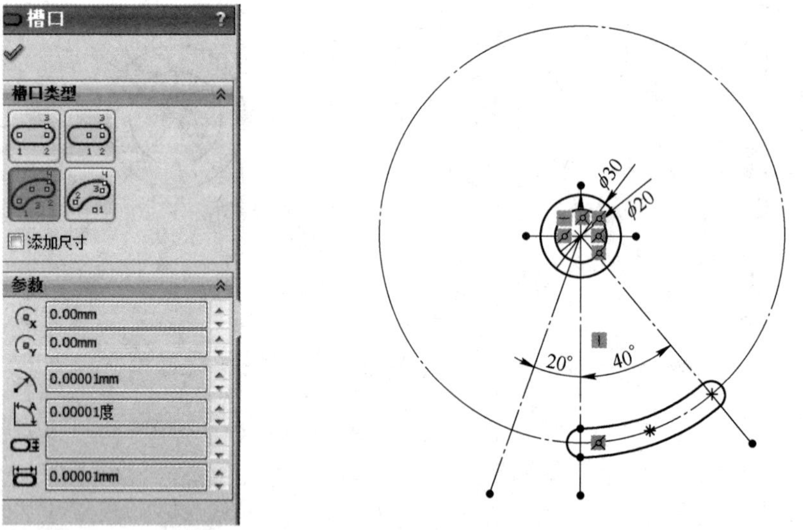

图 2-77　半径为 5 的圆弧槽口的绘制草图

（7）同理，绘制槽的宽度为 20 的中心点圆弧槽口，标注相应的定形以及定位尺寸，如图 2-78 所示。

（8）绘制与竖直中心线间距为 6 的直线，标注尺寸如图 2-79 所示。

（9）点击草图选项卡里面的 “镜向实体” 命令，出现镜向选项卡，如图 2-80 所示，选中“要镜向的实体”为步骤（8）中所绘制的直线，“镜向点”为中心线，完成图形的镜向绘制。

（10）点击 “剪裁实体” 命令，选择“剪裁到最近端”对图形进行裁剪；点击倒

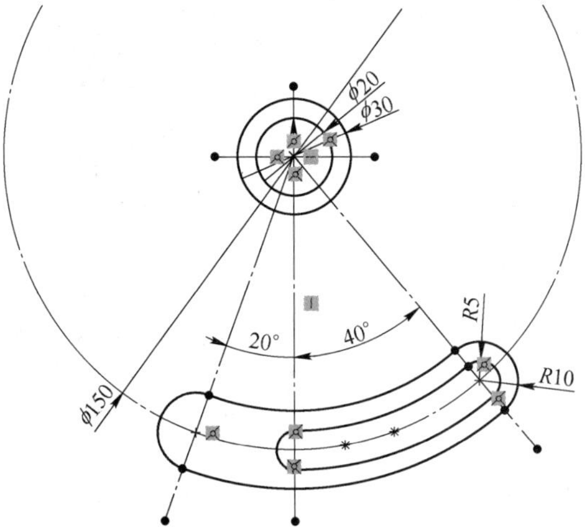

图 2-78　半径为 10 的圆弧槽口的绘制草图

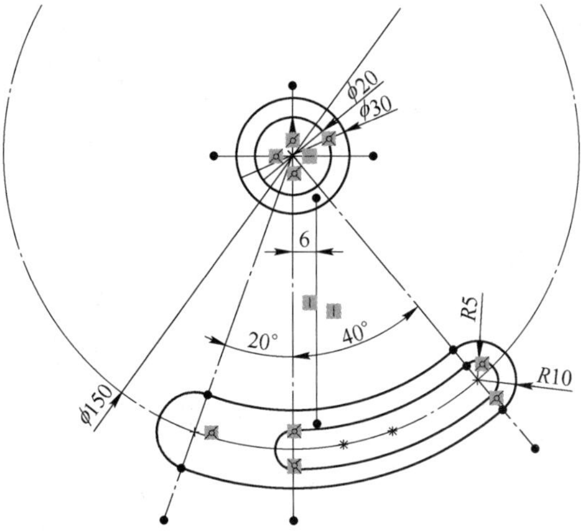

图 2-79　两边偏移线的绘制草图

角命令，完成倒角，倒角半径分别为 *R*6 mm 和 *R*20 mm。在对多余线段进行修剪的过程中会发现原来完全定义的图变成了蓝色未定义的线段，这是因为进行修剪以后，其结构遭到一定程度的破坏，因此修剪完以后需要对结构的约束关系进行检查和确定。完成后的草图如图 2-81 所示。

（11）点击选中需要约束的直线和圆，其属性对话框如图 2-82 所示，设置相应的位置关系。当草绘图的尺寸完全定义时，其完全定义的图形如图 2-83 所示。

练　习

完成图 2-84～图 2-88 所示草图的绘制。

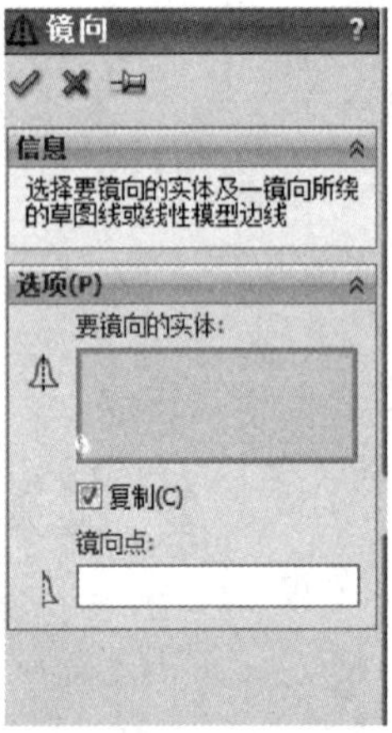

图 2-80　镜向窗口

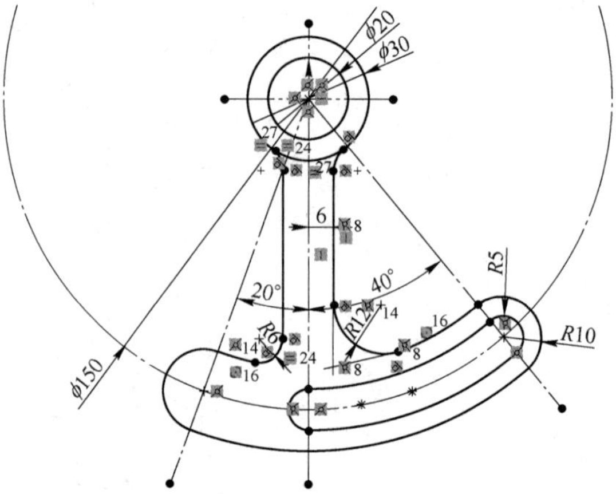

图 2-81　镜向及倒圆角后的草图

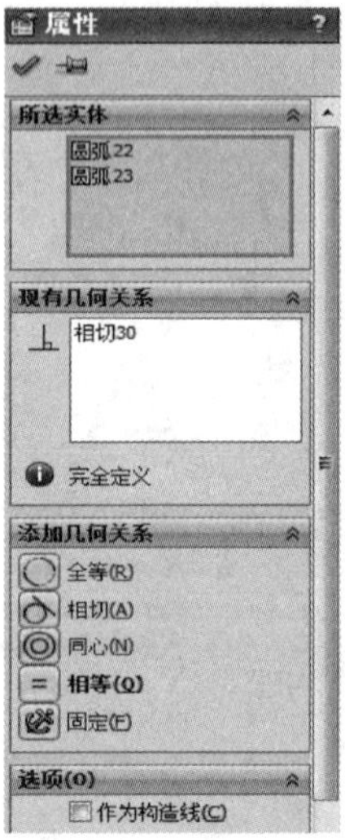

图 2-82　属性窗口

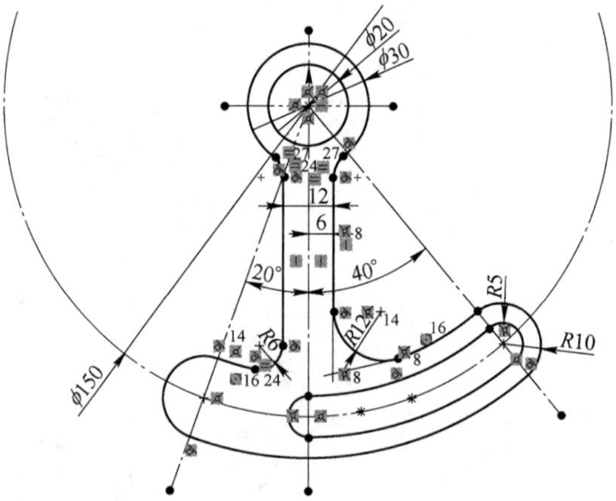

图 2-83　完成后的草图

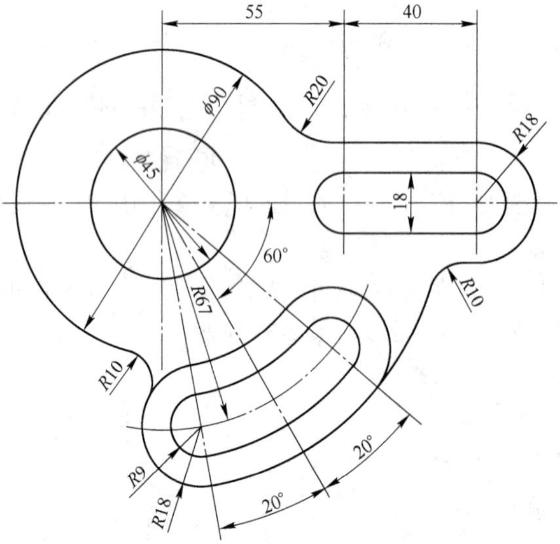

图 2-84　草图 1

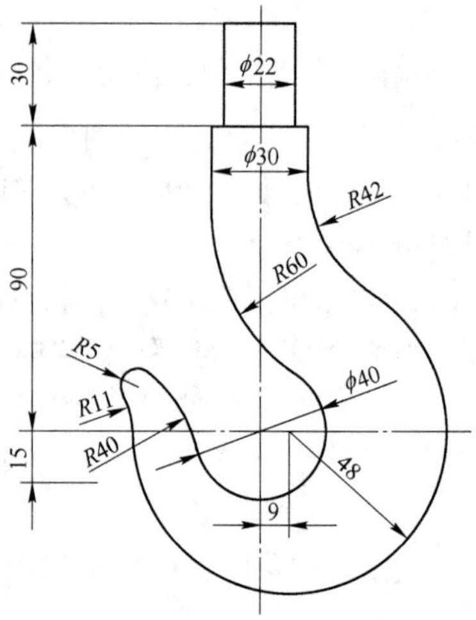

图 2-85　草图 2

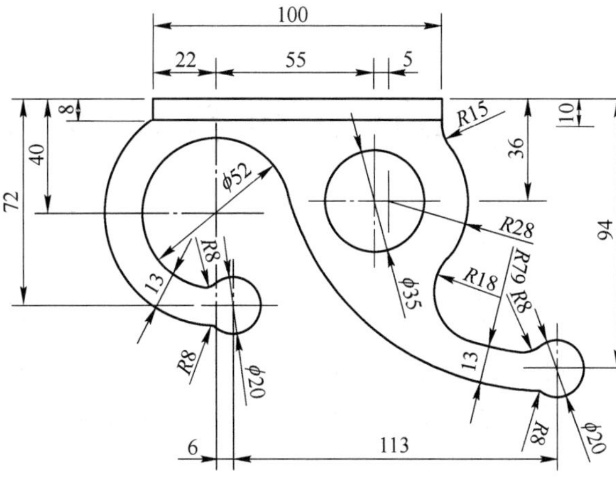

图 2-86　草图 3

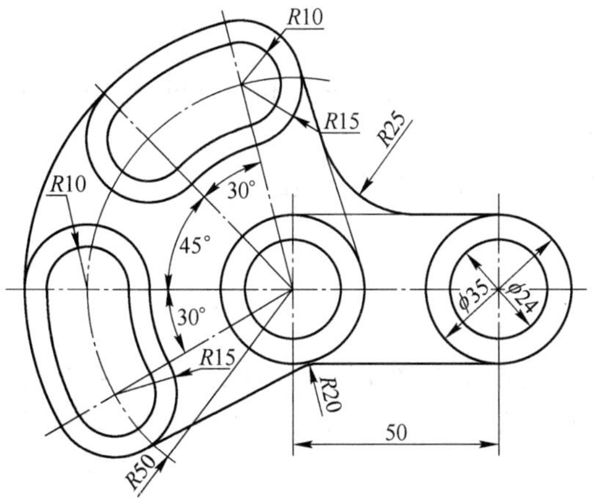

图 2-87　草图 4

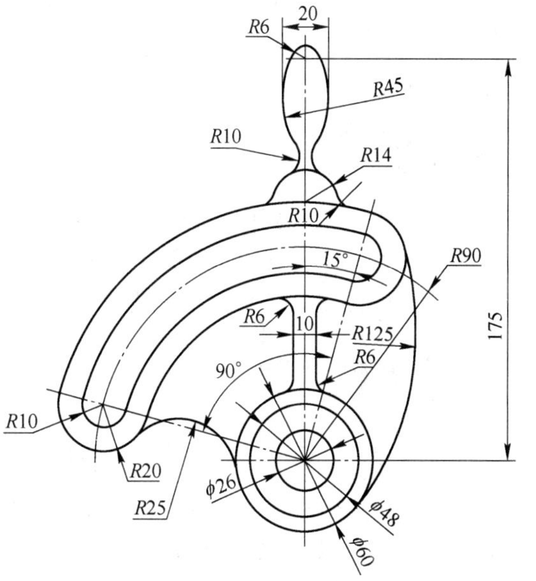

图 2-88　草图 5

项目 3　SolidWorks 三维零件设计

知识目标

（1）识读零件图，了解零件结构的特征。

（2）在建模的过程中掌握准确绘制草图的方法，掌握建模的步骤与思路。

技能目标

（1）掌握基本的二维图形的读图能力。

（2）掌握 SolidWorks 中三维零件设计方法。

（3）掌握 SolidWorks 中实体建模的拉伸、旋转、扫描、抽壳、阵列、拔模、放样等基本操作。

思政目标

（1）科学精神和职业精神：具有追求真理、实事求是、勇于探索和实践的科学精神；理论联系实践，在设计以及施工过程中严格把关。

（2）爱国主义教育：掌握先进设计和制造技术，为中国制造做贡献。

思政案例导入

案例 3-1

胡双钱，上海飞机制造有限公司高级技师，数控机加车间钳工组组长，不仅亲身参与了中国人在民用航空领域的首次尝试——运 10 飞机的研制，而且在 ARJ21 新支线飞机及中国新一代大飞机 C919 的项目研制中做出了重大贡献。在 35 年的从业生涯中，他加工的数十万个零部件竟没有一个次品，他也由此被人们称为“航空手艺人”。

大部分人认识胡师傅，都是通过 2015 年劳动节期间央视的那期特别节目《大国工匠：国产大飞机的首席钳工胡双钱》。而每当有人当面提起这个称谓时，胡师傅总是很不好意思地说：“不敢当啊！我身边优秀的人有很多，都能得到这样的荣誉，我只是比较幸运而已。”

案例 3-2

2021 年 4 月 29 日 11 时 22 分 30 秒，长征五号 B 遥二运载火箭搭载中国空间站“天和核心舱”在海南文昌航天发射场发射升空，承载着中华民族载人航天梦想的“天宫”空间站也正式开启了为期两年的建设之路。中国有了自己的空间站。

新一代“长征五号”运载火箭是目前我国设计运载能力最大的火箭，是我国火箭里程碑式的产品，也是我国未来天宫空间站建设的主力运载工具。大火箭需要大发动机，而大发动机的制造既需要大科学家、大工程师，也需要大工匠。高凤林就是这样的工匠。他参与焊接发动机的火箭有 140 多发，占中国火箭发射的一半之多，他是中国火箭关键部位焊接的第一人。大国制造，需要更多的能工巧匠。而在我国 2 亿技能劳动者中，高技能人才只有 5000 多万人。我们应掌握先进制造技术，勇于创新，为中国制造做贡献。

任务 3.1　三维建模环境设置简介

案例引入

案例 3-3　进入零件建模环境，新建一个简单模型，如图 3-1 所示，改变模型的显示与控制，设置零件模型的材料为灰铸铁。

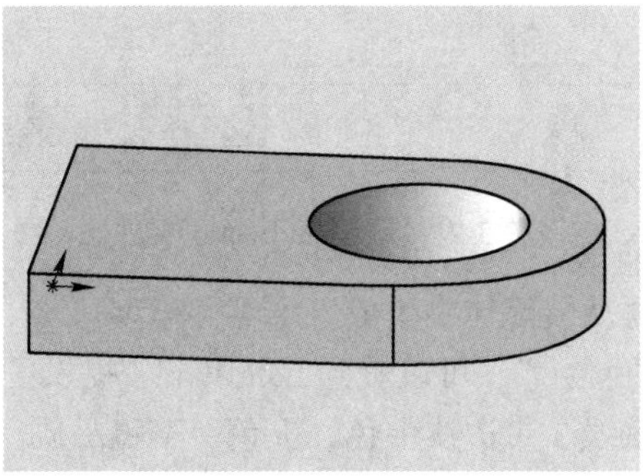

图 3-1　模型 1

任务描述

（1）进入零件建模基本环境，新建简单基本模型。
（2）切换该模型的显示方式并对模型进行控制。
（3）设置零件模型的属性。

任务分析

（1）进入零件模型基本环境，进行模型的显示方式的切换。
（2）对视图进行平移、旋转、缩放操作，同时进行模型的视图定向。
（3）设置零件的模型的属性。

相关知识

3.1.1　零件模型的环境与显示

打开 SolidWorks，点击“新建—文件”，出现如图 3-2 所示窗口，进入 gb_part 模块，与二维草图相同的建模模块。

应用 SolidWorks 建模的方式比较灵活，主要有以下三种方式：第一种方式是类似于积木式的建模方式，也是常用的建模方式，即在某个特征的基础上添加其他的特征；第二种方式是先创建零件的曲面，由零件的曲面生成模型；第三种方式是先进入装配体模块，在

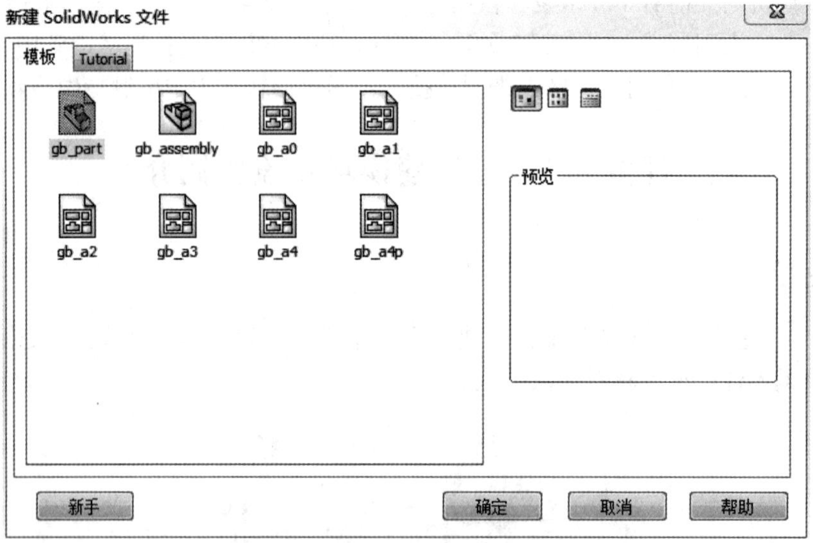

图 3-2　新建 SolidWorks 文件

装配体中创建零件，然后再从装配体中生成三维零件模型。

在菜单上点击“视图—显示”，可以看到 SolidWorks 提供了六种模型显示方法：线架图、隐藏线可见、消除隐藏线、带边线上色、上色、草稿品质，如图 3-3 所示。

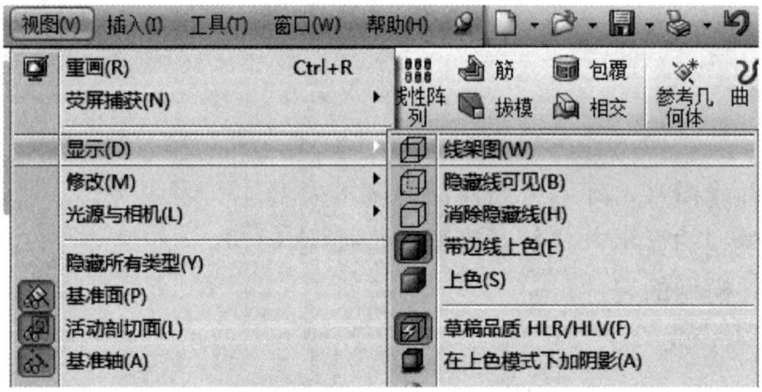

图 3-3　模型显示方式

3.1.2　视图的平移和定向

要对视图进行平移操作时，点击“视图—修改—平移”，在图形区域按住左键并移动鼠标到指定区域松开鼠标，模型会随着鼠标的移动而移动。

也可以在图形区域右击，出现如图 3-4 所示的右键菜单，选择“平移”。

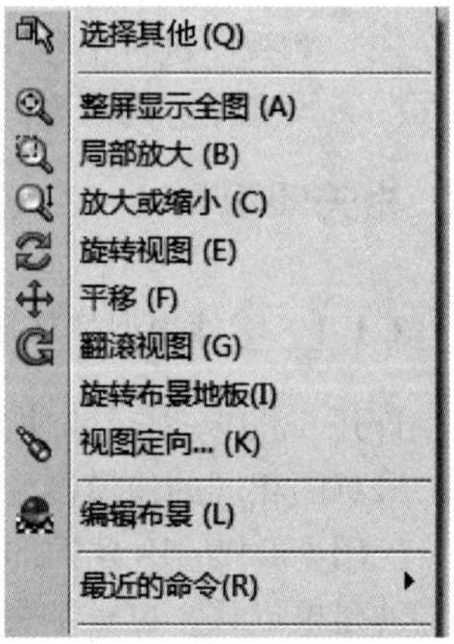

图 3-4　右击窗口

模型视图的定向即为切换该模型的显示方式并对模型进行控制。

点击绘图区定向按钮，通过切换六个基本视图可以调整模型的显示方式，如图 3-5 所示。

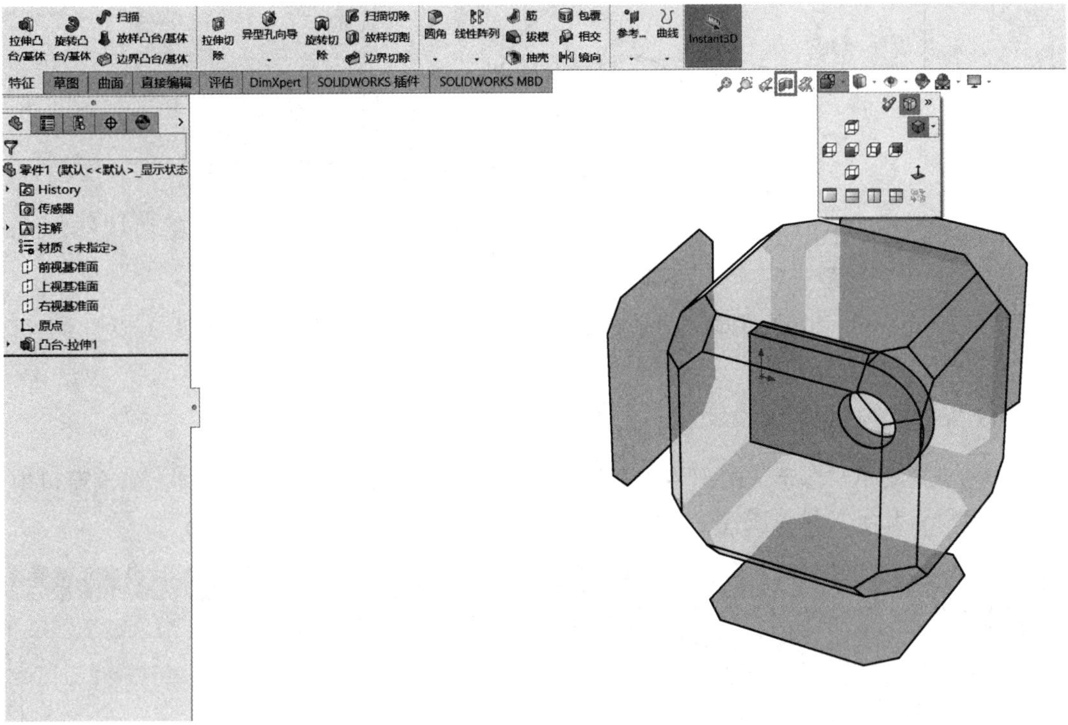

图 3-5　视图定向窗口

在视图定向时，也可以在绘图区空白处右击，出现图 3-6 左图对话框，选择视图定向 。选择主视图 ，显示如图 3-6 所示。

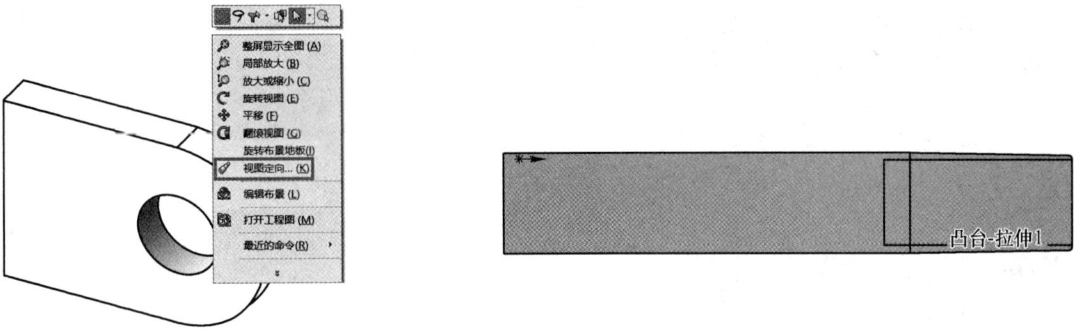

图 3-6　视图定向—俯视

点击 ，显示如图 3-7 所示。

3.1.3　SolidWorks 模型树

在零件的建模过程中，整个建模的路径在界面左侧的模型树中会有显示。模型树如图 3-8 所示。

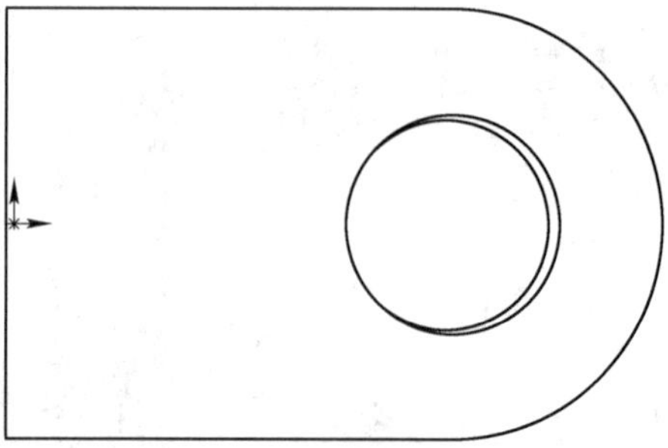

图 3-7　视图定向—主视

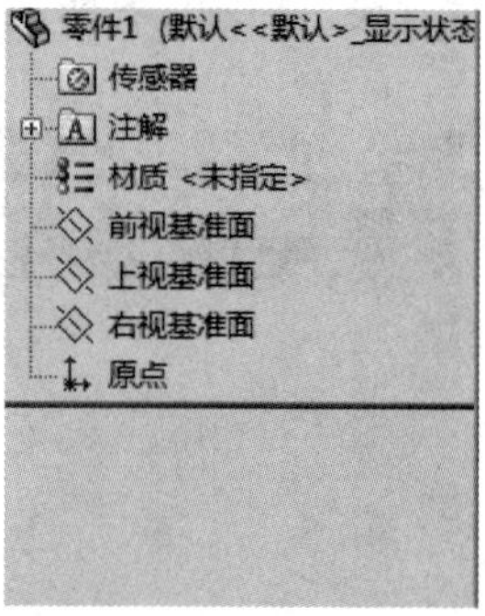

图 3-8　模型树

3.1.4　零件模型的属性设置

点击下拉菜单“编辑—外观—材质”，进入模型的材料属性定义对话框，在该窗口中可以创建材料和定义材料属性，如图 3-9 所示。

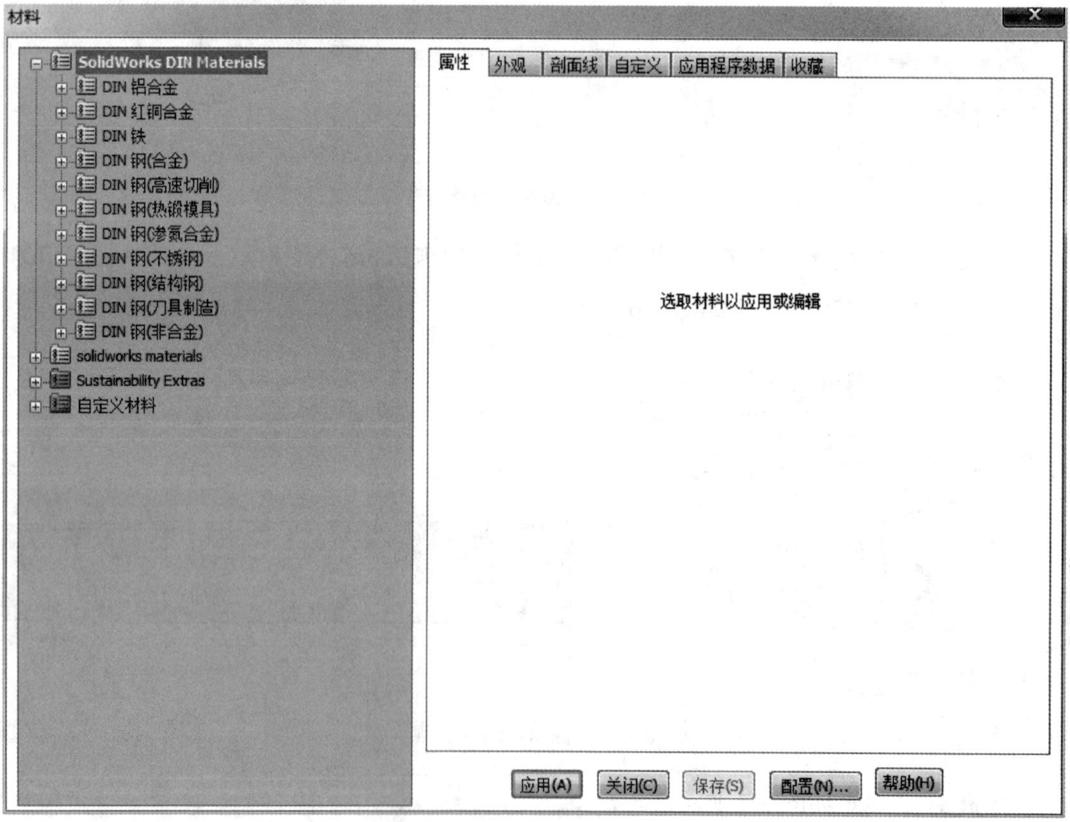

图 3-9　材料属性定义对话框

（1）为零件模型设置材料。

1）选择相关材料。展开材料前面的加号，如

，选择相应的材料，如图 3-10

所示，点击“应用”。

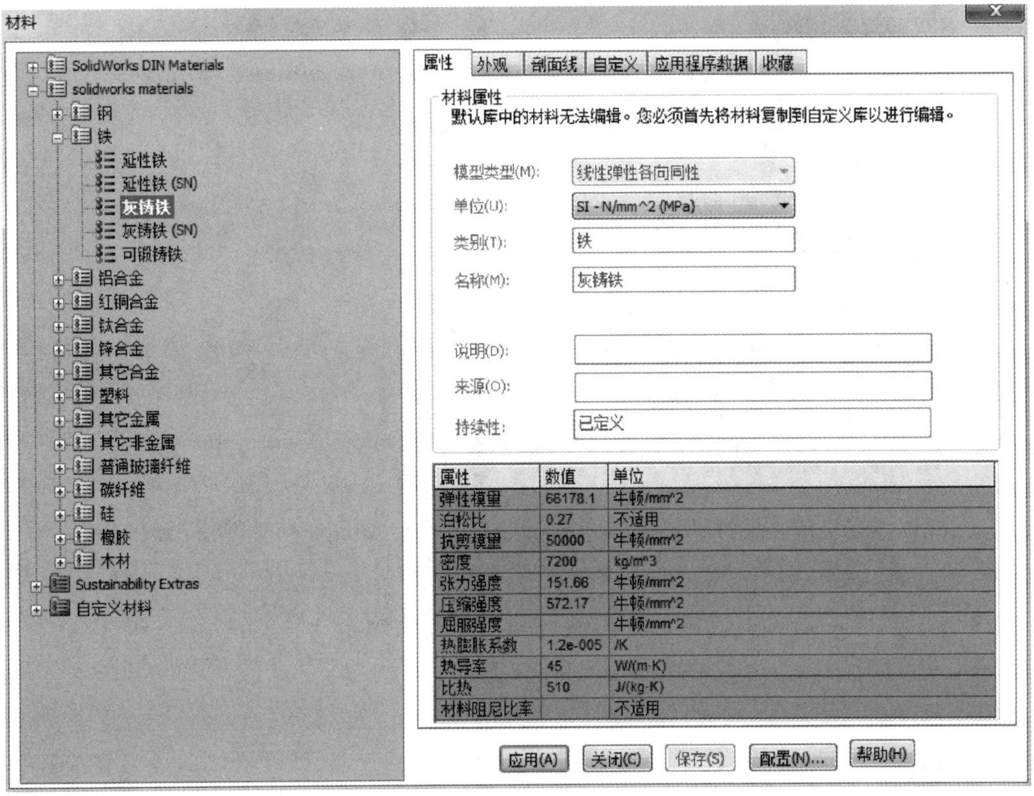

图 3-10　材料设置窗口

材料在应用前后的区别如图 3-11 所示。

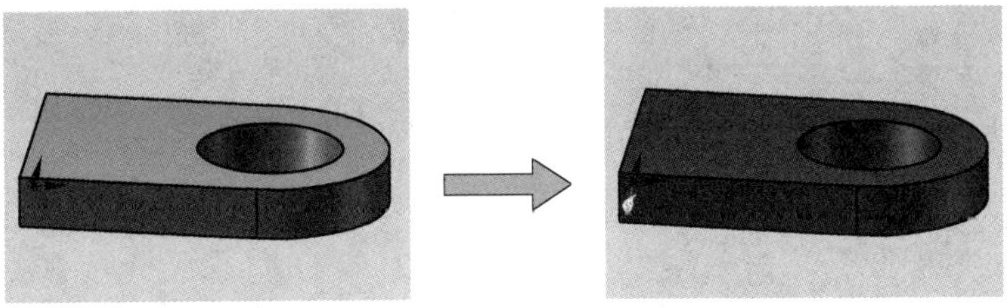

图 3-11　材料定义

2）创建新材料。

① 点击“编辑—外观—材质”，里面有很多的材料，点击展开钢材料的下拉材料，选择“普通碳钢”，右击，在弹出的右键菜单中选择“复制”，如图 3-12 所示。

② 右击材料树底部“自定义材料”，在弹出的右键菜单中选择“新类别”，输入新材料名称“碳钢”，如图 3-13 所示。

③ 右击新建的新材料“碳钢”，在弹出的右键菜单中选择“粘贴”，把复制的材料赋到新定义的材料上，窗口右下角点击“应用”，如图 3-14 所示。

④ 点击“外观”选项卡，为新材料设计相应的外观，如图 3-15 所示。

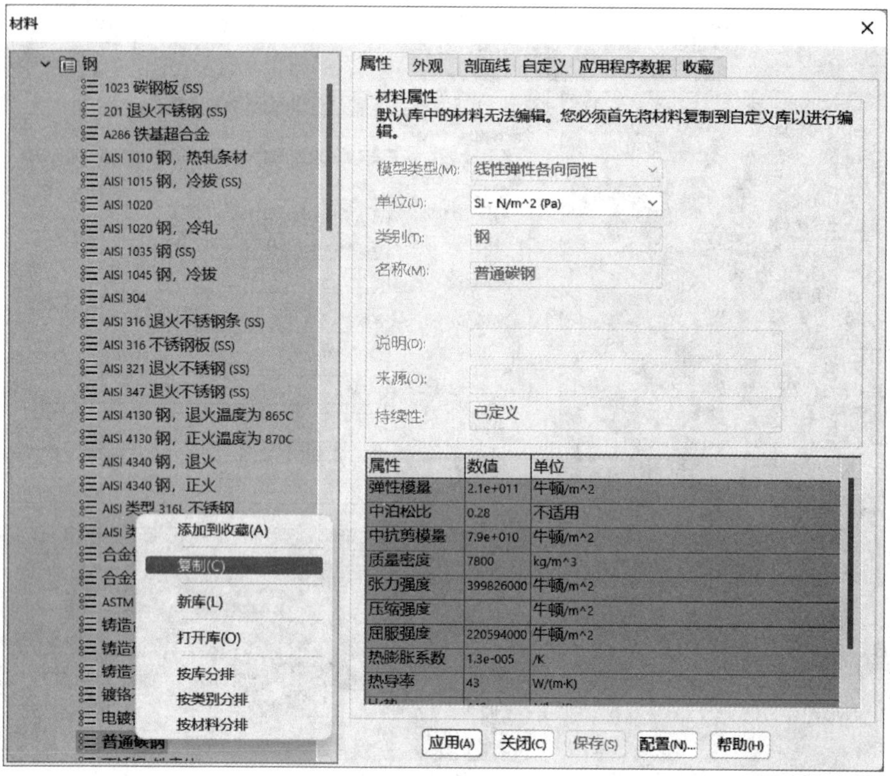

图 3-12　材料属性窗口

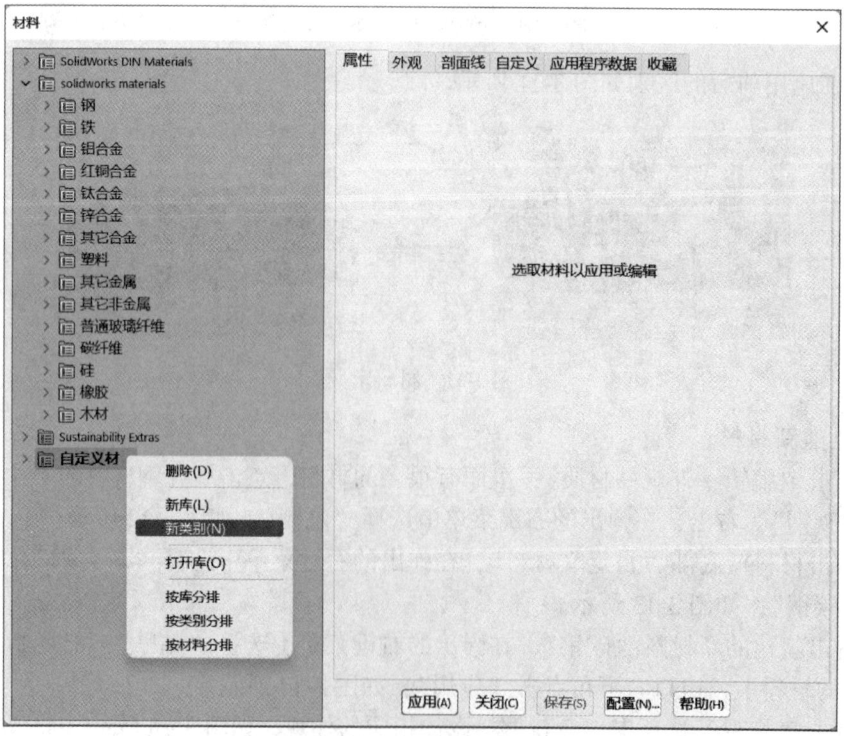

图 3-13　材料属性窗口定义新材料

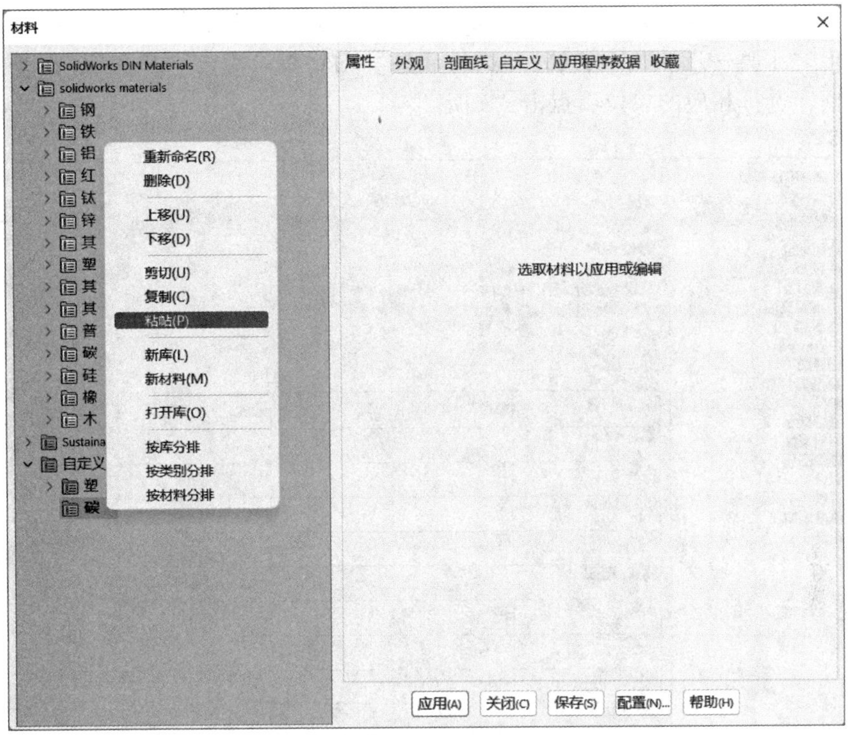

图 3-14　粘贴材料

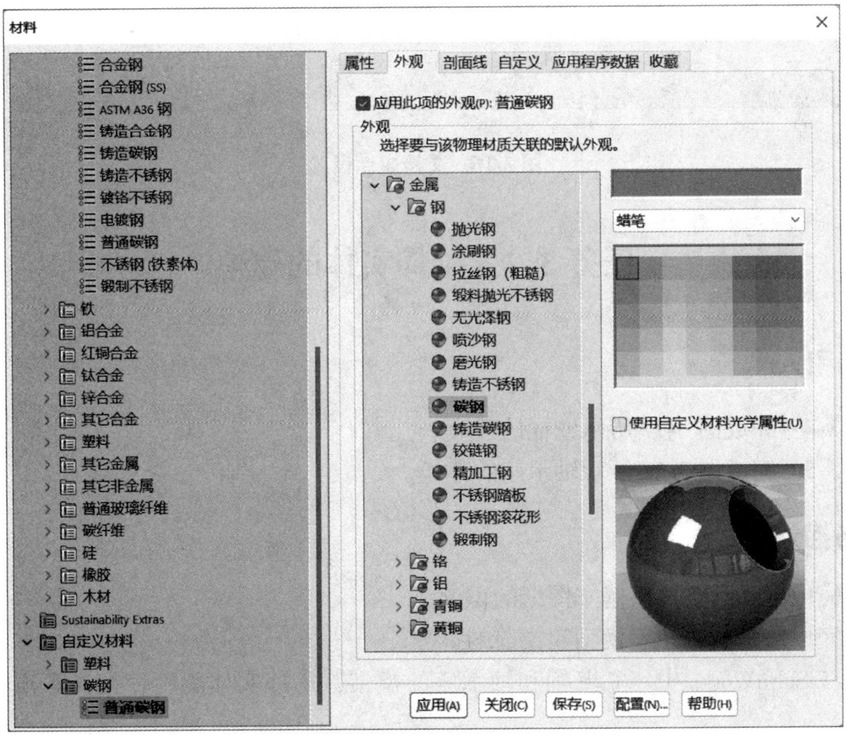

图 3-15　设置材料外观

（2）零件模型单位的设置。一个产品在设计之前，需要使其各个原件有相同的单位系统。点击“工具—选项”，切换到“文件属性”对话框，点击“单位”，出现如图 3-16 所示对话框，选择相应的单位，点击“确定”。

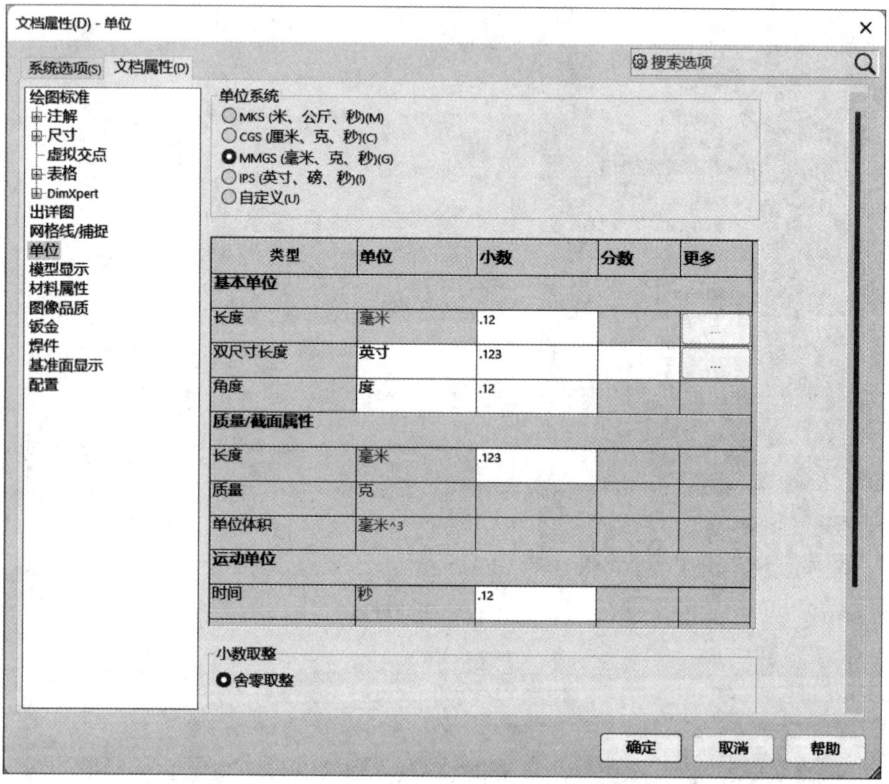

图 3-16　文档属性设置

任务 3.2　拉伸实体的建模

案例引入

案例 3-4　完成图 3-17 所示壁桶的建模。

案例 3-5　完成图 3-18 所示轴承座的建模。

任务描述

（1）完成壁桶和轴承座基本图纸的识读。

（2）完成壁桶和轴承座模型建模前的拆分。

（3）在 SolidWorks 中建立壁桶和轴承座的模型，掌握实体旋转、扫描等模型基本特征的创建。

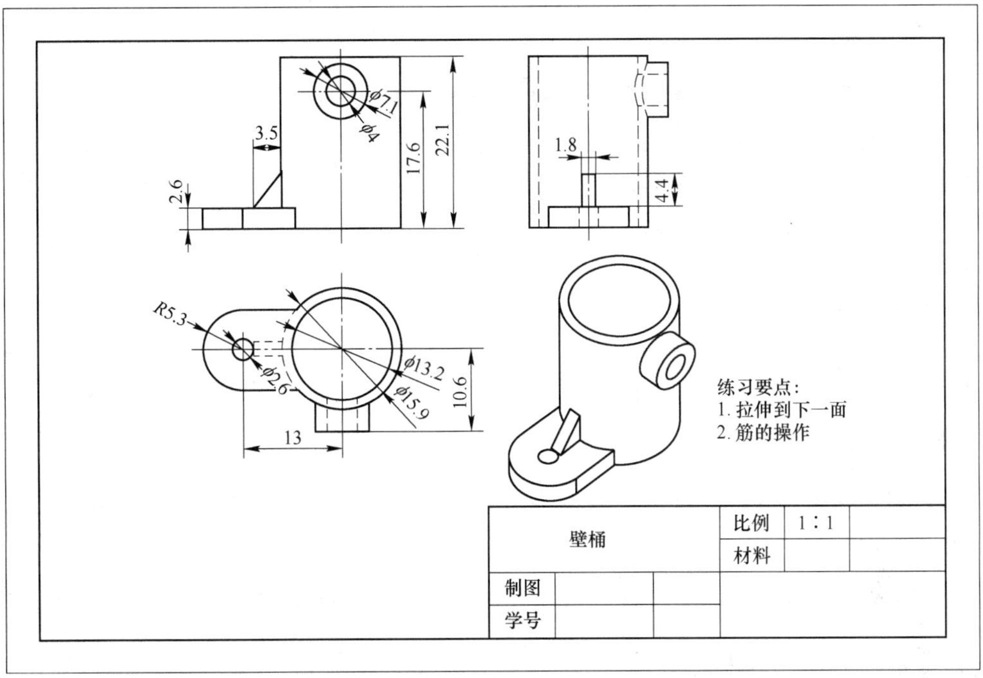

图 3-17　壁桶

视频　实体建模　　视频　轴承座建模

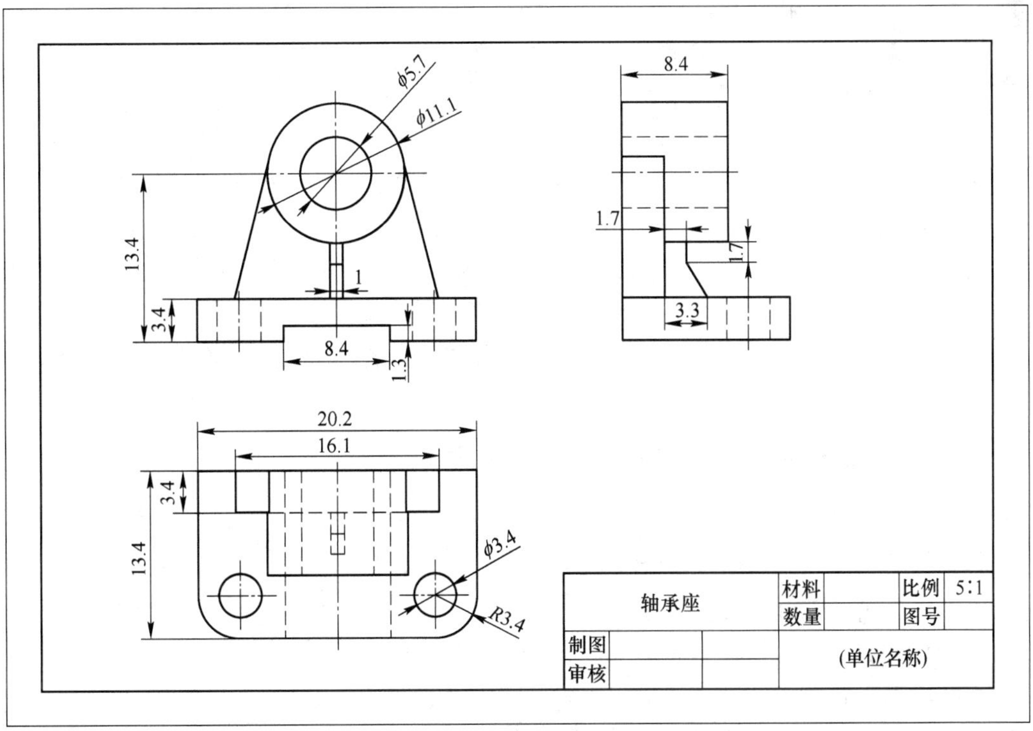

图 3-18　轴承座

任务分析

（1）分析图纸中各个视图的特点与尺寸，想象出整个实体模型。

（2）在建模之前对壁桶和轴承座的结构进行系统全面的分析，厘清结构的特征，考虑建模的先后次序。壁桶由四部分组成：底板、主体圆柱、相贯圆柱、支撑板。轴承座主要由四部分组成：底板、支撑板、圆柱、筋板。

（3）分析各个部分的最佳基准面以及草图轮廓。

（4）分析每部分建模的方法。

3.2.1　壁桶的三维设计

操作步骤

（1）打开 SolidWorks，点击“文件—新建—零件—确定”，进入三维建模的工作界面，如图 3-19 所示。

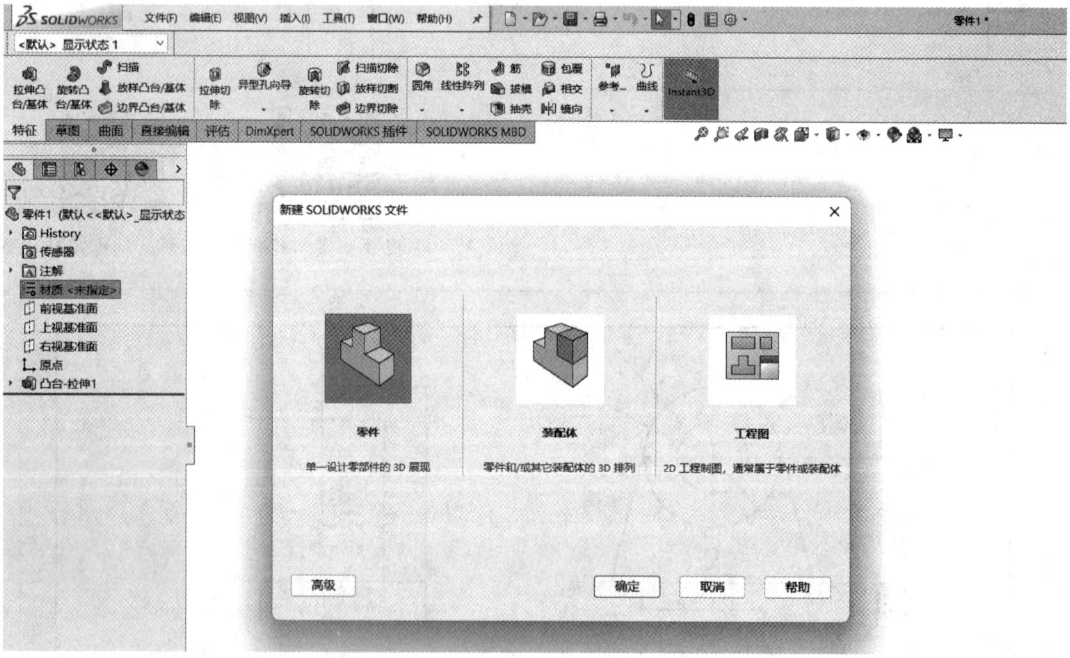

图 3-19　三维建模工作界面示意图

（2）在模型树中选择“上视基准面”进入草绘，分别绘制直径为 13.2 和 15.9 的同心圆，如图 3-20 所示。切换到“特征”选项卡中的“拉伸凸台/基体”命令，拉伸高度设置为 22.1，如图 3-21 所示。

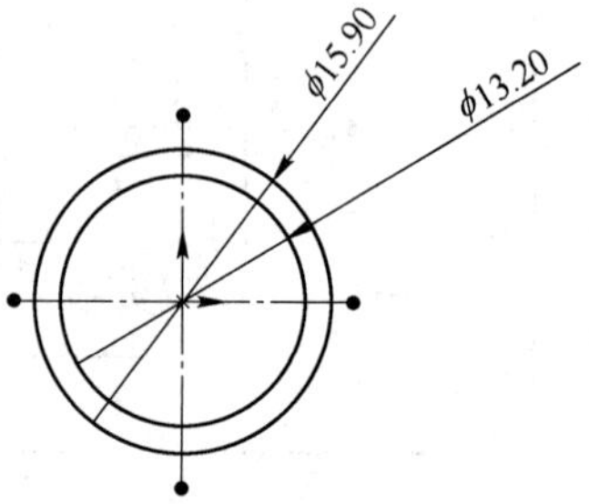

图 3-20　圆的草图绘制

（3）完成以后的实体模型如图 3-22 所示。选择底面或者上视基准面，切换到“草图”选项卡，点击“草图绘制”进行底部底板的草图绘制。绘制底板的草图如图 3-23

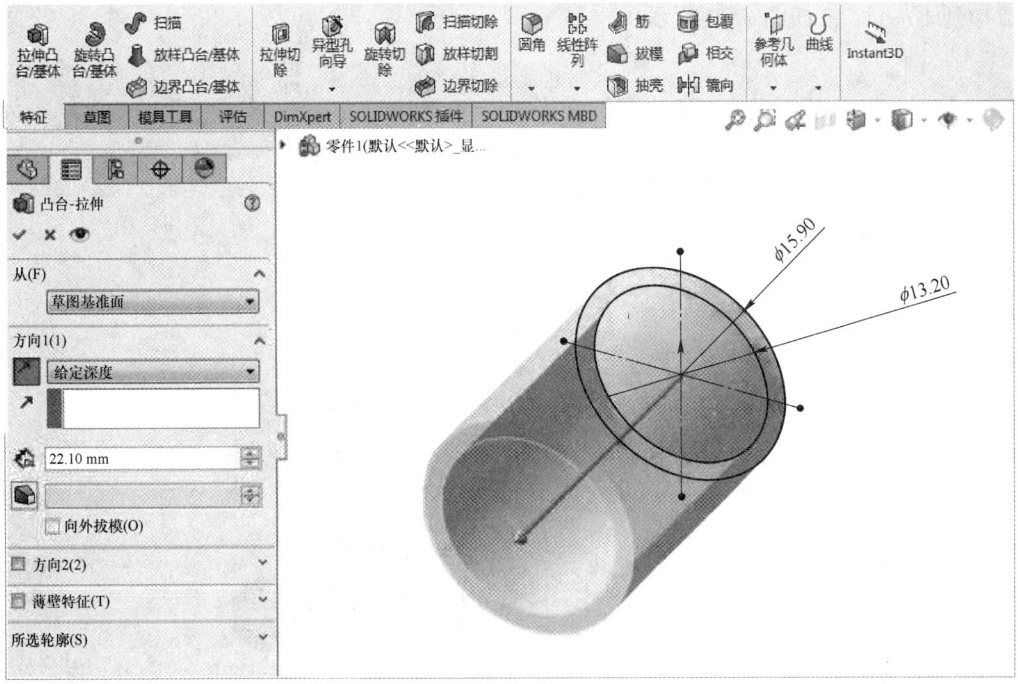

图 3-21　拉伸圆的特征

所示。注意，底部拉伸的草图需封闭。

图 3-22　圆柱实体模型

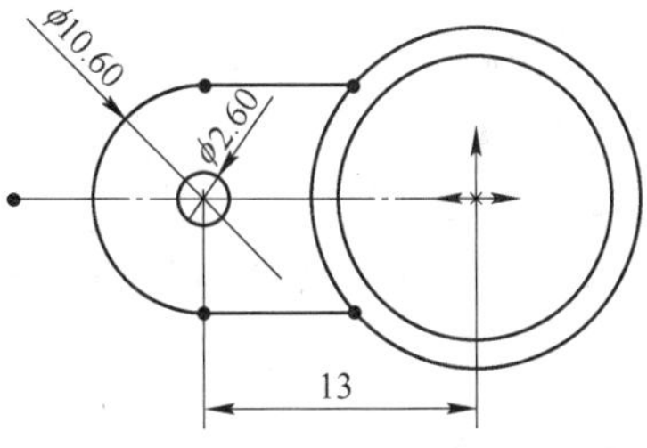

图 3-23　底板的草图绘制

（4）切换到“特征”选项卡完成底板的拉伸，在凸台-拉伸窗口中，点击“方向”里面的 可以切换拉伸的方向。由工程图可知底板的拉伸厚度为 2.6，拉伸后效果如图 3-24 所示。

（5）绘制直径为 7.1 的相贯实体圆柱。由工程图可知该圆柱的拉伸起始基准面距上视基准面的距离为 10.6。从模型树中选择“上视基准面”，如图 3-25 所示；创建基准面，以上视基准面为参考平面，距离为 10.6，如图 3-26 所示。

（6）在新建的基准面上绘制直径为 7.1 的圆柱草图，如图 3-27 所示，拉伸凸台，拉伸方向为“成形到下一面”，如图 3-28 所示。

（7）选择基准面，进入草绘模块绘制直径为 4 的草图，如图 3-29 所示，切换到“特征”选项卡，点击 “拉伸切除”命令，对相贯圆柱进行拉伸切除，拉伸切除的深度为

“成形到下一面”，如图 3-30 所示。

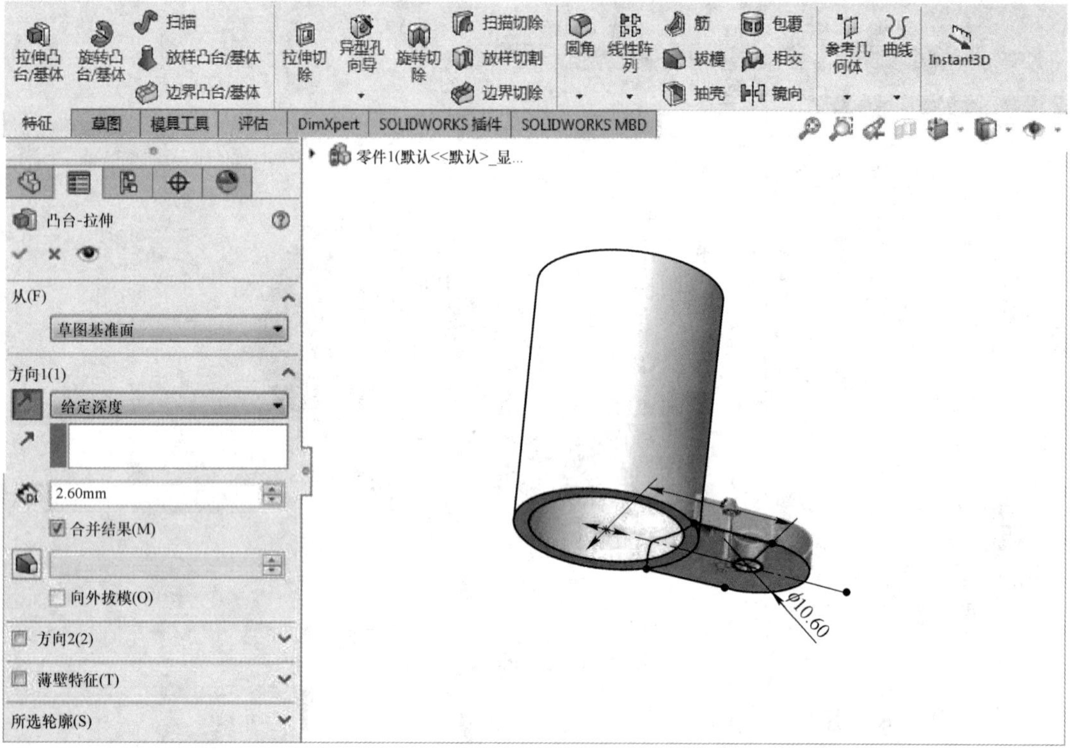

图 3-24　底板拉伸

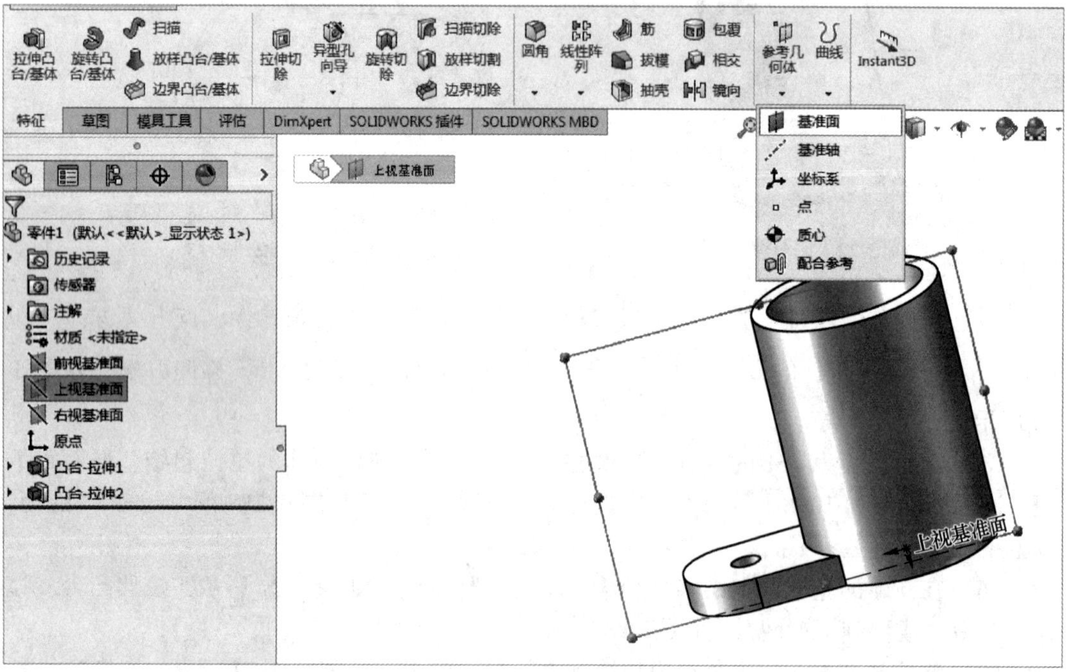

图 3-25　上视基准面

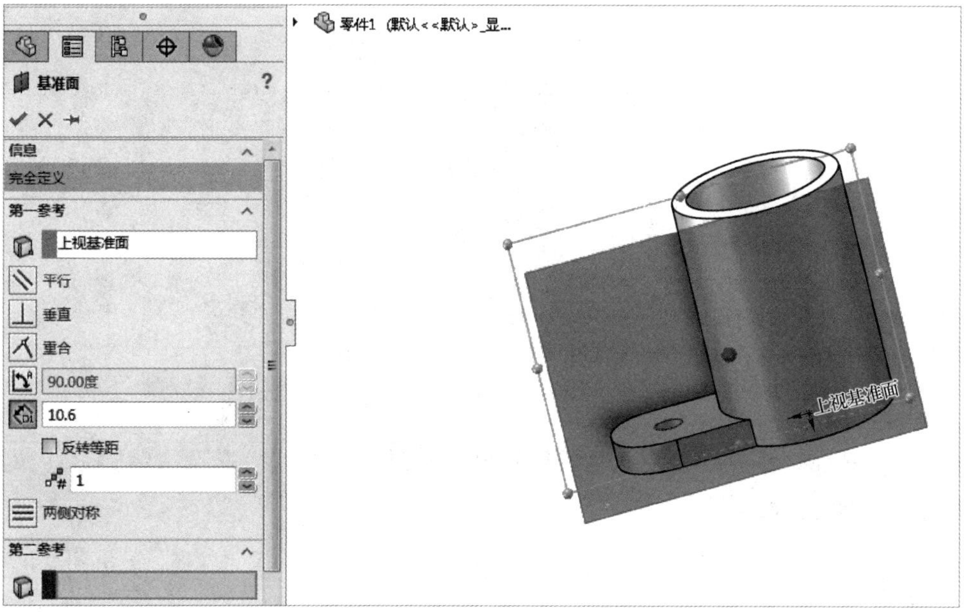

图 3-26　新建基准面

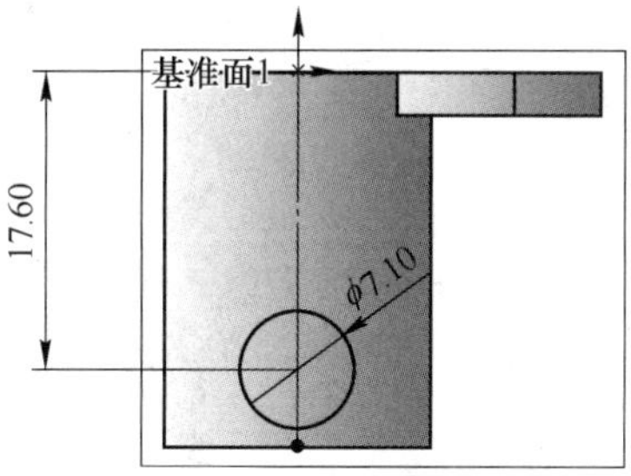

图 3-27　相贯圆柱草图

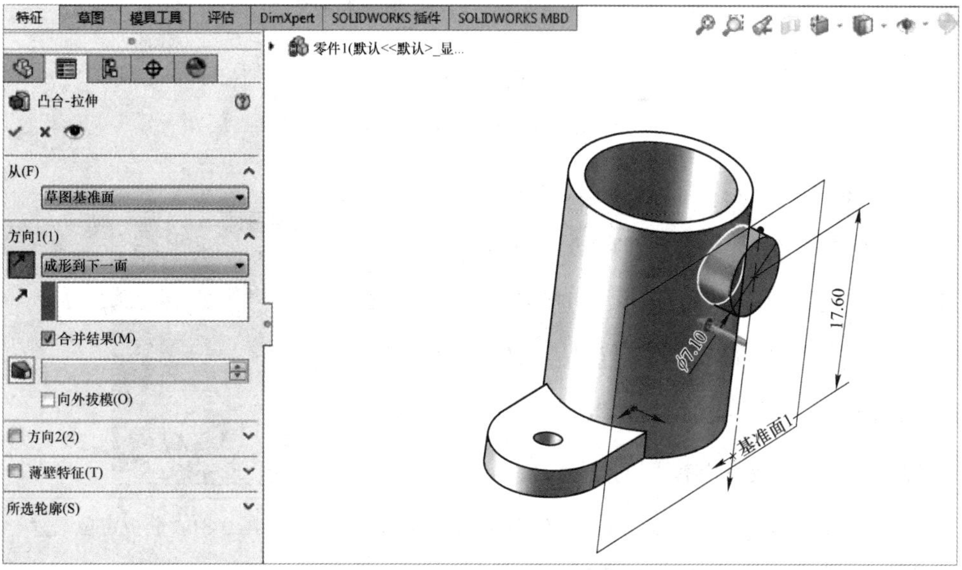

图 3-28　相贯圆柱实体拉伸

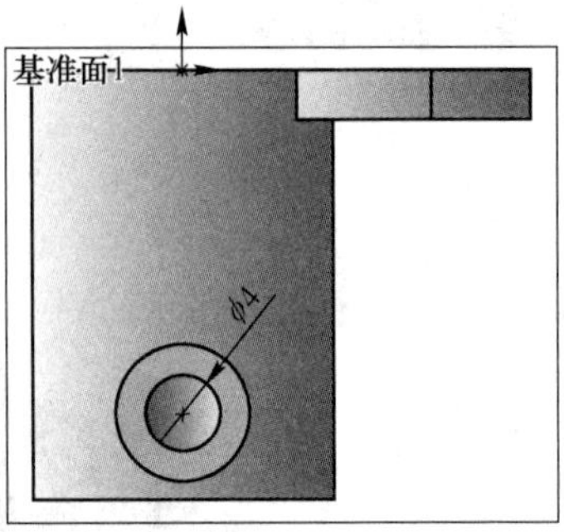

图 3-29　直径为 4 的圆的草图

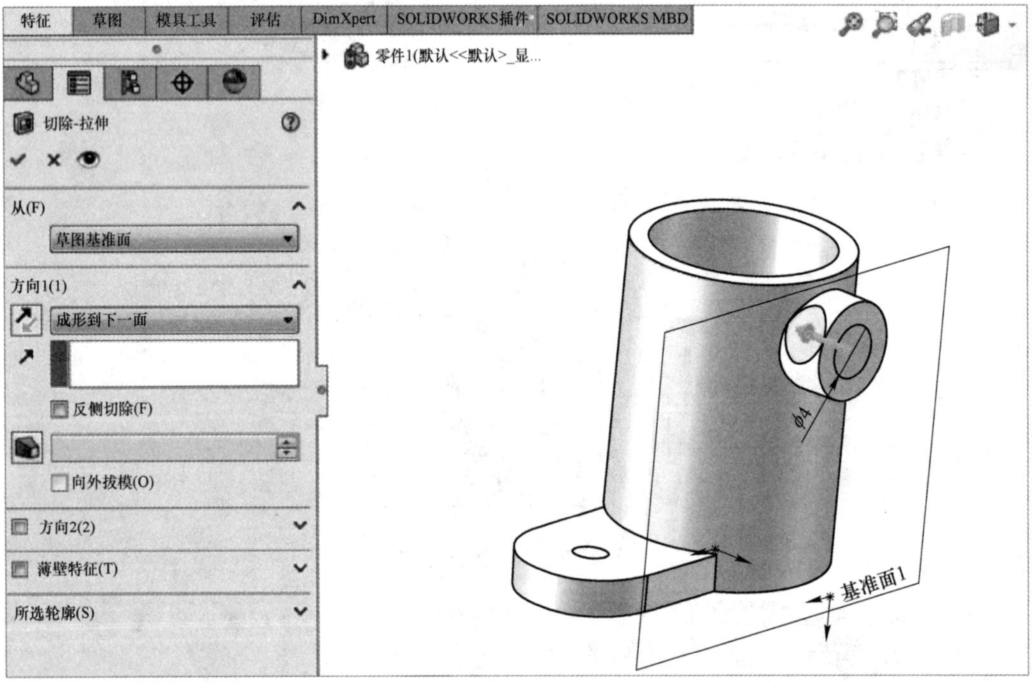

图 3-30　拉伸切除实体

（8）选择“上视基准面”，进入“草图”选项卡，点击“草图绘制”命令，再点击“直线”命令，绘制一条直线，尺寸如图 3-31 所示。切换到“特征”选项卡，点击“筋”命令，厚度为“两侧对称”和“1.8”，拉伸方向选择“向里拉伸”，如图 3-32 所示，点击确定按钮，完成三维模型的绘制。

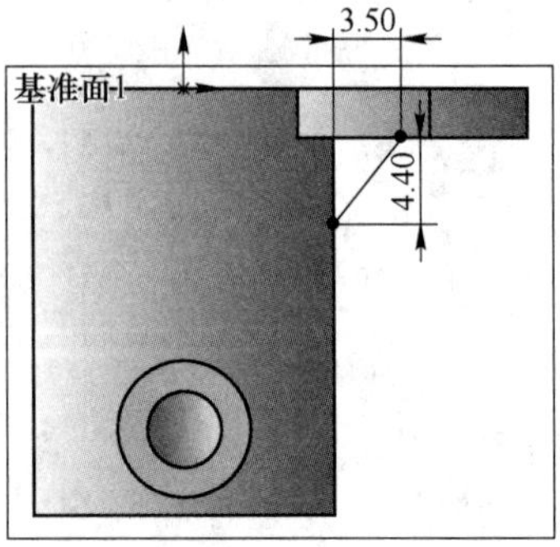

图 3-31　筋板定位尺寸

（9）选择模型树的“基准面 1”，右击选择“隐藏”，完成该范例三维的建模，如图 3-33 所示。

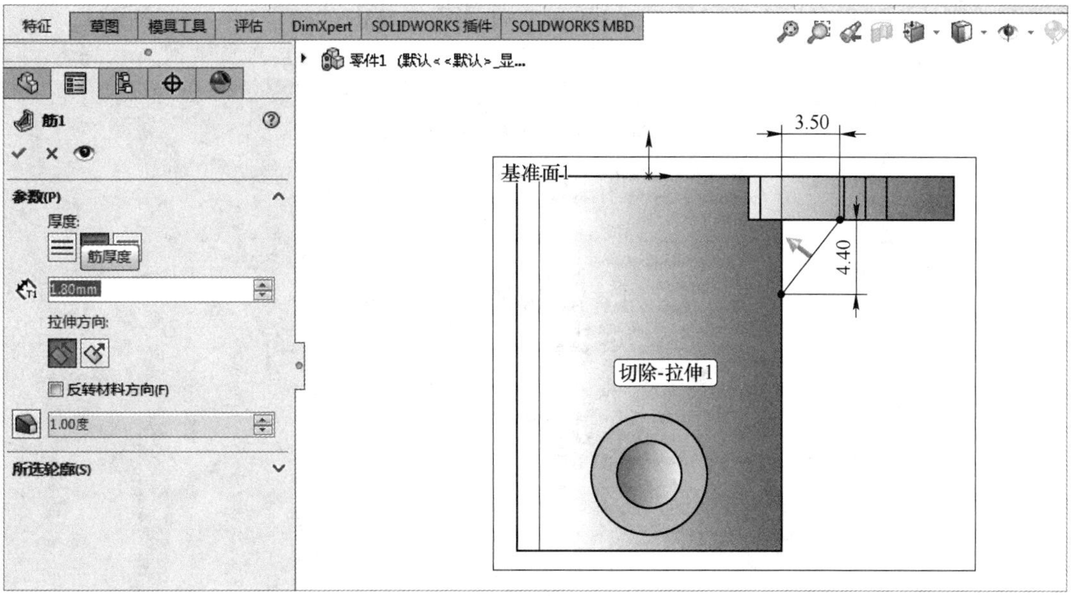

图 3-32　筋板绘制窗口

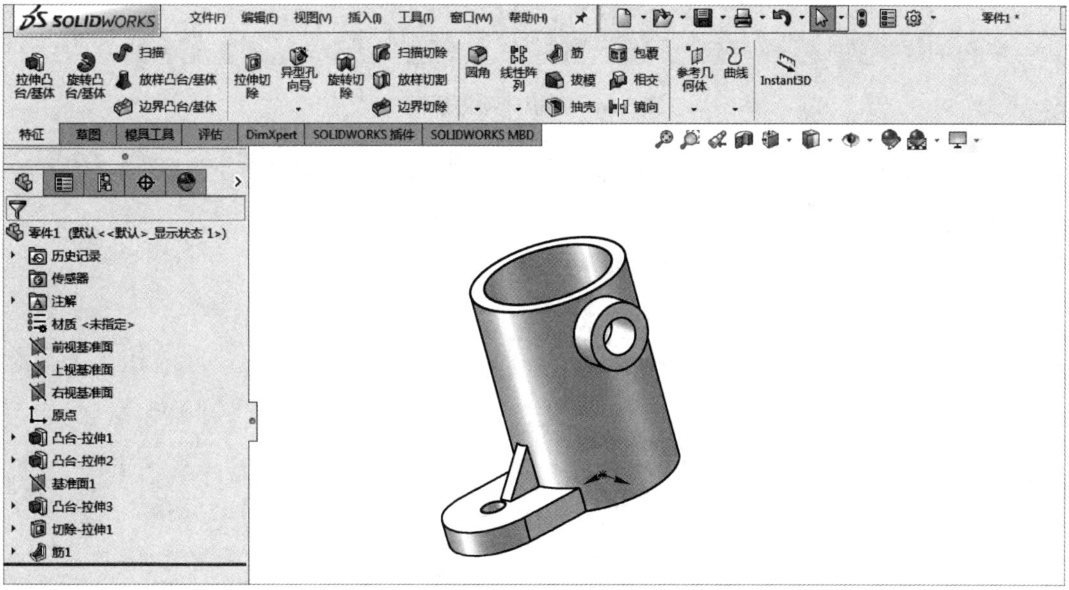

图 3-33　完成的模型

3.2.2　轴承座的三维设计

操作步骤

（1）打开 SolidWorks，单击“文件—新建—零件—确定”进入三维建模的工作界面。

（2）在进入草图之前进入“选项”里面，单击“系统选项”卡，选中系统选项卡左侧的“草图”，在右侧勾选“在草图生成时垂直于草图基准面自动旋转视图”，同时勾选

“在生成实体时启用荧屏上数字输入”，如图 3-34 所示，单击“确定”，退出该窗口。

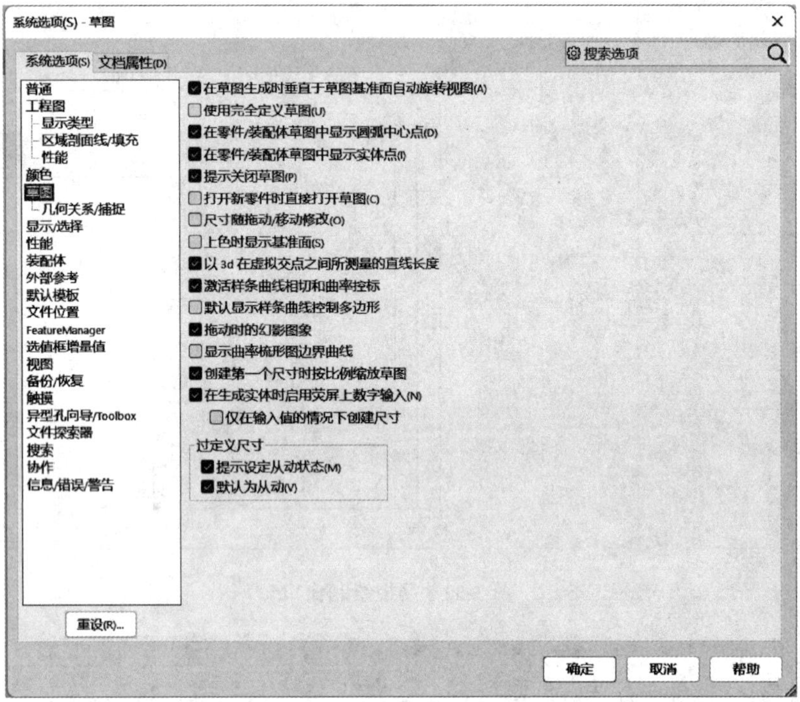

图 3-34　系统选项对话框

（3）在左边模型树下找到“上视基准面”，右击选择草图按钮，如图 3-35 所示，进入绘图界面。

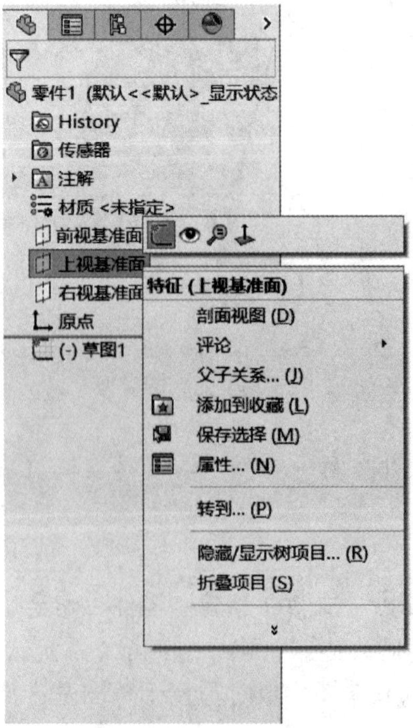

图 3-35　右击—上视基准面

（4）进入草绘模块，点击，完成中心点矩形的绘制。此时未将原点设置为矩形的中心点，而是利用约束功能将矩形边的中点与原点重合，选中矩形水平直线，再按住 Ctrl 键选中原点，在“属性”中选择约束关系为“中点”，如图 3-36 所示。点击“智能尺寸”命令，标注长度和宽度尺寸分别为 20.2 和 13.4。之后对该底板倒圆角，选择倒圆角命令，将圆角参数设置为 3.4，分别选中需要倒圆角的交点，得到如图 3-37 所示的形状。

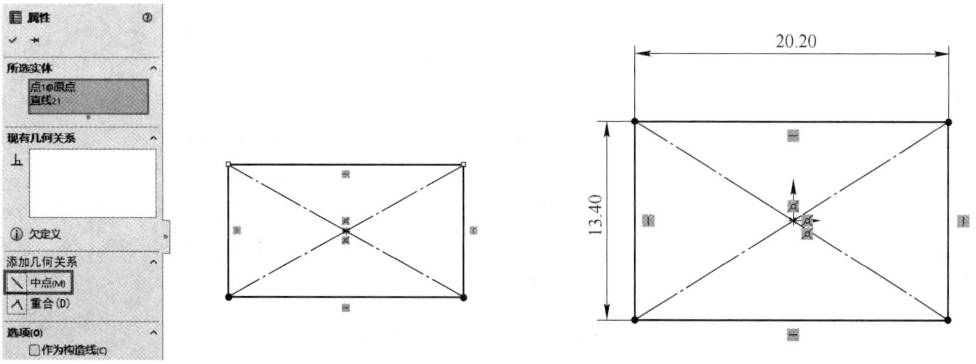

图 3-36　底板草图

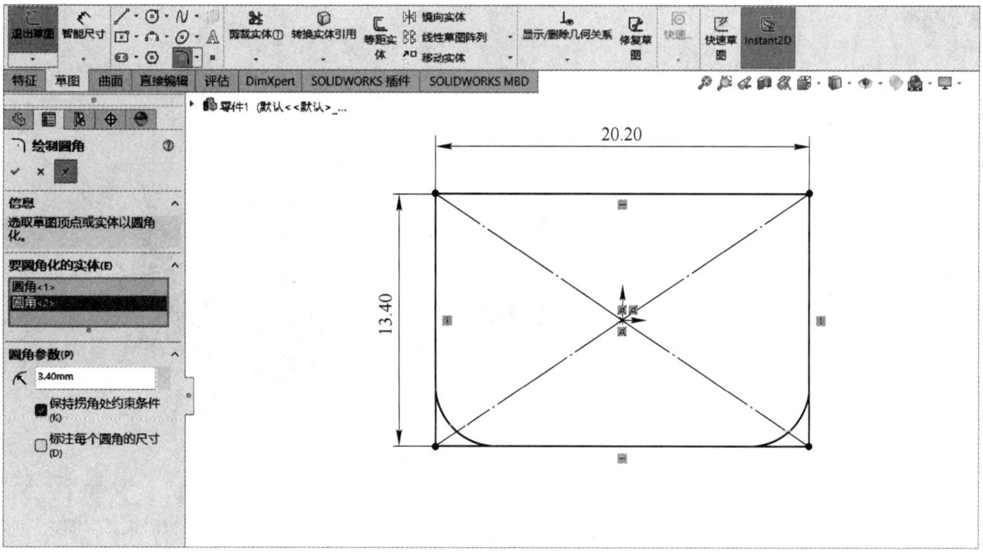

图 3-37　底板倒圆角

（5）点击，捕捉倒角位置的圆心，并以此为圆心画直径为 3.4 的圆，如图 3-38 所示，图示草图包含底部底板的部分特征。切换到“特征”选项卡，点击“拉伸凸台/基体”，拉伸高度设置为 3.4，如图 3-39 所示。

（6）选中倒圆角的平面，此时该平面显示为蓝色，如图 3-40 所示。点击“草图绘制”命令，在底板的前表面进行草图绘制。

（7）点击绘制矩形，点击“智能尺寸”命令完成尺寸的标注，长度和宽度分别为 8.4 和 1.3。切换到“特征”选项卡，点击“拉伸切除”，在方向中选择“完全贯穿”，如

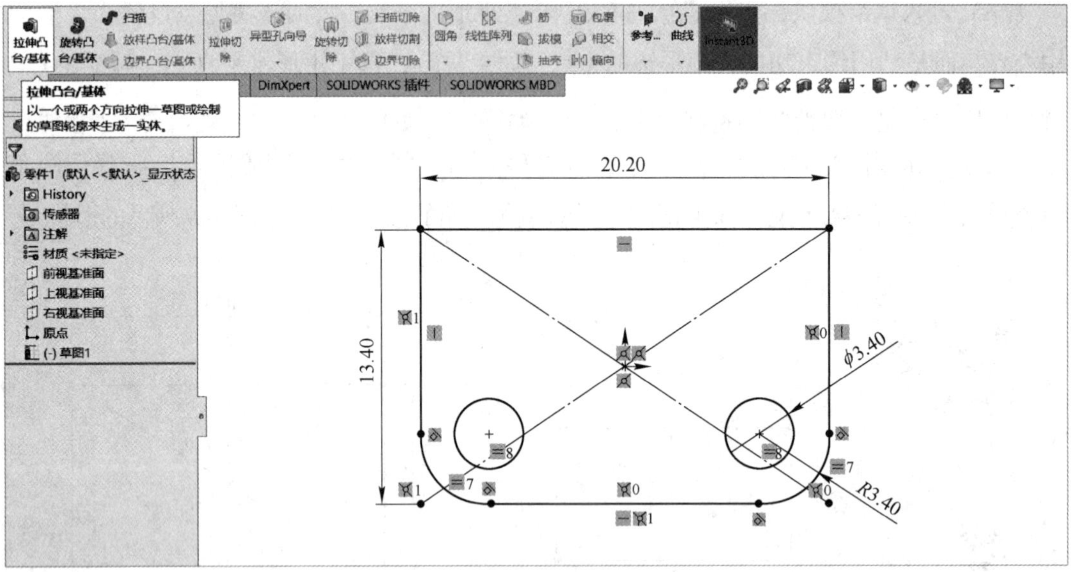

图 3-38　底板圆孔的草图

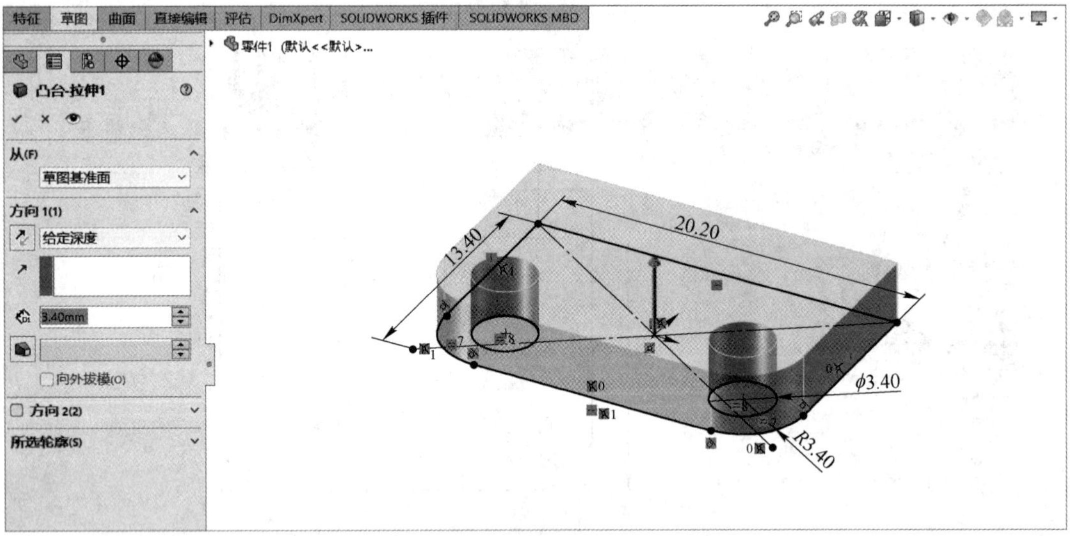

图 3-39　底板的拉伸

图 3-41 所示。

（8）选择前视基准面或者选择底部板的后端面绘制主体圆柱部分，圆的直径分别为 5.7 和 11.1，拉伸的厚度为 8.4，同时有一个定位尺寸，距圆柱底端的高度是 13.4，如图 3-42 所示。

（9）进入前视基准面绘制支撑板。点击直线命令 绘制任意直线，直线的起点与终点 1、2 分别在水平直线和圆上，如图 3-43 所示。

（10）选中斜线，按住 Ctrl 键再选中直径为 11.10 的圆，如图 3-44 所示。在添加几何关系中点击 ，设置斜线和圆的几何关系为相切。

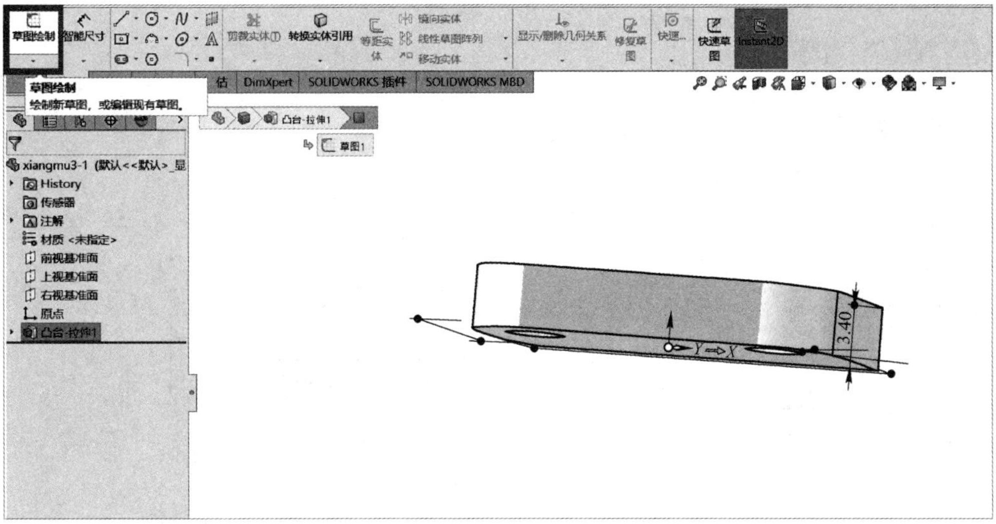

图 3-40　选择草绘平面示意图

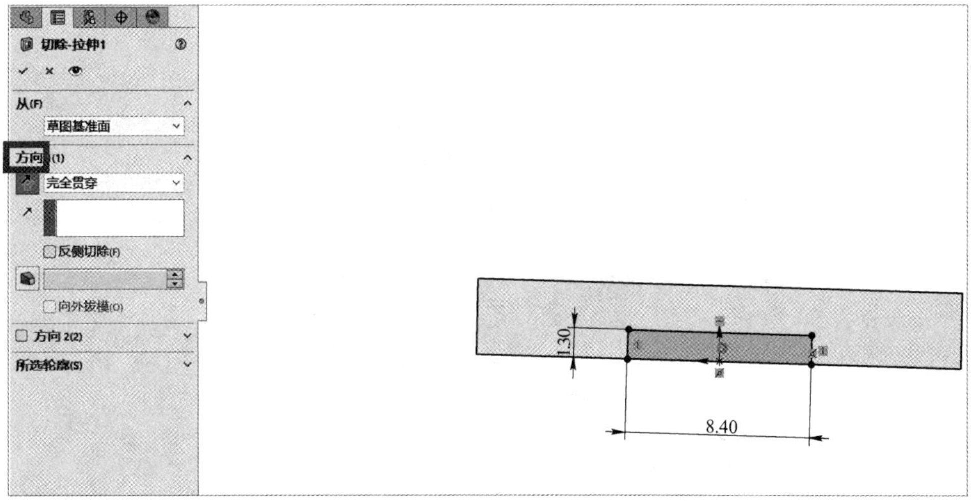

图 3-41　底板槽口的草图示意图

（11）在草图工具栏点击直线命令，经过圆心和坐标原点绘制中心线。在工具栏中点击镜向命令，在“要镜向的实体”中选择直线，在“镜向点”中选择中心线，如图 3-45 所示。

（12）在草图工具栏中点击智能尺寸，再点击两条斜线的下端点，在长度中输入 16.1，如图 3-46 所示。

（13）在草图选项卡中点击“直线”按钮，绘制长度 16.1 的直线，如图 3-47 所示，同时绘制直径为 11.1 的圆，如图 3-48 所示；在工具栏选项卡中单击“裁剪”按钮，单击“剪裁到最近端”，如图 3-49 所示，对刚绘制的直径为 11.1 的圆上半部分进行剪裁。

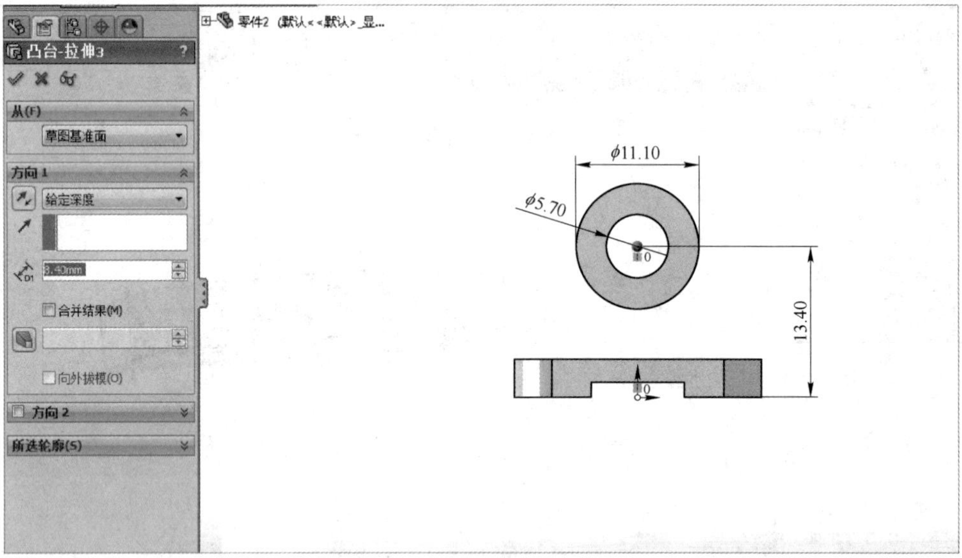

图 3-42　主体圆柱部分的绘制

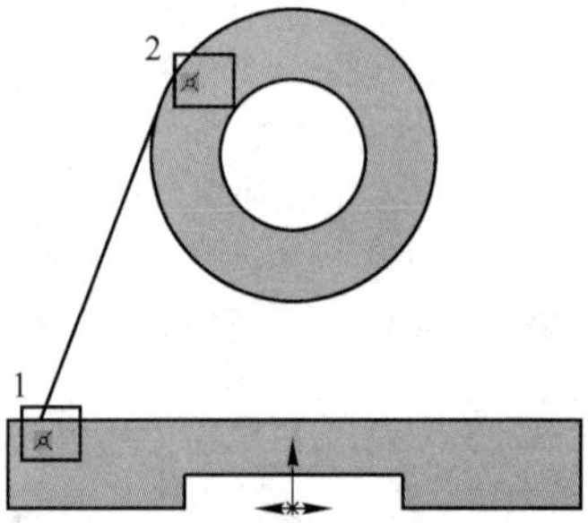

图 3-43　支撑板草图直线的绘制

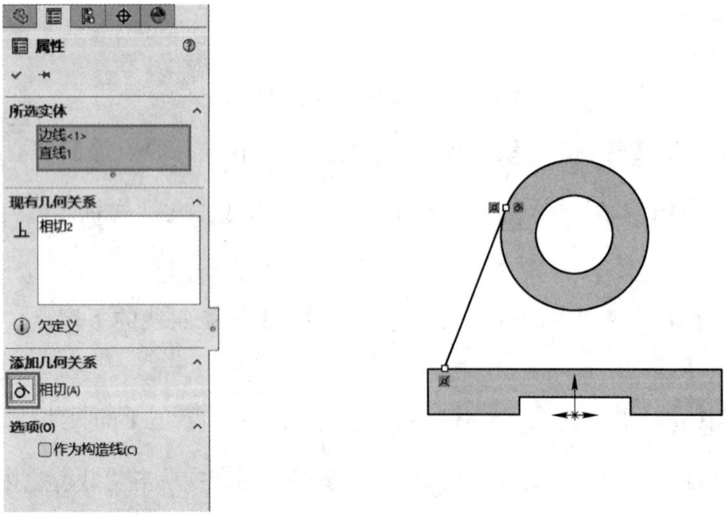

图 3-44　支撑板草图的绘制

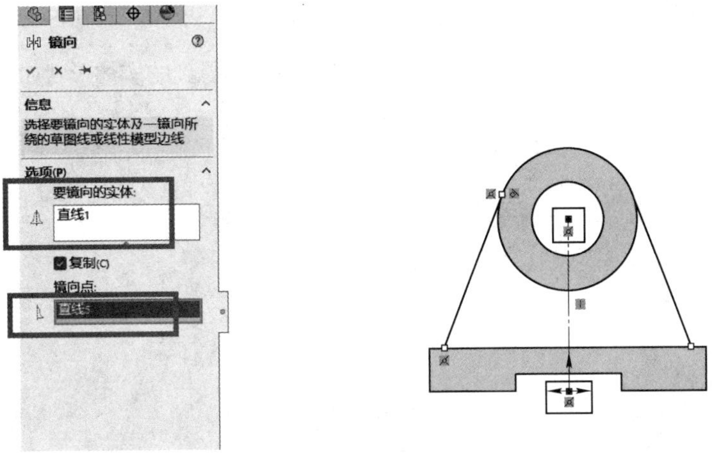

图 3-45　镜向命令框

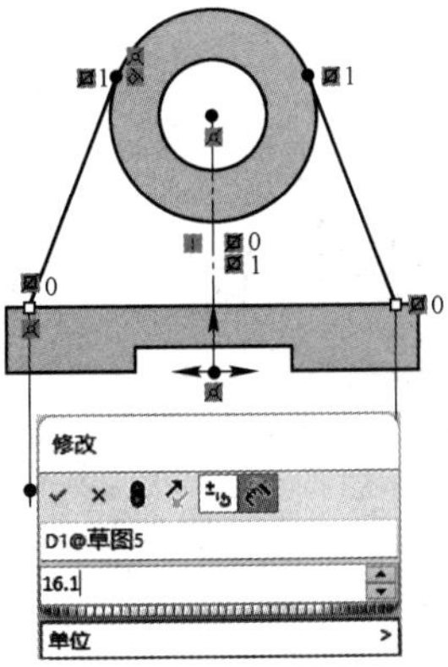

图 3-46　直线定位约束

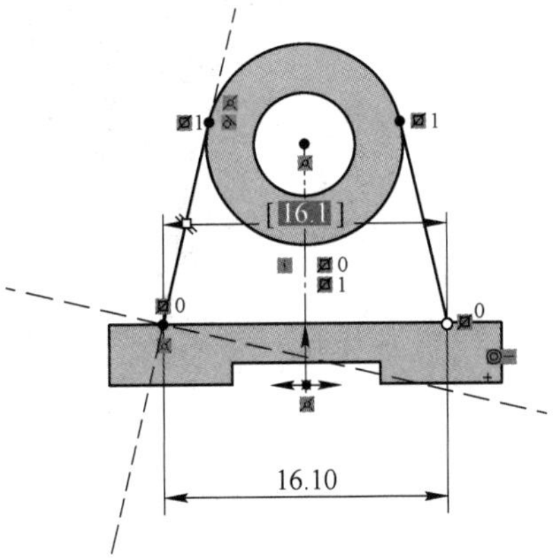

图 3-47　直线绘制

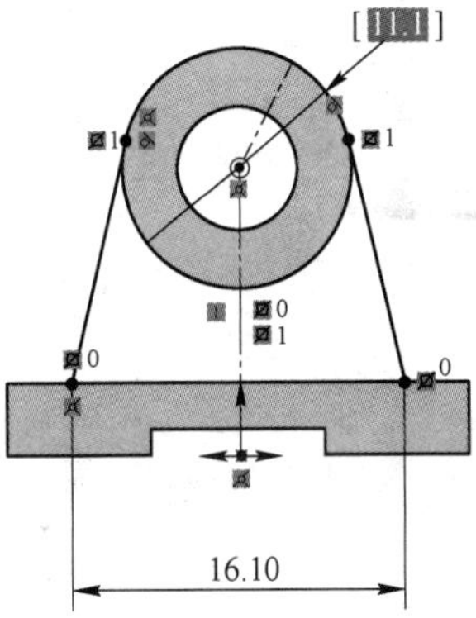

图 3-48　圆的绘制

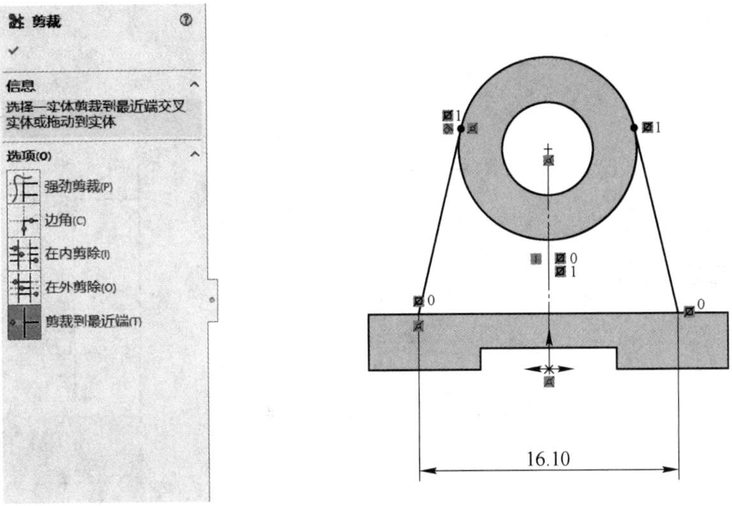

图 3-49　裁剪命令

（14）完成封闭的草图之后，切换到“特征”选项卡，单击“拉伸”按钮进行拉伸，其中，为拉伸方向，为拉伸厚度，这里输入 3.4，得到的实体形状如图 3-50 所示。

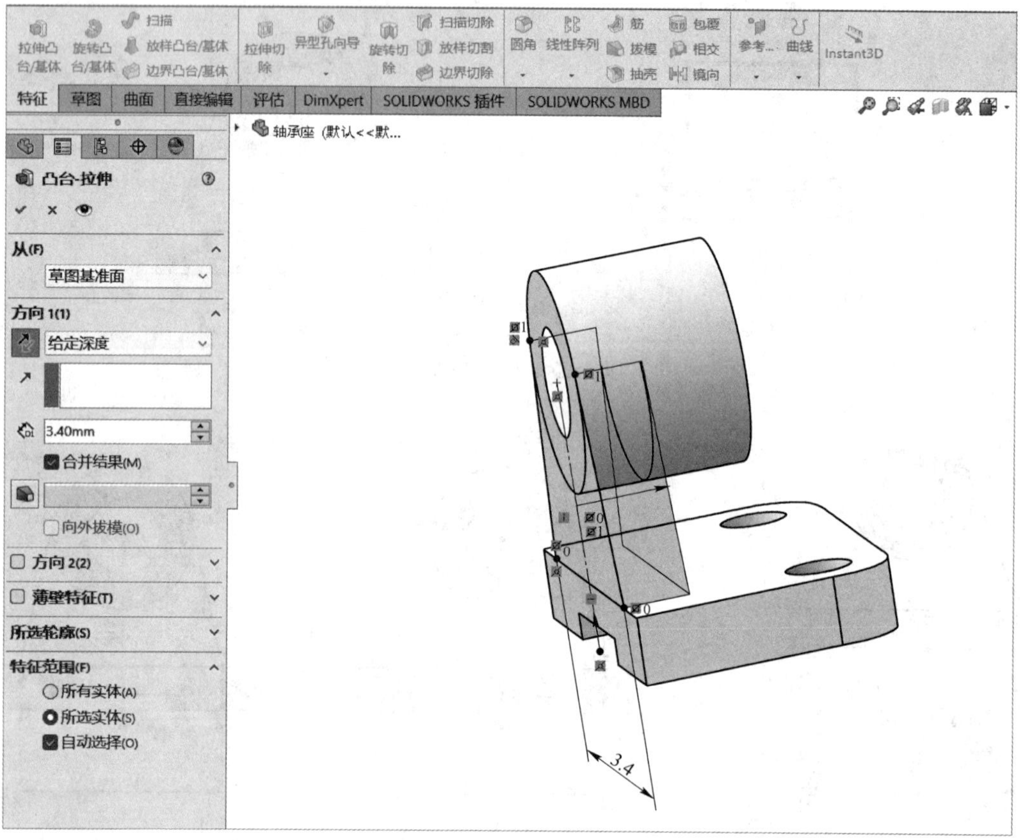

图 3-50　支撑座拉伸

（15）右击“右视基准面”，选择“草图绘制”进入草绘，进行筋板模型的草图绘制，如图 3-51 所示。

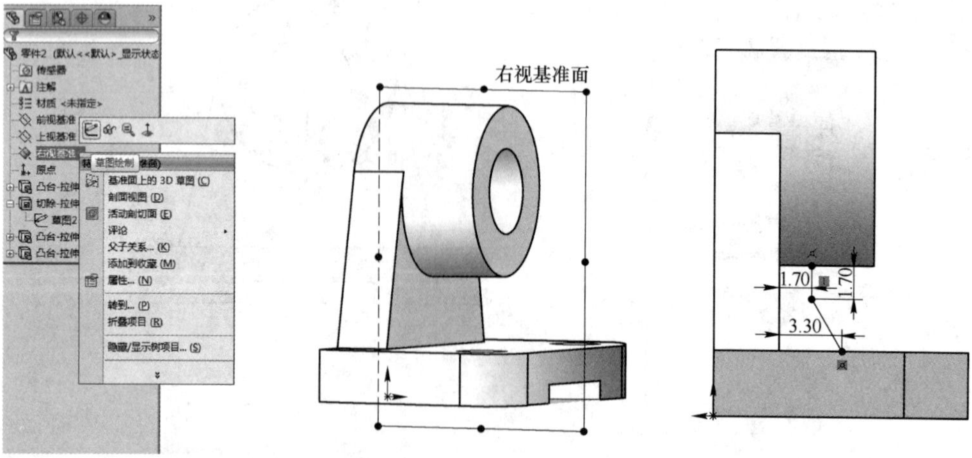

图 3-51　筋板模型草图的绘制

切换到实体特征，单击“筋”，出现如图 3-52 对话框，设置厚度为两侧对称模式，厚度为 1，拉伸方向朝里。

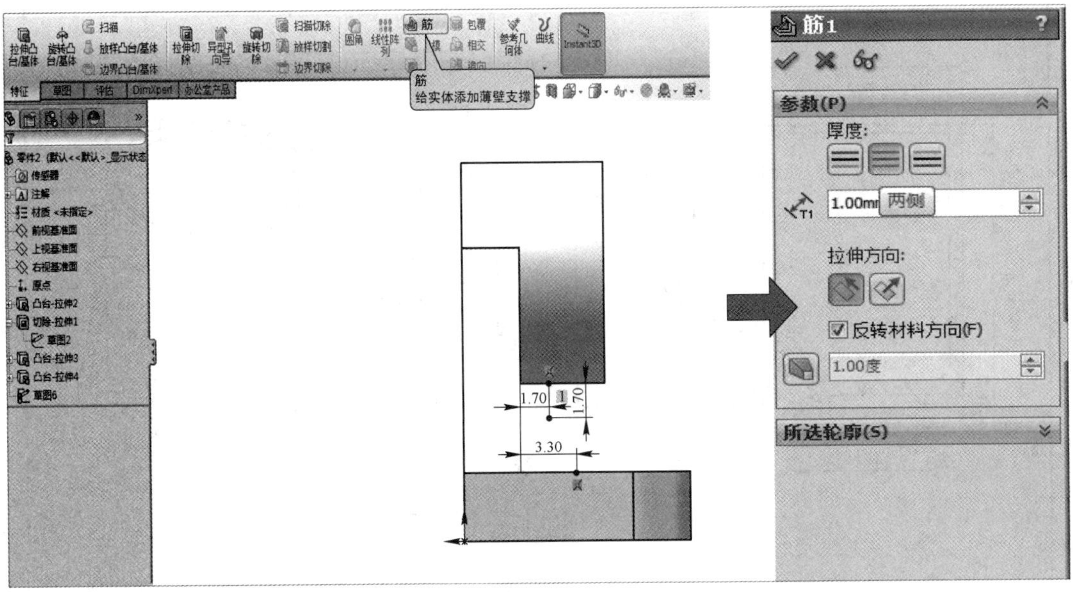

图 3-52　筋命令绘制窗口

至此，整个轴承座完成建模，效果如图 3-53 所示。

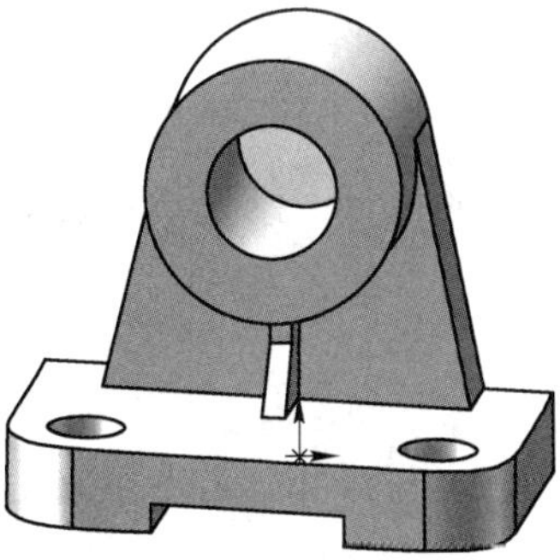

图 3-53　完成的零件

任务 3.3　旋转实体的建模

案例引入

案例 3-6　完成图 3-54 所示杯子的建模。

视频　杯子的建模

任务描述

（1）完成杯子基本图纸的识读。

（2）完成杯子模型建模前的拆分。

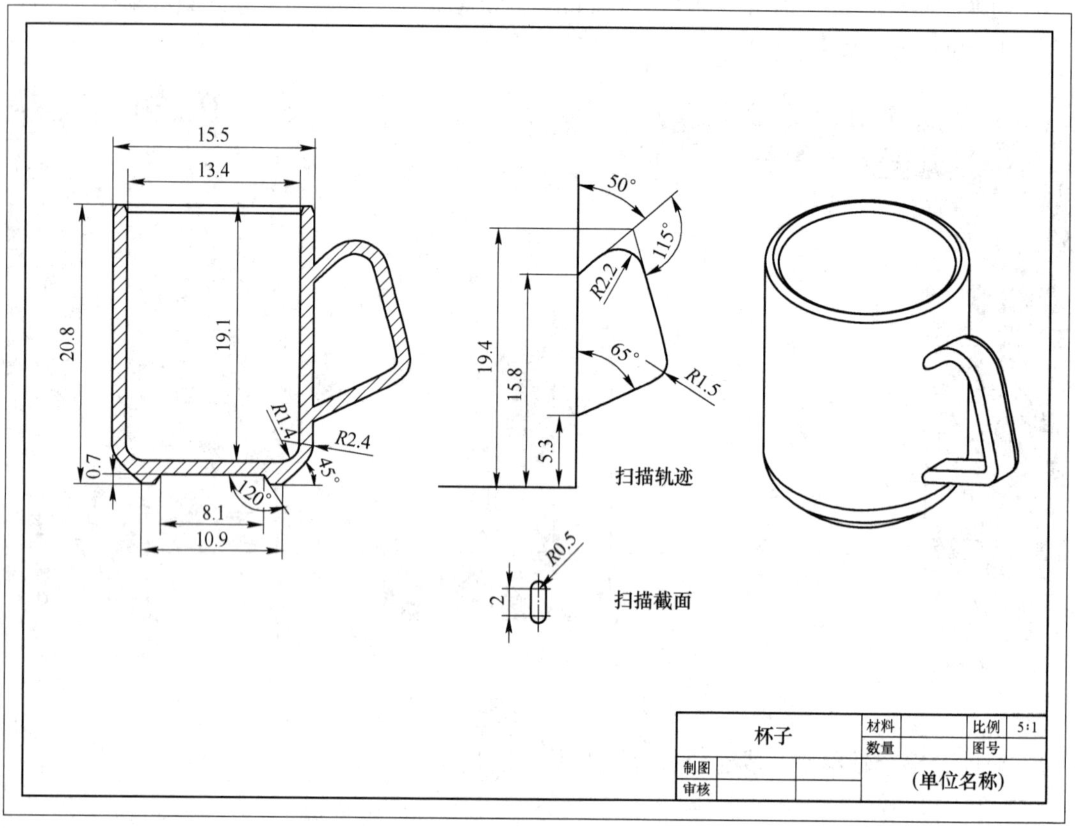

图 3-54　杯子

（3）在 SolidWorks 中建立杯子的模型，掌握实体旋转、简单体扫描等模型基本特征的创建。

任务分析

（1）分析图纸中各个视图的特点与尺寸，想象出整个实体模型。

（2）在建模之前对杯子的结构进行系统全面的分析，厘清结构的特征，考虑建模的先后次序。杯子主要由两部分组成：杯身、把手。

（3）分析各个部分的最佳基准面以及草图轮廓。

（4）分析每部分建模的具体方法。

操作步骤

（1）进入“前视基准面”进行草图绘制，依据图 3-54 所示尺寸绘制杯子主体部分的草绘图，如图 3-55 所示。

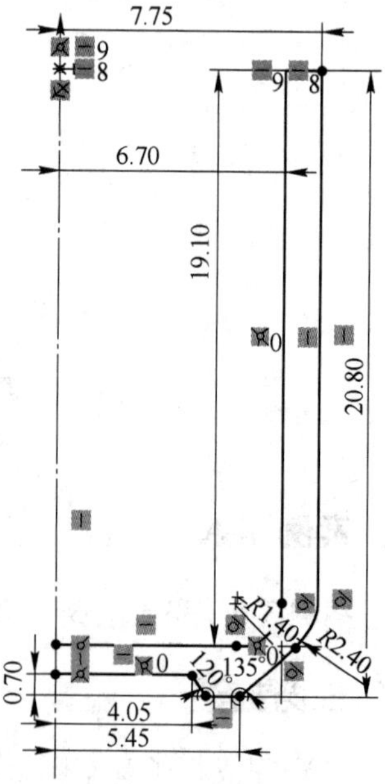

图 3-55　杯子主体部分草图

（2）切换到“特征”选项，点击“旋转凸台”，旋转轴为中间的中心线，旋转截面为图 3-55 中的封闭草图。旋转实体如图 3-56 所示，完成杯子主体部分的建模。

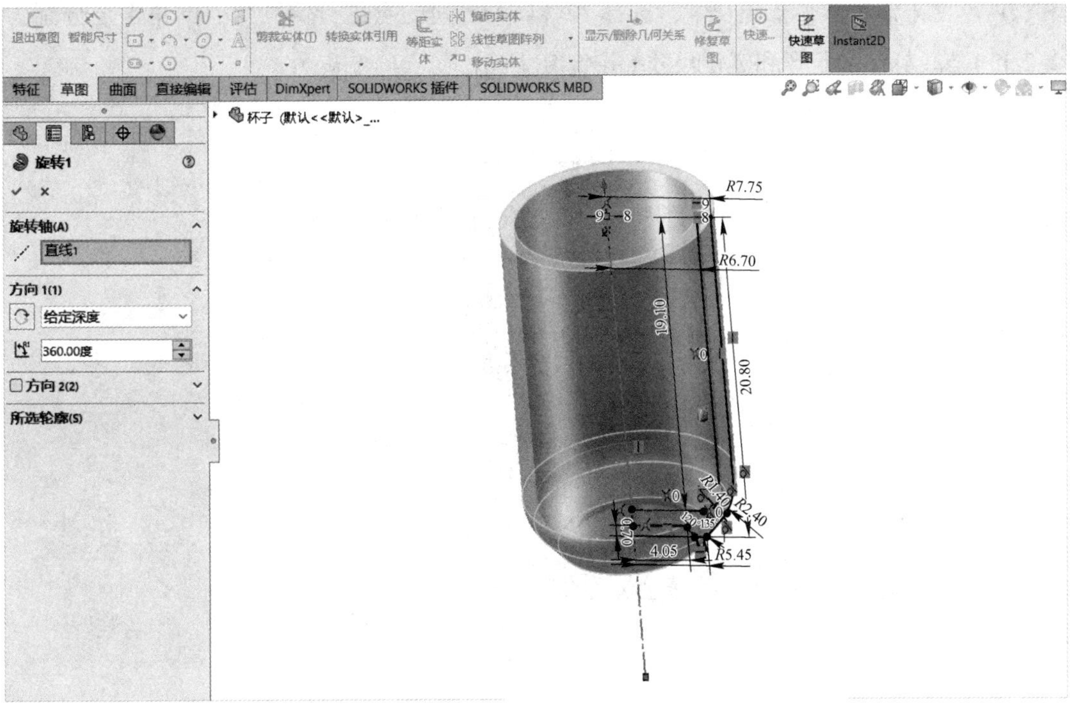

图 3-56　旋转杯子主体部分

（3）在特征选项卡中选择“圆角”命令，在圆角项目中选择内圆与外圆，在圆角参数中输入 0.525，即倒圆角的半径为 0.525mm，如图 3-57 所示。

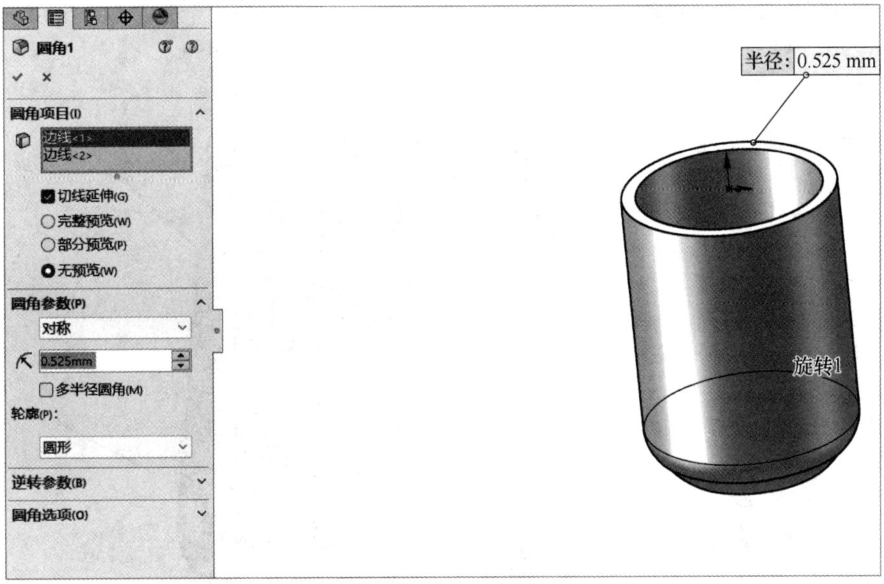

图 3-57　杯子倒圆角

（4）扫描操作有扫描轨迹和扫描截面两部分。首先绘制扫描轨迹直线 1、2、3，角度和长度不受限制；然后点击 ，选择 12 和 34 之间的点进行倒圆角，倒角半径分别为 2.2 和 1.5。标注的定形和定位尺寸如图 3-58 所示。

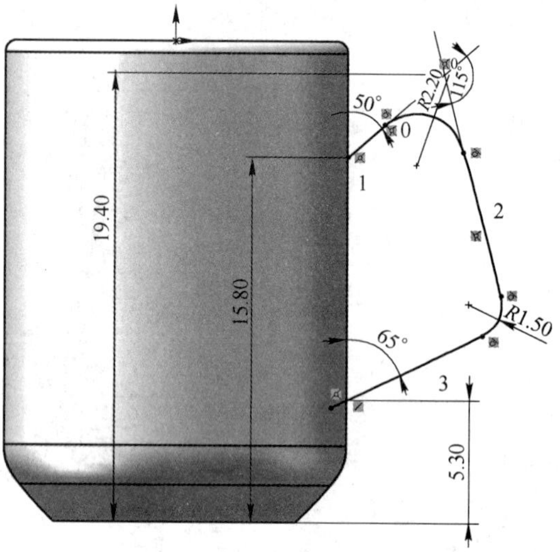

图 3-58　杯子把手草图

（5）扫描截面是直槽口形状。在扫描过程中，扫描截面必须与扫描轨迹垂直，因此在绘制扫描截面之前，首先绘制基准面与扫描轨迹垂直。如图 3-59 所示，先退出草图，

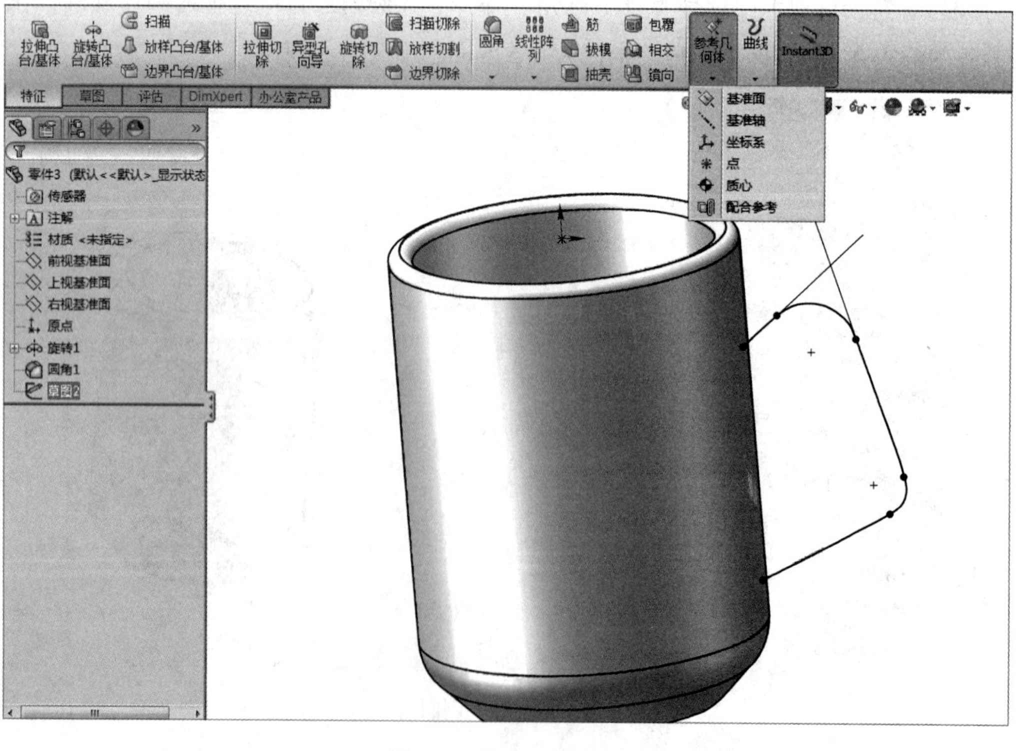

图 3-59　基准面的绘制

切换到“特征”选项卡，选择“参考几何体—基准面”，得到如图 3-60 所示对话框。“第一参考”选择直线 1，“第二参考”选择点 2，如下图所示，得到与杯子轨迹相切的截面，之后在该截面上做草图。

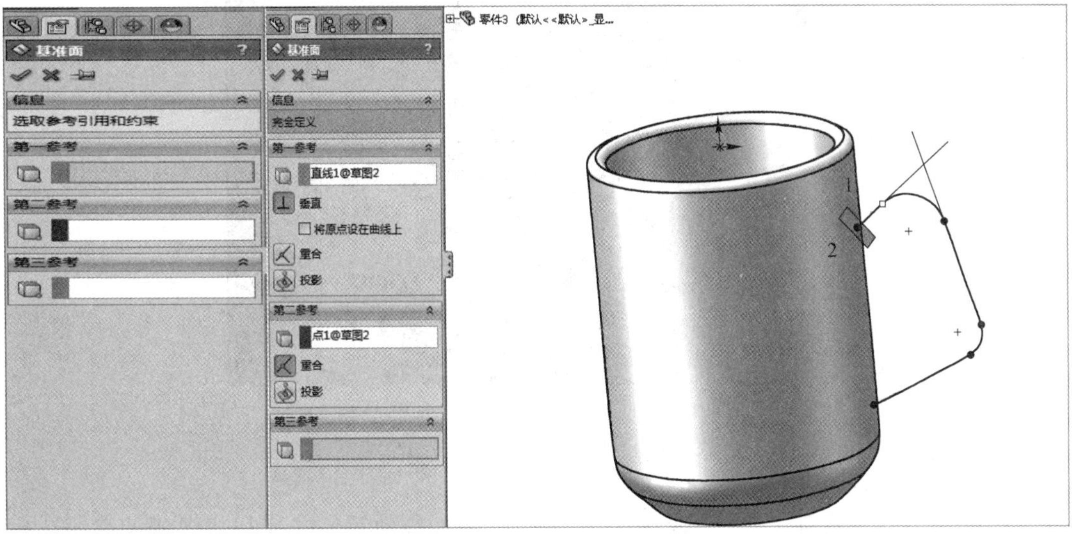

图 3-60　参考基准面的绘制

（6）在草图上点击槽口命令，选择第二种槽口类型，如图 3-61 所示，进行直槽口的绘制，先画中点再画圆弧对应的圆心。在草图选项卡中选择智能尺寸，标注槽口相应的尺寸，退出草图。

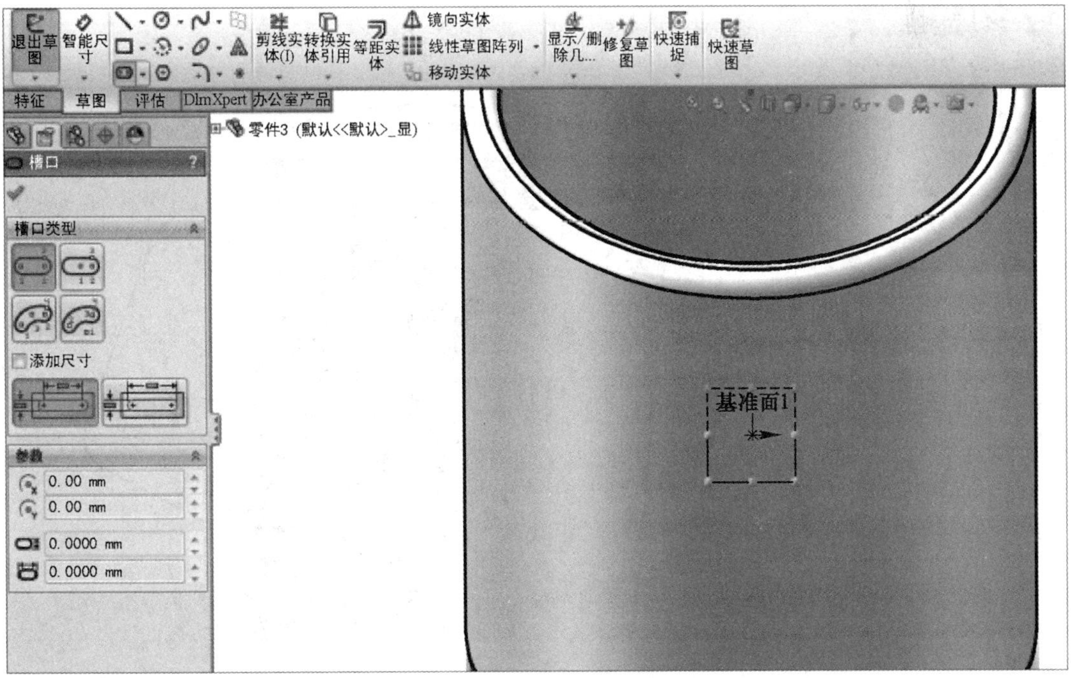

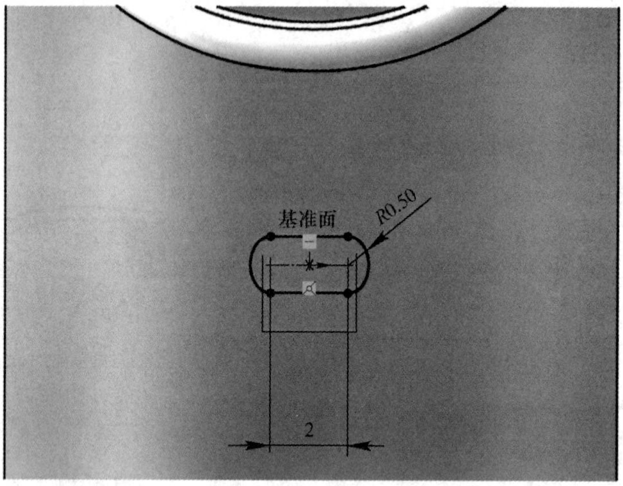

图 3-61　杯子把柄草图截面的绘制

（7）进入扫描选项，分别选择扫描所对应的截面和轨迹，完成扫描轨迹的绘制，如图 3-62 所示。

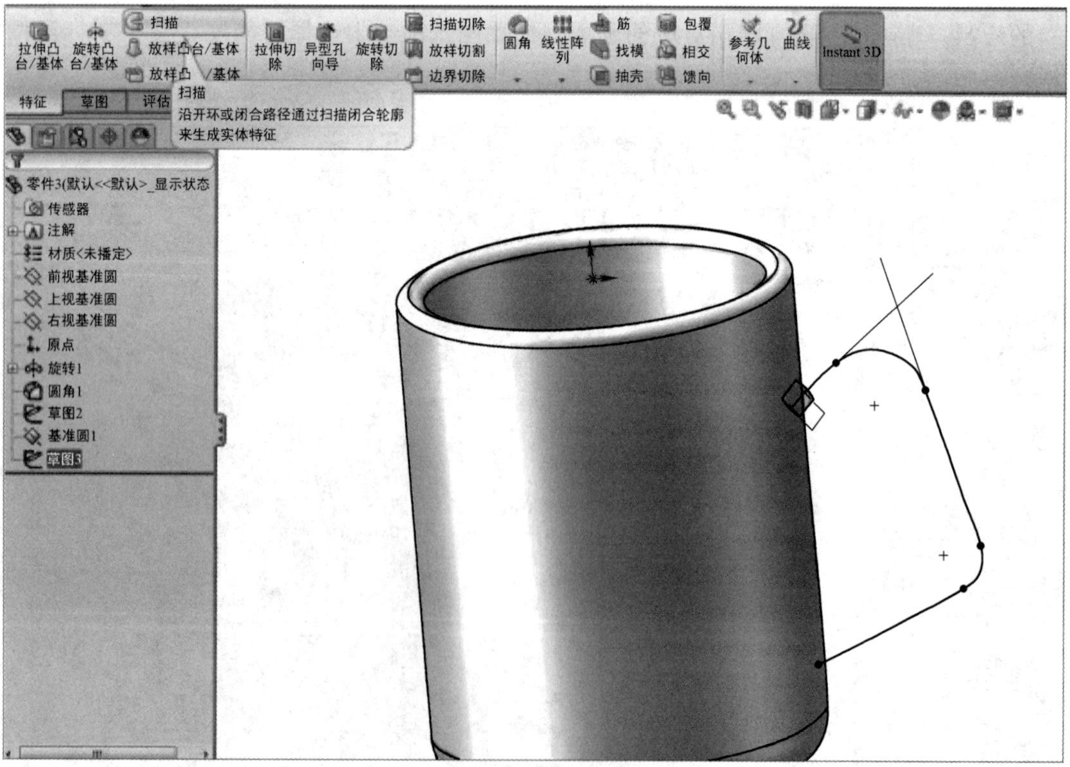

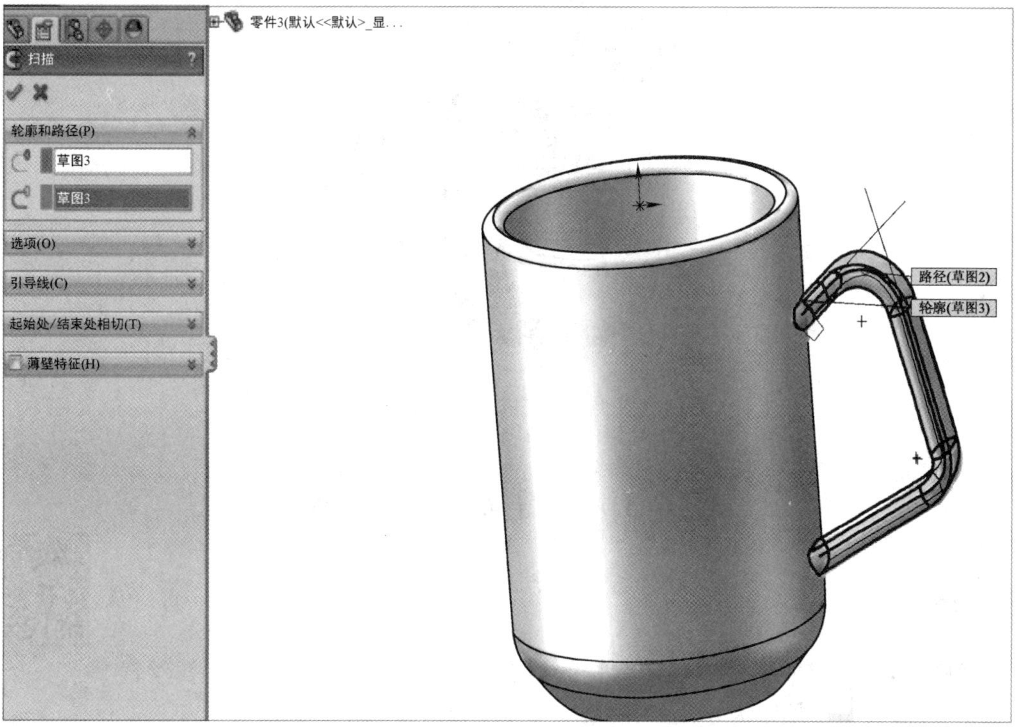

图 3-62　杯子把柄的建模

（8）对把手两头部分进行修改。扫描末端直接加延长线；把手另一端，利用“转换实体引用”绘制草图和延长轨迹线进行模型的建模，如图 3-63 所示。完成的模型如图 3-64 所示。

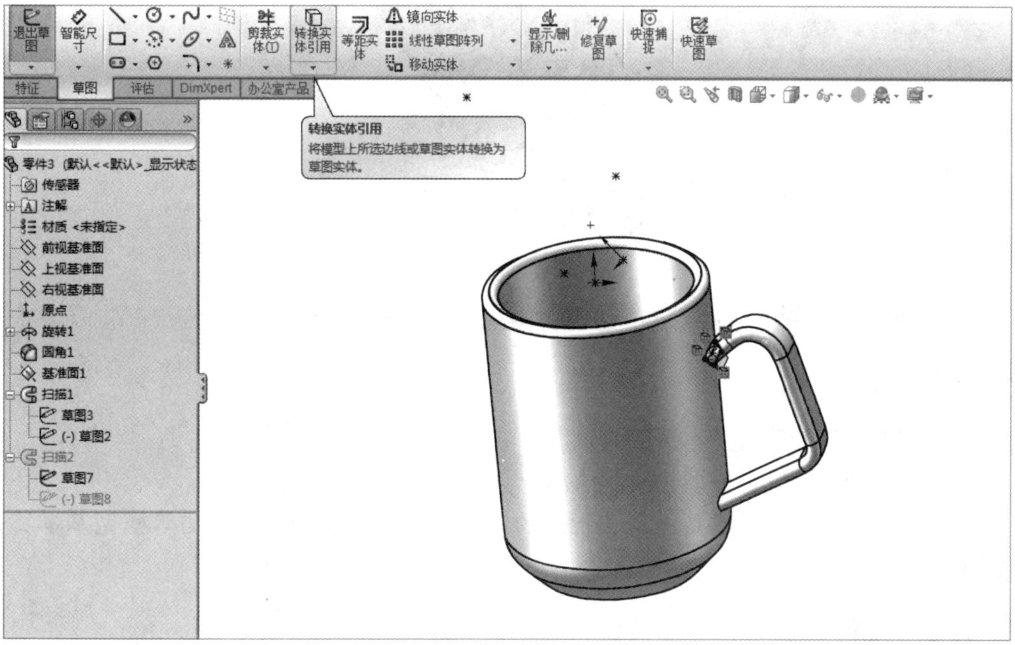

图 3-63　杯子把柄的建模

图 3-64　完成的杯子模型

任务 3.4　扫描实体的建模

视频　扫描实体建模

案例引入

案例 3-7　完成如图 3-65 所示弹簧的扫描。弹簧的中径为 18 mm，簧丝直径为 1.5 mm，恒定螺距为 6 mm，圈数为 8，起始角为 180°，顺时针。

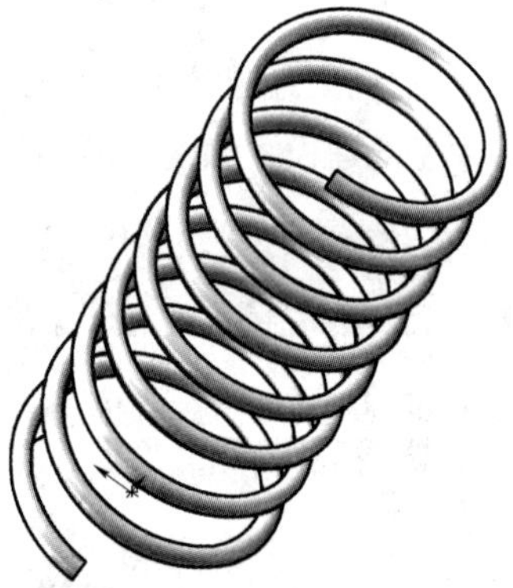

图 3-65　弹簧实体模型

案例 3-8　完成如图 3-66 所示管道的建模。

任务描述

（1）完成弹簧和管道基本图纸的识读。

（2）完成弹簧和管道模型建模前的拆分。

（3）在 SolidWorks 中建立弹簧和管道的模型，掌握实体倒角、扫描等模型基本特征的创建。

任务分析

（1）分析图纸中各个视图的特点与尺寸，想象出整个实体模型。

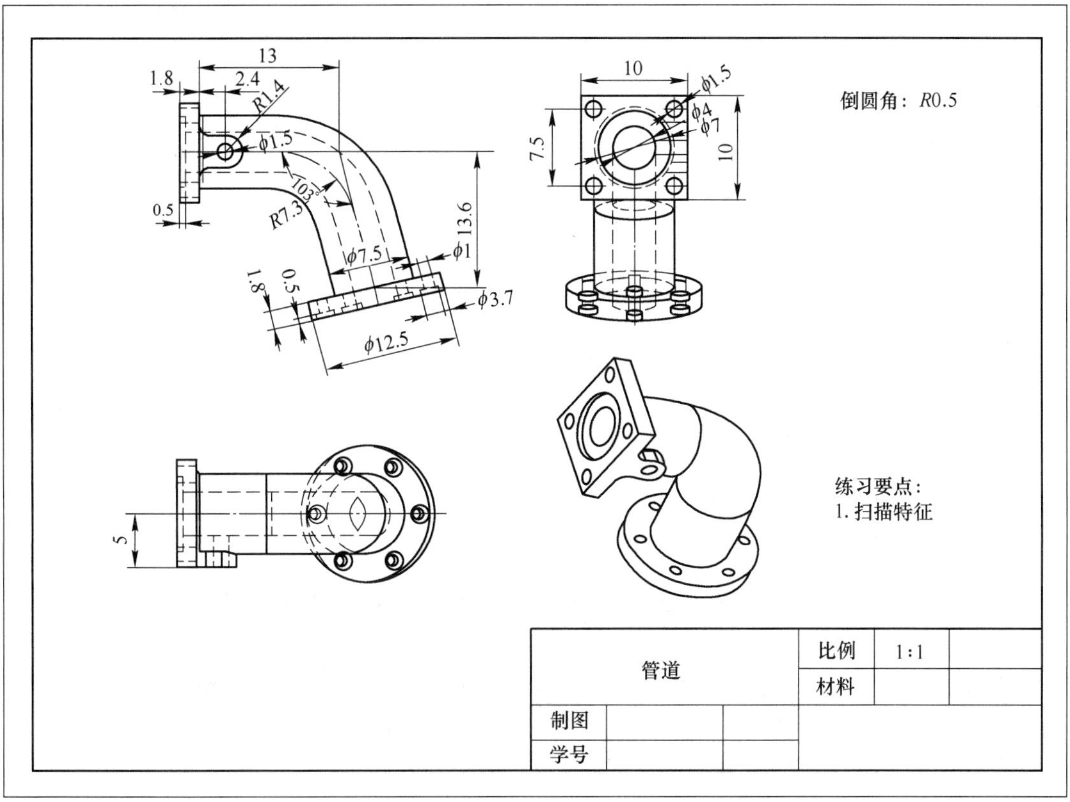

图 3-66　管道模型

（2）在建模之前对弹簧和管道的结构进行系统全面的分析，厘清结构的特征，考虑建模的先后次序。

（3）分析各个部分的最佳基准面以及草图轮廓。

（4）分析每部分建模的具体方法。

视频　管道建模

3.4.1　弹簧的三维设计

操作步骤

（1）打开 SolidWorks，点击“文件—新建”，出现新建对话框如图 3-67 所示，选择 gb_part，点击“确定”。在软件界面模型树中选中“前视基准面”，右击选择进入草图绘制。

（2）在下拉菜单中选择“选项”，出现“系统选项”对话框，选择“文档属性—单位—MMGS”，如图 3-68 所示。点击绘制圆命令，左键单击选择圆心位置与半径绘制弹簧中径，点击设置弹簧中径大小为 18，如图 3-69 所示。

（3）点击“插入—曲线—螺旋线/涡状线”，如图 3-70 所示。进入螺距设置界面，“定义方式”为“螺距和圈数”，“参数”为“恒定螺距”，“螺距”为 6，“圈数”为 8，“起始角度”为 180°，顺时针方向，如图 3-71 所示。

（4）在模型树中选择“上视基准面”，右击选择。进入到上视基准面，选择，以

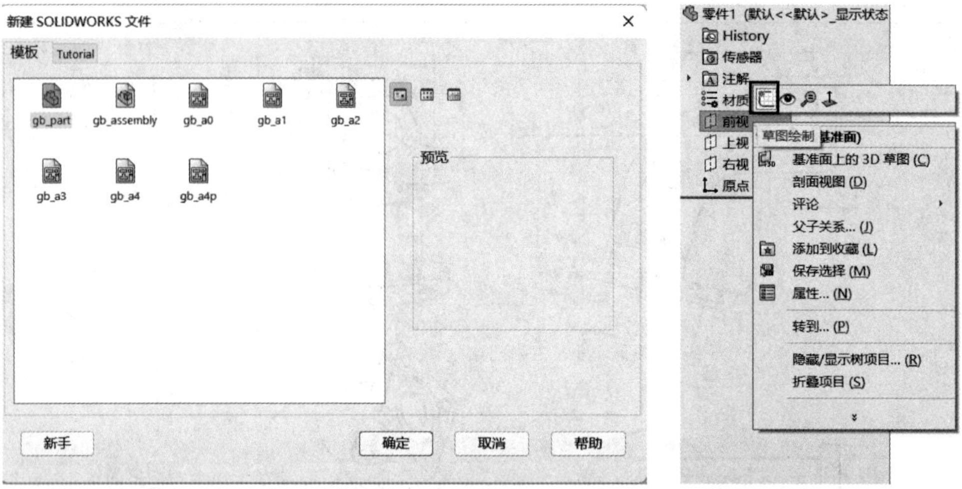

图 3-67　新建文件—进入草图

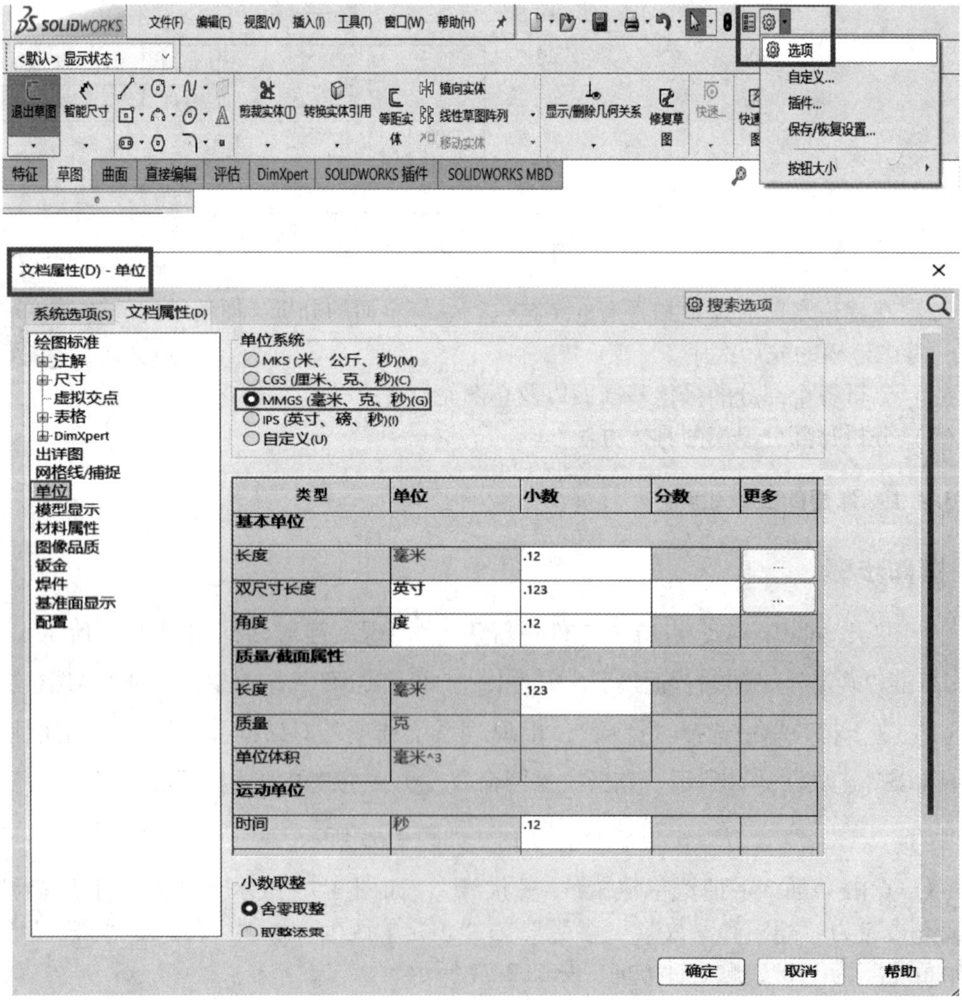

图 3-68　弹簧截面的绘制

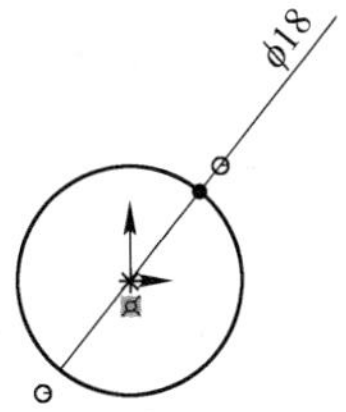

图 3-69　直径为 18 的圆的绘制

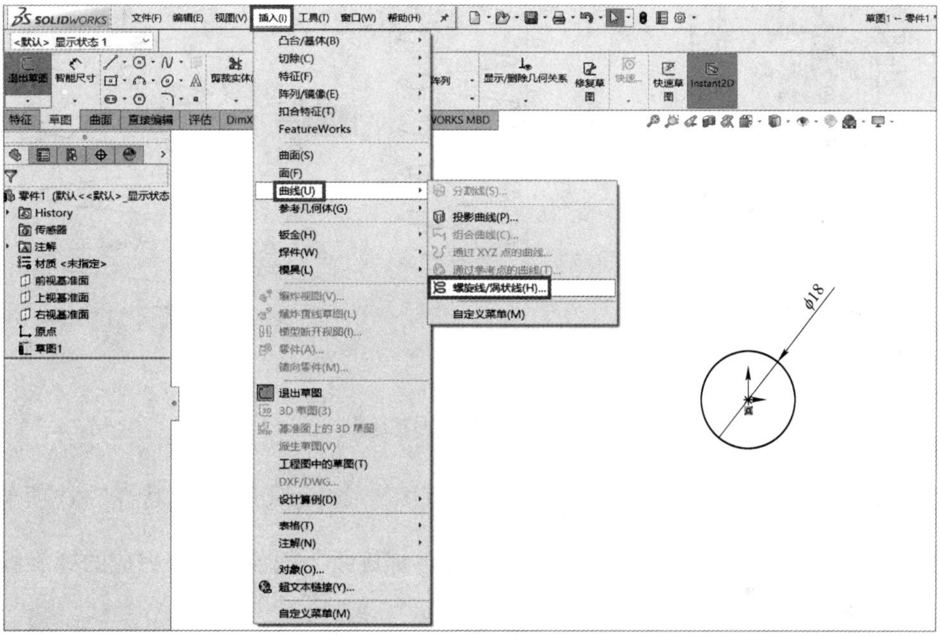

图 3-70　插入螺旋线示意图

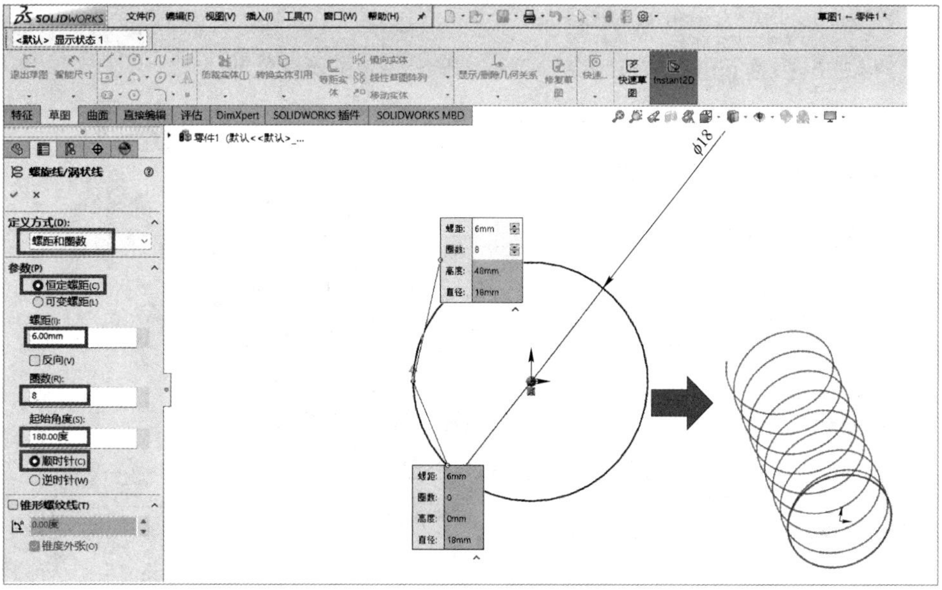

图 3-71　螺旋线的设置示意图

螺旋线的起点 1 为圆的原点绘制任意大小的圆，右击标注直径为 1.5，如图 3-72 所示。

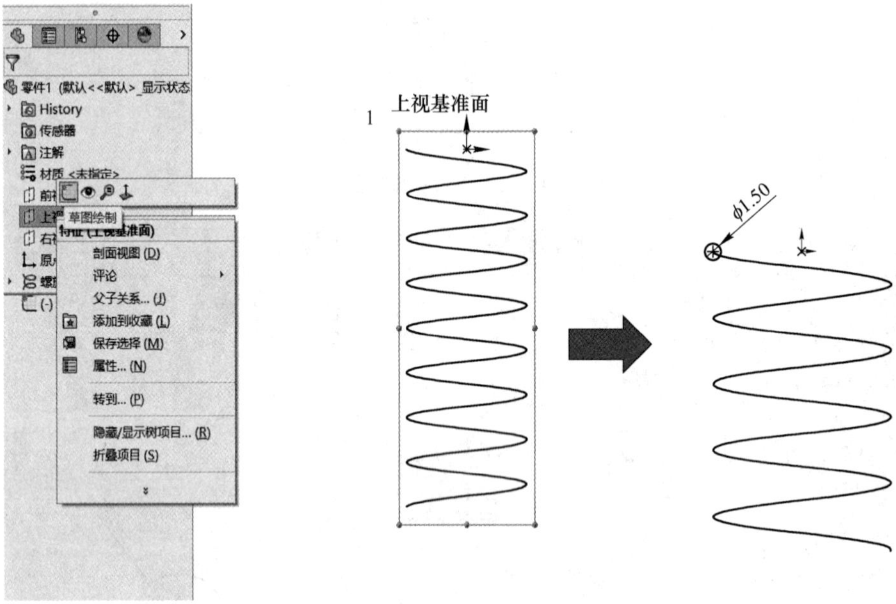

图 3-72　扫描截面的绘制

（5）在“草图”选项卡中点击“退出草图”命令，切换到“特征”选项卡，点击进入扫描模块，分别选择草图为扫描截面，螺旋线为扫描轨迹。完成的螺旋线的扫描如图 3-73 所示。

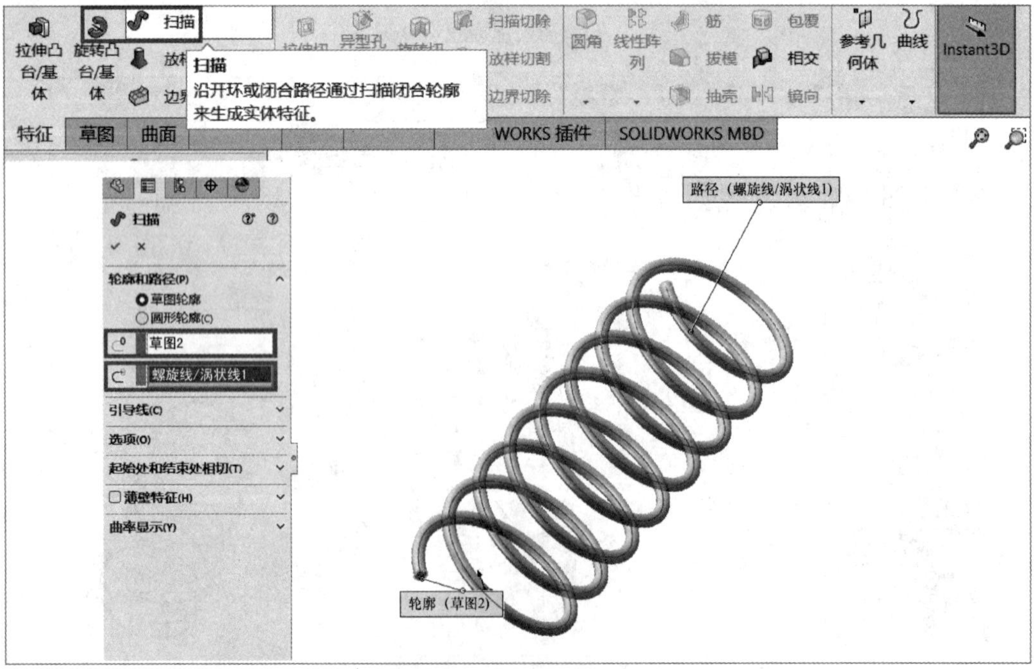

图 3-73　三维弹簧的绘制

3.4.2　管道的三维设计

操作步骤

（1）管道模型主要由三部分组成：模型顶部、扫描部分以及模型底部。首先对模型顶部进行拉伸建模。在“草图”选项卡中点击矩形命令 完成矩形的绘制，点击圆命令 绘制圆，点击智能尺寸 标注矩形大小为 10×10，中间圆的直径为 4，直径为 1.5 的小圆的定位是 7.5×7.5，如图 3-74（a）所示。在“特征”选项卡中选择 ， 中输入 1.8，拉伸如图 3-74（b）所示。

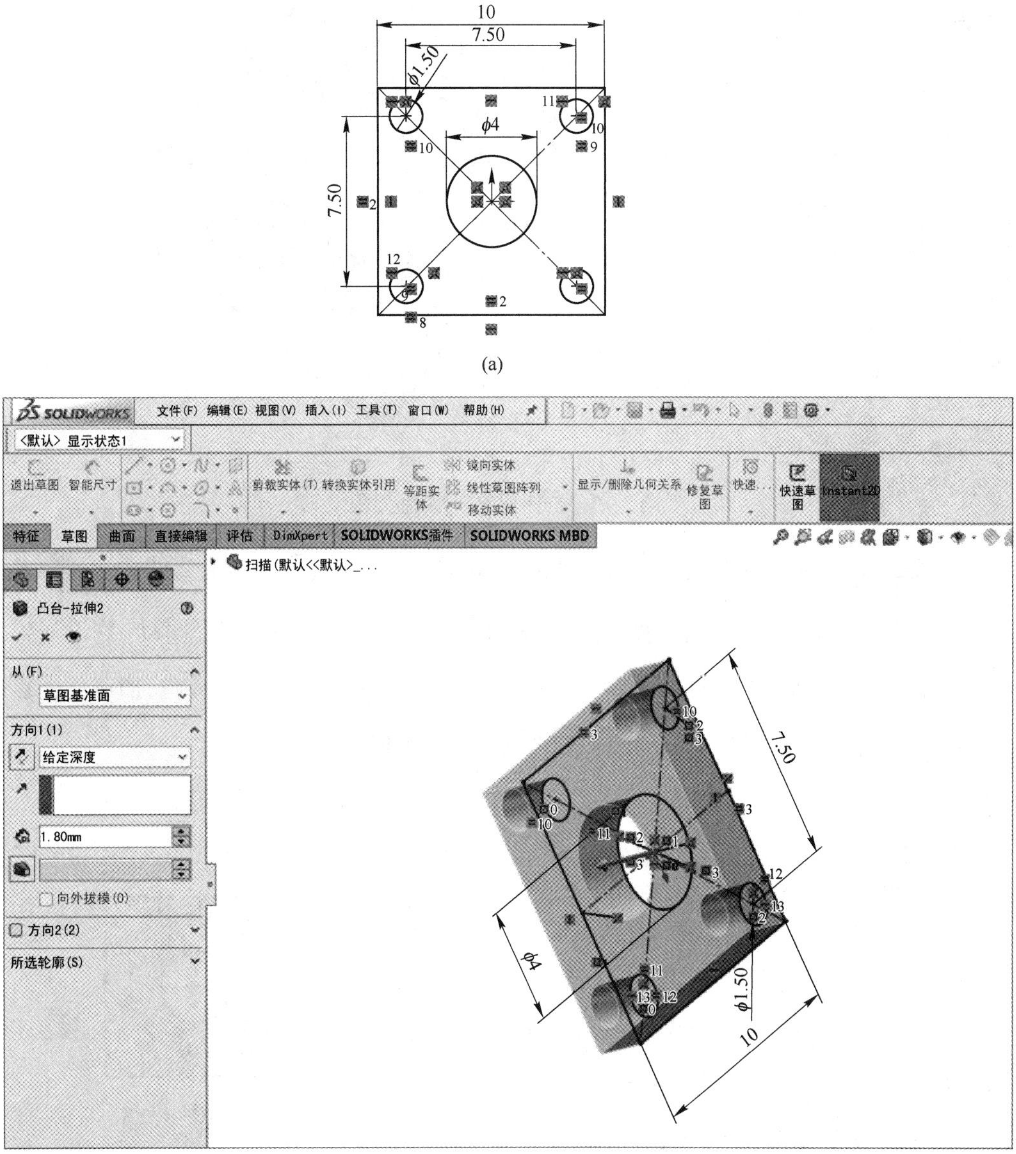

(a)

(b)

图 3-74　模型顶部拉伸

（2）选择实体的左端面或者右端面，点击草图命令，再点击圆命令，绘制直径为 7 的圆。切换到“特征”选项卡中的拉伸切除，在“方向”中的中输入 0.5，得到如图 3-75 所示模型。

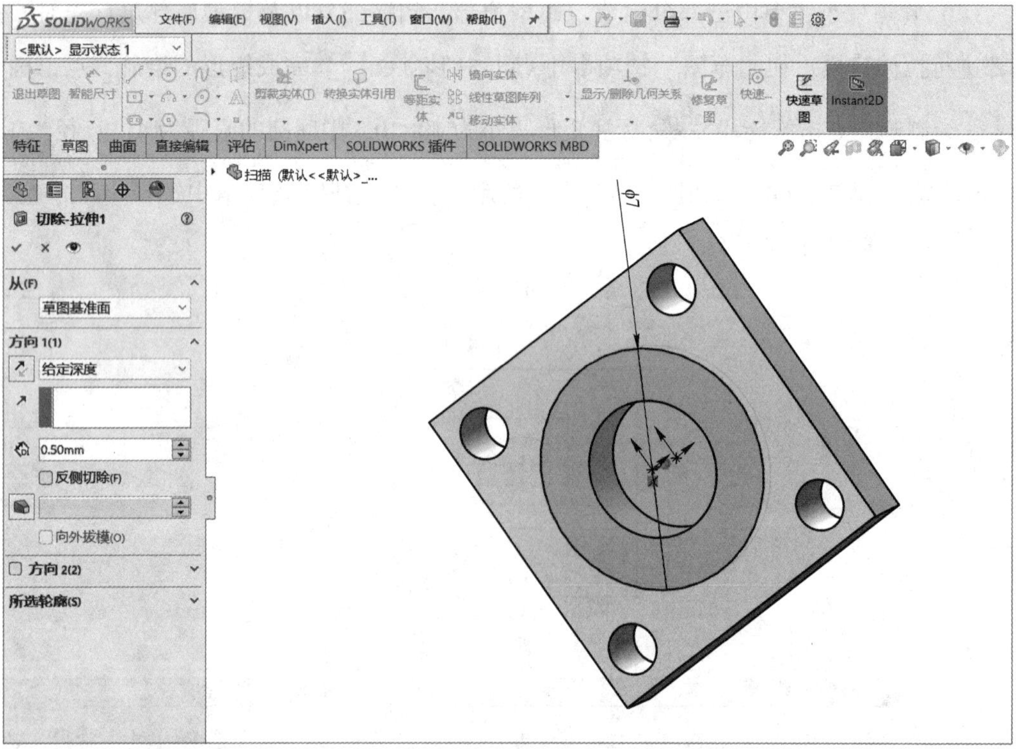

图 3-75　拉伸切除模型示意图

（3）绘制扫描轨迹。右击“上视基准面”选择绘制草图，点击直线命令绘制水平直线和任意斜线，点击草图选项卡中的倒角命令，在其中的“倒角半径”输入 7.3，点击智能尺寸，进行如图 3-76（a）所示的尺寸标注。同时绘制扫描截面，点击圆命令绘制直径为 4 与 7.5 的圆，如图 3-76（b）所示。

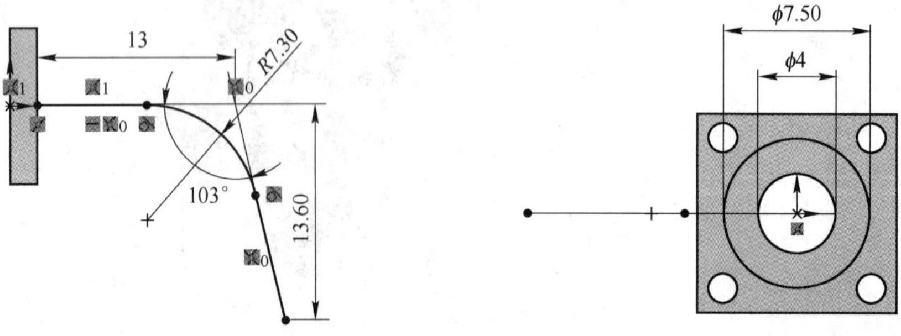

(a)　(b)

图 3-76　扫描轨迹及截面的绘制

(4) 点击零件选项卡中“退出草图”按钮，点击命令，出现扫描选项对话框，如图 3-77 所示。对于一般扫描，分别设置扫描截面和扫描轨迹。

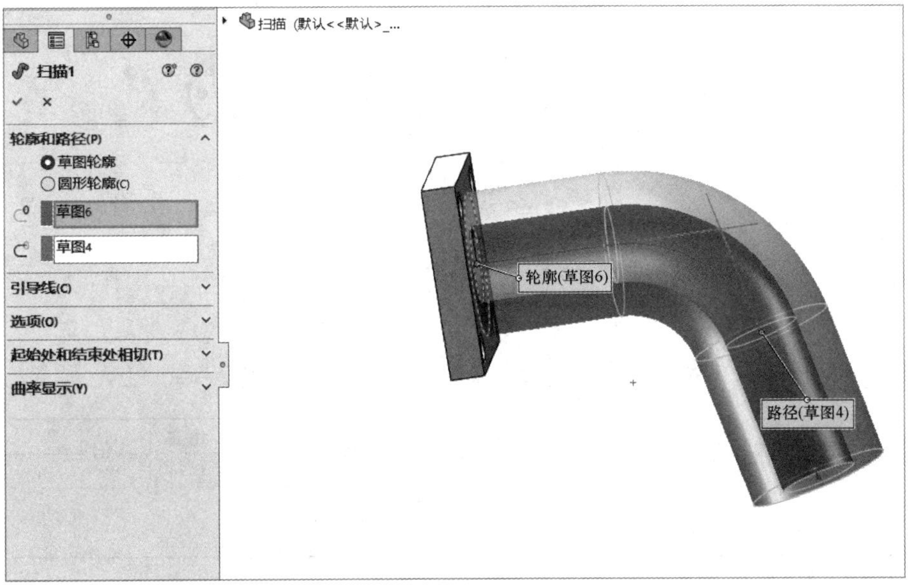

图 3-77　扫描实体

(5) 以下端面为草图基准面，进行草绘，设置同心圆的直径分别为 4 和 12.5，如图 3-78 所示。

(6) 对同心圆拉伸得到如图 3-79 所示模型。底部阶梯孔可以采用拉伸切除来完成，或者采用异型孔向导的方式来完成打孔。关于异型孔向导命令会在后续中有详细介绍。完成后的模型如图 3-79 所示。

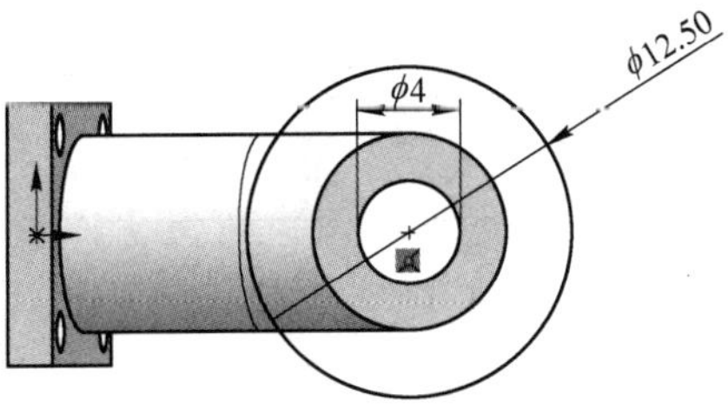

图 3-78　底部拉伸草图的绘制

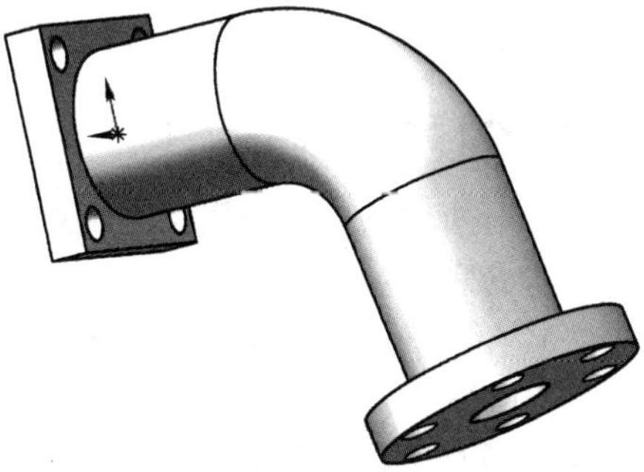

图 3-79　底部拉伸实体的绘制

任务 3.5　抽壳实体的建模

视频　回转体建模

案例引入

案例 3-9　完成如图 3-80 所示回转体的建模。

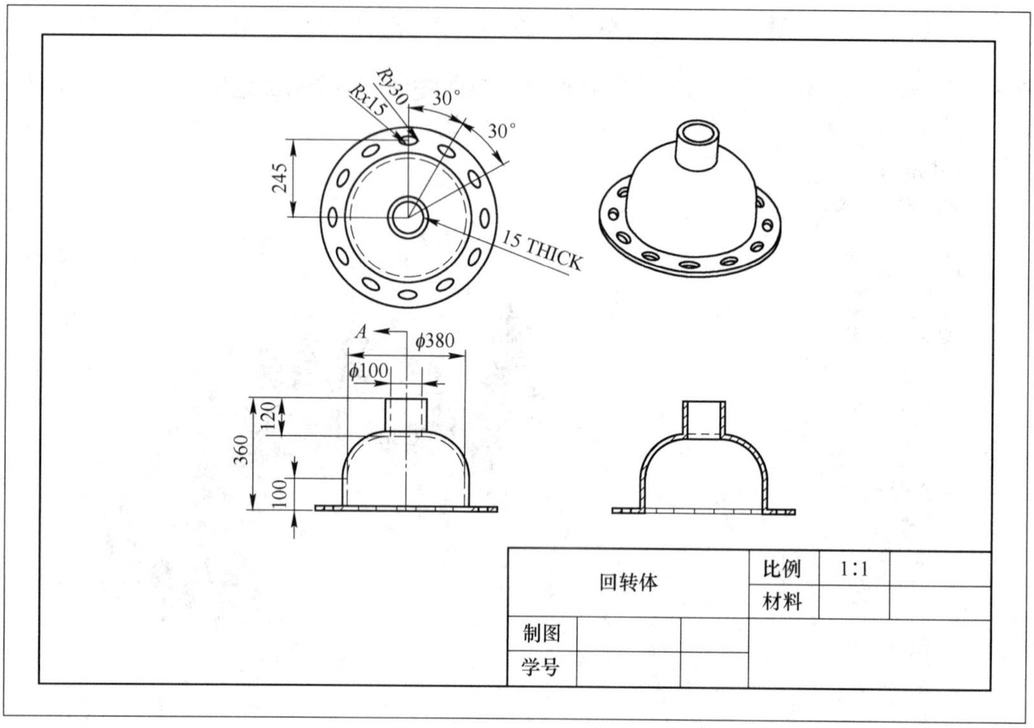

图 3-80　回转体

任务描述

（1）完成回转体基本图纸的识读。

（2）完成回转体模型建模前的拆分。

（3）在 SolidWorks 中建立回转体的模型，掌握实体抽壳、阵列等模型基本特征的创建。

任务分析

（1）分析图纸中各个视图的特点与尺寸，想象出整个实体模型。

（2）在建模之前对回转体的结构进行系统全面的分析，厘清结构的特征，考虑建模的先后次序。回转体零件主要由壳体和下端盖两部分组成。

（3）分析各个部分的最佳基准面以及草图轮廓。

（4）分析每部分建模的具体方法。

任务实施

（1）新建零件文件，进行主体部分旋转模型的建模。建立中心线与旋转截面，相应的尺寸如图3-81所示，约束圆与直线的位置关系为相切。

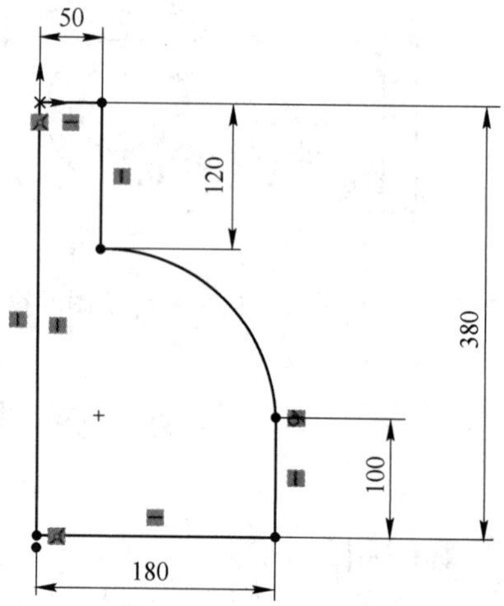

图 3-81　旋转草图

（2）选择中心线与旋转截面进行旋转，得到如图 3-82 所示的模型。

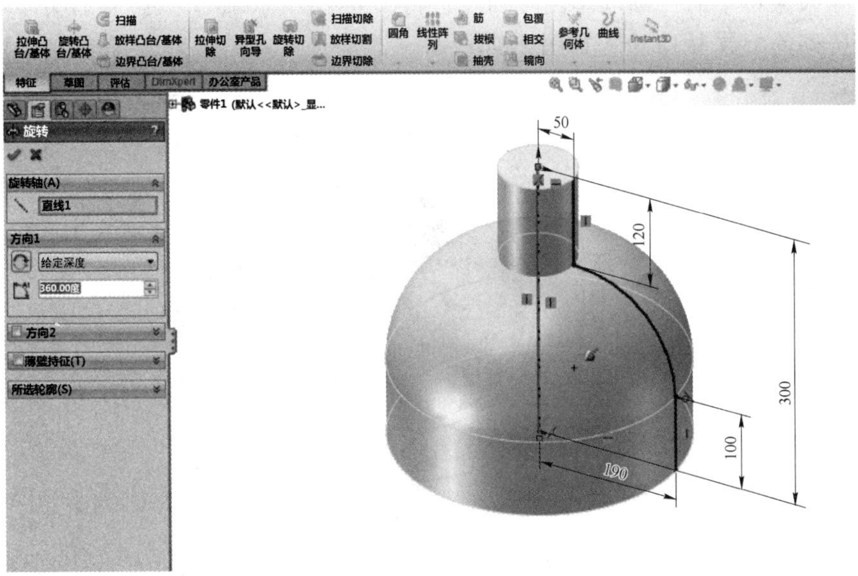

图 3-82　旋转实体模型示意图

（3）对模型进行等壁厚抽壳。由二维草图可知抽壳方向向外，壳体的厚度为 15，去除的面选择上下平面，同时勾选“壳厚朝外”“显示预览”，得到如图 3-83 所示结构。如果对实体抽壳的厚度不一样，可以选用多厚度抽壳。

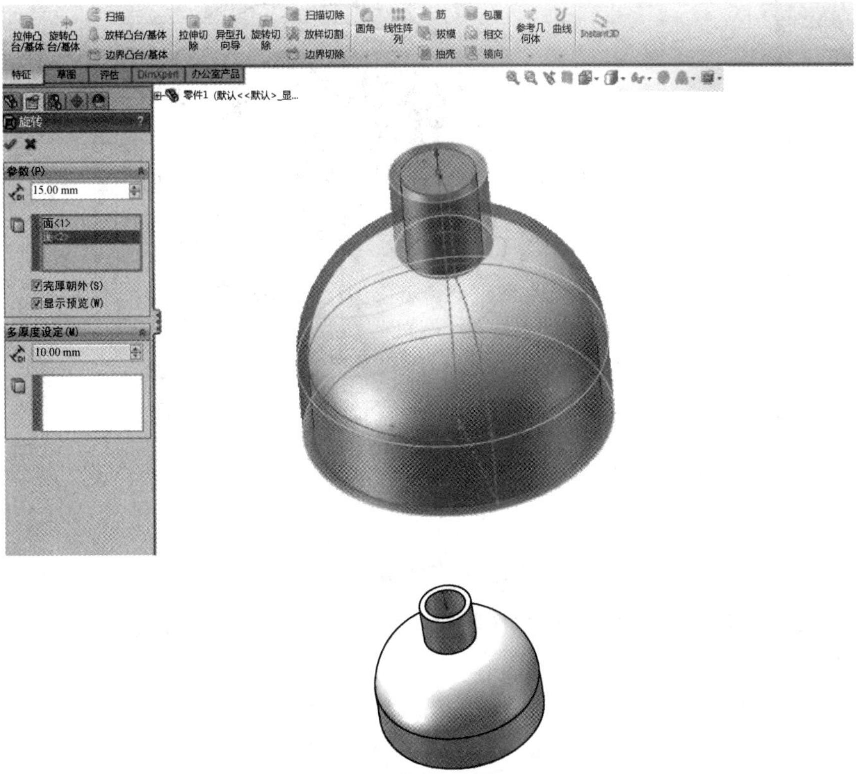

图 3-83　抽壳建模示意图

（4）选择下端面，并进入草图绘制，进行如图 3-84 所示的草图绘制。选择“线性草图阵列”下拉菜单中的“圆周草图阵列”进行圆周草图阵列，“要阵列的实体”选择椭圆，椭圆阵列的个数为 12 个，如图 3-84 所示。

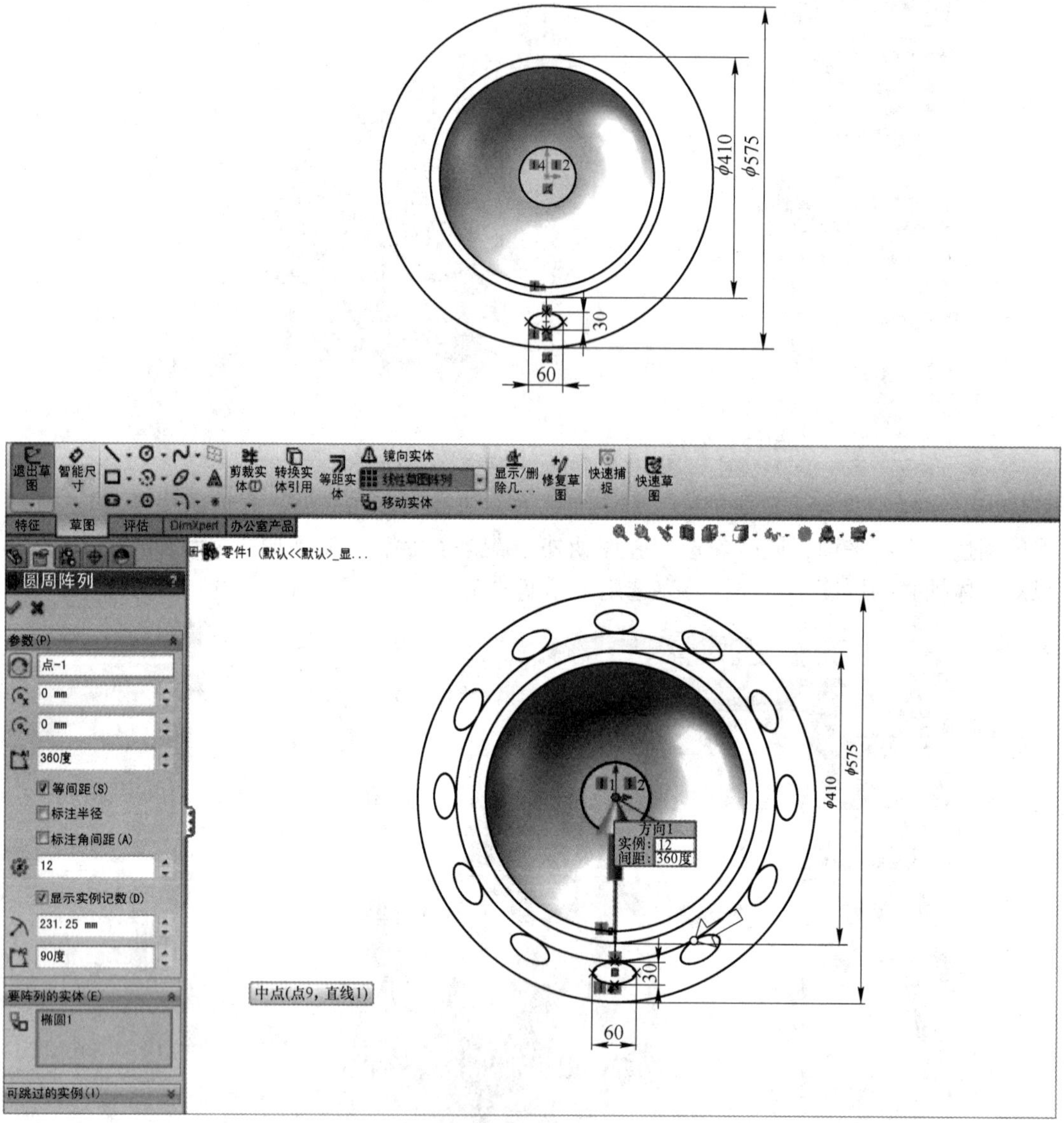

图 3-84　圆周阵列

（5）进入“特征”选项卡进行实体拉伸，拉伸的厚度为 15 mm，方向为 Z 轴正向，如图 3-85 所示。

至此，整个模型完成三维实体的建模。

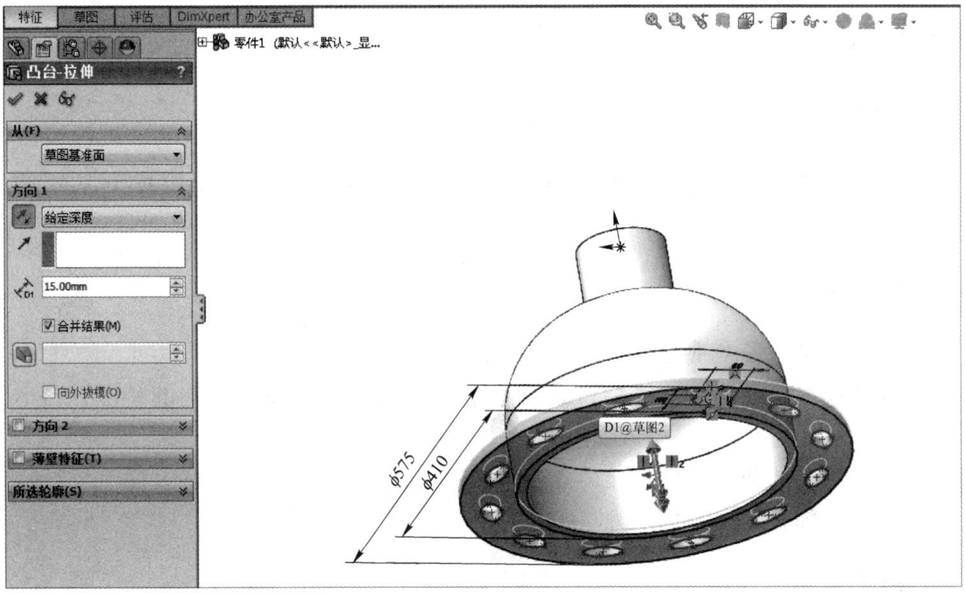

图 3-85　拉伸切除

任务 3.6　拔模实体的建模

视频　沥水篮建模

案例引入

案例 3-10　完成图 3-86 所示沥水篮的建模。

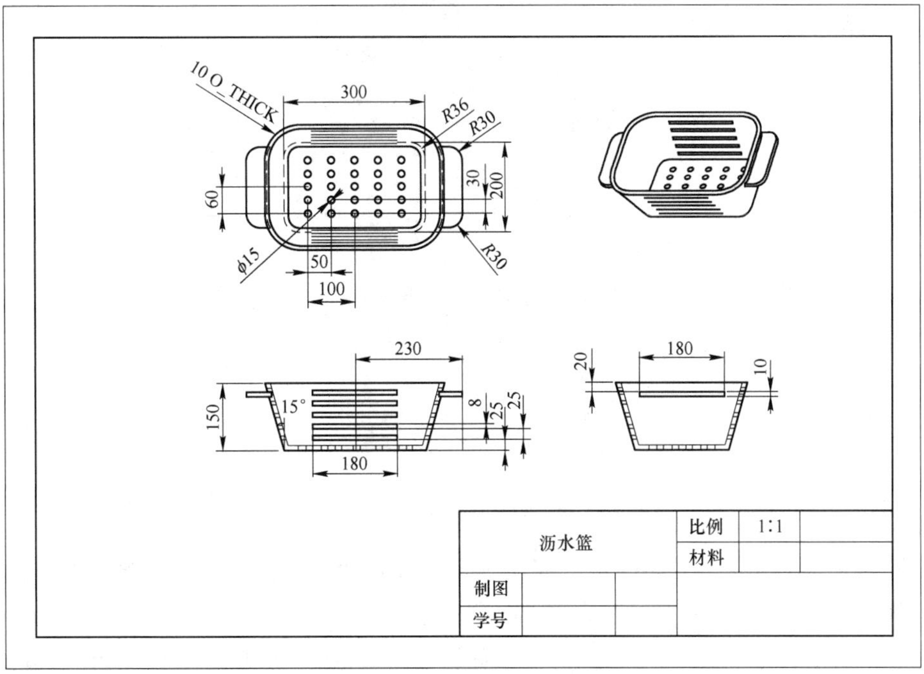

图 3-86　沥水篮

任务描述

（1）完成沥水篮基本图纸的识读。

（2）完成沥水篮模型建模前的拆分。

（3）在 SolidWorks 中建立沥水篮的模型，掌握实体拔模、镜向等模型基本特征的创建。

任务分析

（1）分析图纸中各个视图的特点与尺寸，想象出整个实体模型。

（2）在建模之前对沥水篮的结构进行系统全面的分析，厘清结构的特征，考虑建模的先后次序。沥水篮主要由两部分组成：主体部分和把手部分。

（3）分析各个部分的最佳基准面以及草图轮廓。

（4）分析每部分建模的具体方法。

操作步骤

（1）新建一个零件模型文件，进入建模基本环境，右击“上视基准面”，在弹出的右键菜中选择“草图绘制”，进入草图环境，如图 3-87 所示。

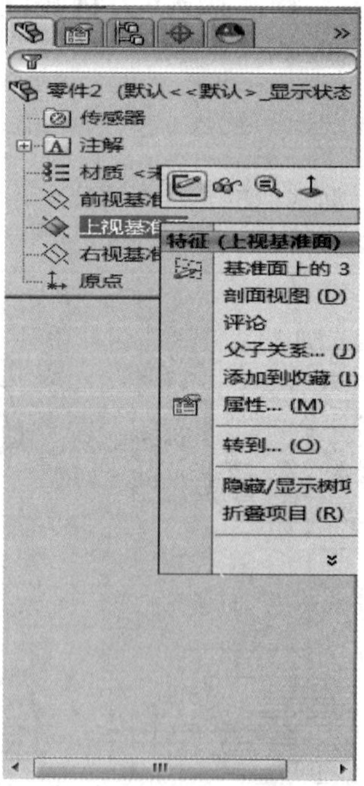

图 3-87　进入草绘设置

（2）点击“矩形—中心矩形”，如图 3-88 所示，绘制篮子底部矩形，大小为 300×200，同时进行倒角，倒角半径为 36，如图 3-89 所示。

（3）切换到“特征”选项卡，进行拉伸，为 150，点击拔摸按钮，拔摸角度

图 3-88　矩形绘制对话框

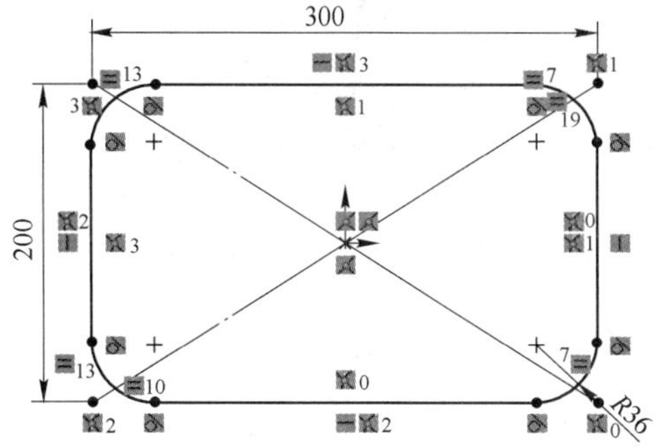

图 3-89　矩形草图

设置为 15°，同时勾选“向外拔摸”框格，结果如图 3-90 所示。

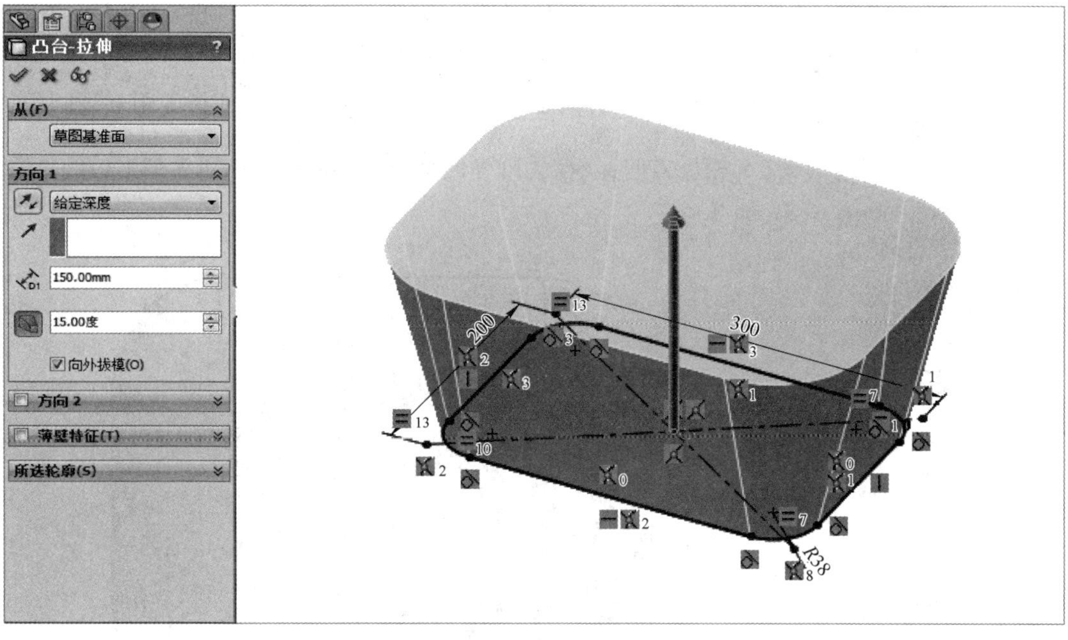

图 3-90　拔模体的绘制

（4）对该结构进行抽壳，生成篮子主体部件。抽壳对话框中，为壳体的厚度，为移除的面，由二维图纸可知该零件抽壳方向为朝里，具体设置如图 3-91 所示。

图 3-91　抽壳对话框

（5）底部阵列。

1）对篮子底部进行线性阵列。底部圆孔的直径为 15，行间距和列间距分别为 30 和 50。圆的定位可以由计算得出。绘制第一个左下角的圆，然后点击线性草图阵列命令 。本例中，“方向 1”为 *X* 方向，“方向 2”为 *Y* 方向，为相应的行间距和列间距，点击一下为对应的 *X*、*Y* 相反方向，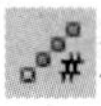为阵列的个数。具体设置如图 3-92 所示。

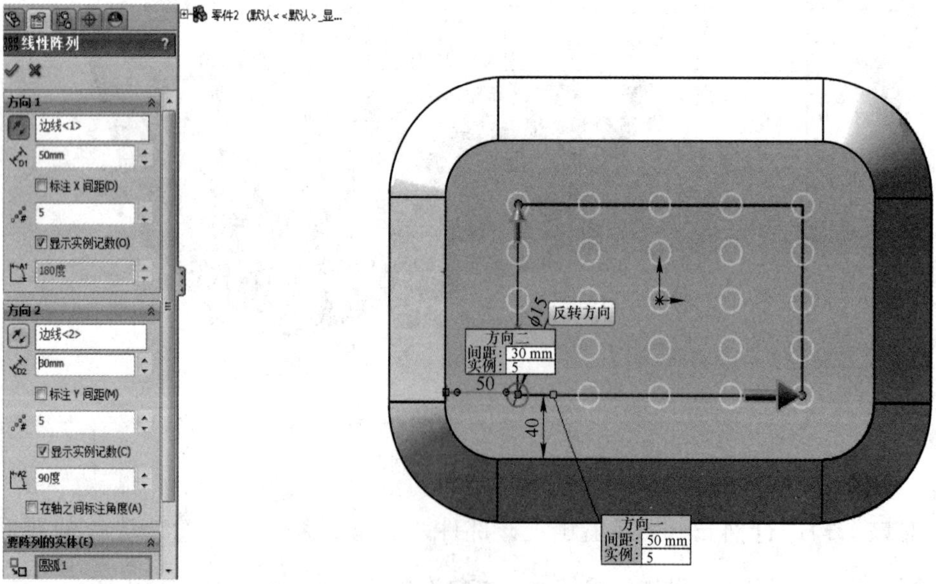

图 3-92　线性阵列

点击 “拉伸切除” 命令，进行实体模型的创建，如图 3-93 所示。

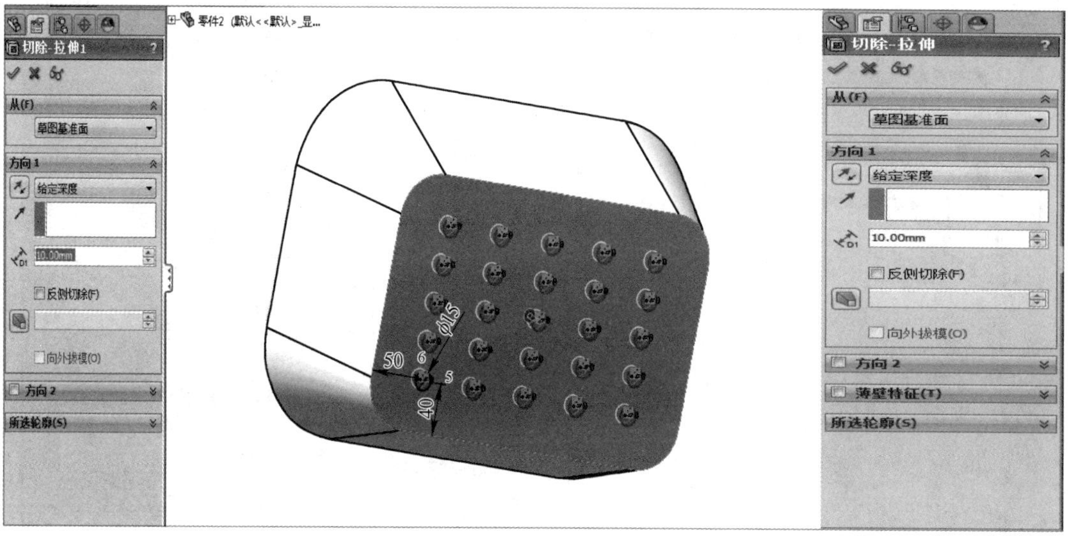

图 3-93　拉伸切除

2）选择“前视基准面”，进入草绘，在该基准面上绘制矩形草图，矩形的长度和宽度为 180 和 8，定位为到底端 25，如图 3-94 所示。

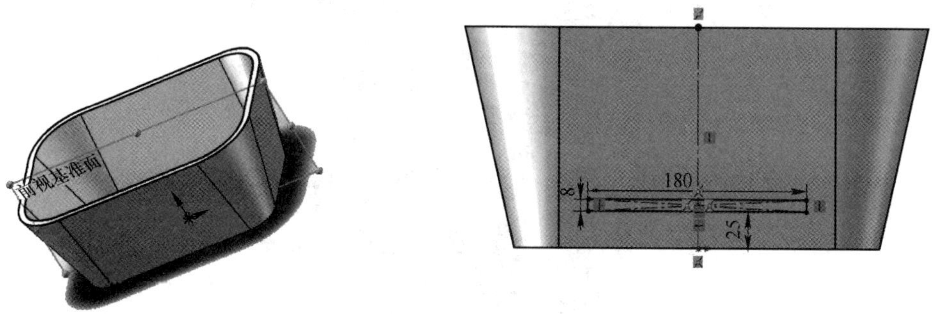

图 3-94　阵列草图绘制

3）进入特征，进行拉伸切除，方向选择“两侧对称”，距离设置一个比较大的合理的值，如图 3-95 所示。

4）在 “参考几何体” 下拉菜单中选择“基准轴”，出现新建基准轴对话框，选择该圆形平面新建基准轴。点击 “线性阵列” 特征，出现阵列实体特征对话框，其中 为相应的方向， 为实体特征的间距， 为阵列的特征。选择刚刚所创建的拉伸切除特征，如图 3-96 所示。

5）最后的结构为把手部分，该部分采用一侧建模，另一侧镜向的方式完成实体建模。完成的三维实体模型如图 3-97 所示。

图 3-95　实体拉伸切除

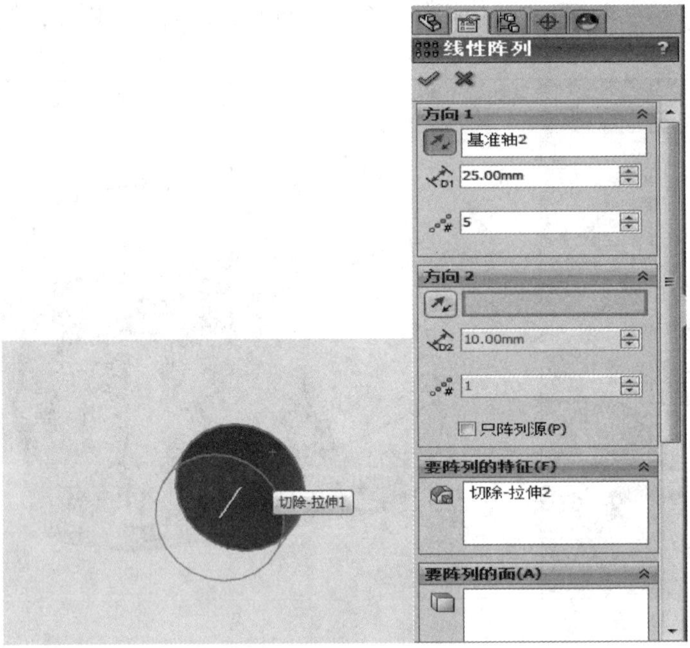

图 3-96　线性阵列实体

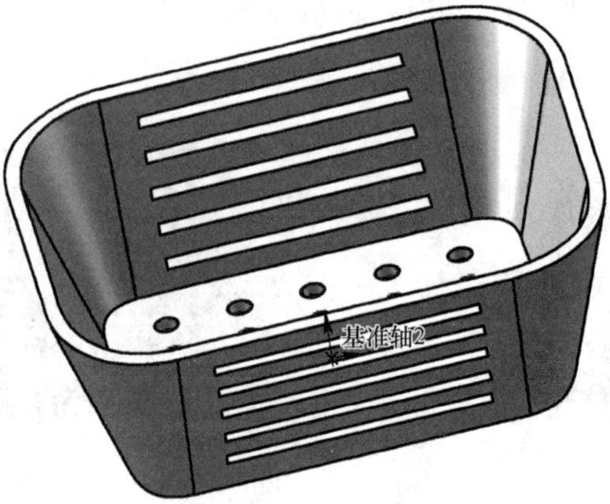

图 3-97　完成后的模型

首先创建基准面，该基准面距离中心平面距离为 230。选中模型树中的“右视基准面”命令，点击特征里面的“参考几何体”命令，下拉菜单选择“基准面”，距离选择 230，如图 3-98 所示。

6）在刚绘制的基准面上进行草图绘制并拉伸，拉伸方向为“成形到下一面”，如图 3-99 所示。点击特征里面的“圆角”命令，进行倒圆角，圆角半径为 $R30$。

7）另外一边利用镜向命令完成。选中镜向中间基准面，点击“镜向”命令，出现如图 3-100 所示对话框，设置完毕点击，完成整个模型的创建。

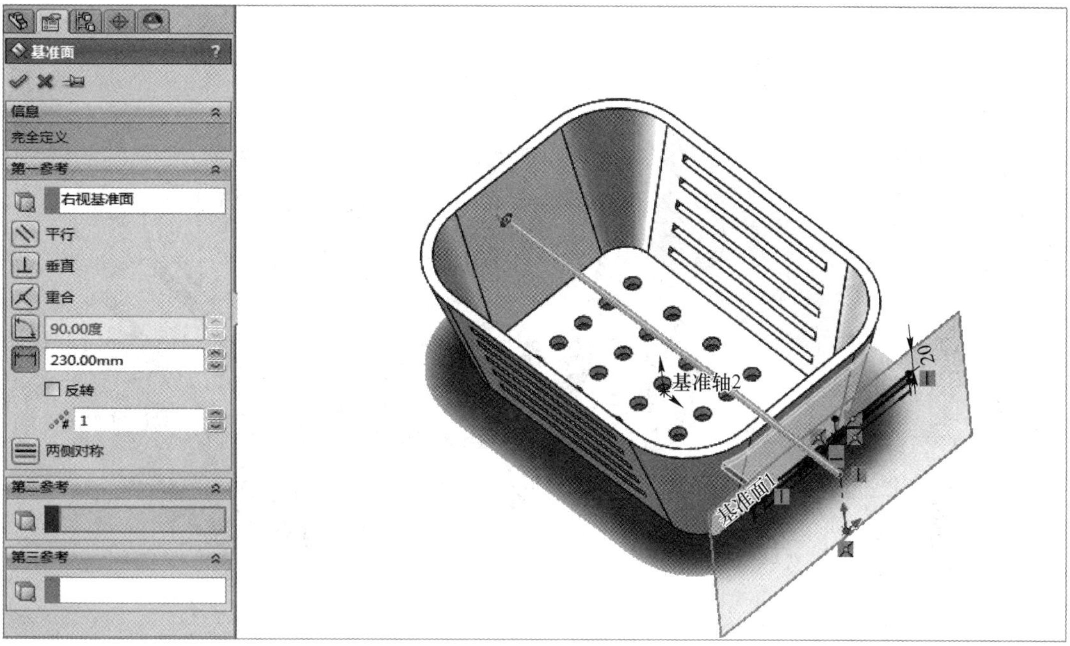

图 3-98　把手的草图绘制

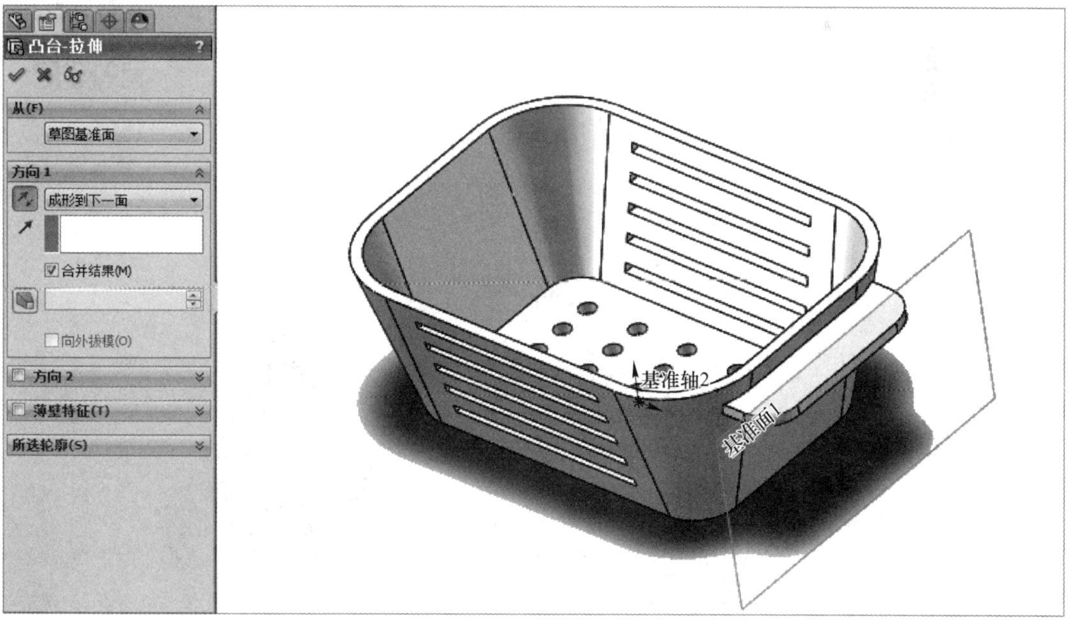

图 3-99　把手的实体拉伸建模

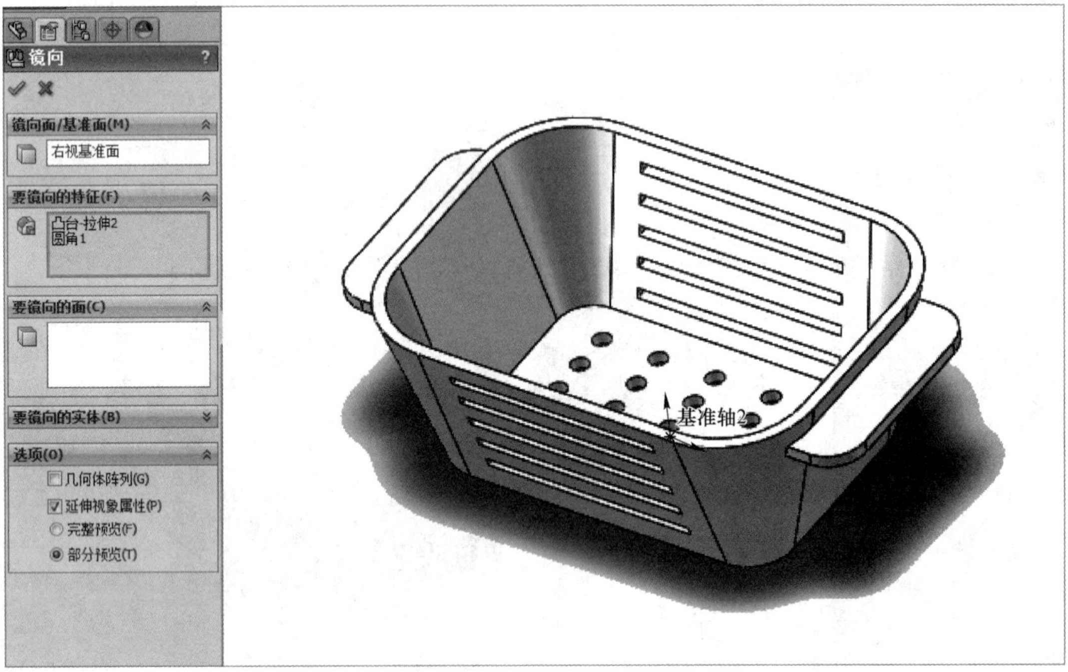

图 3-100　镜向命令完成实体建模

任务 3.7　放样实体的建模

视频　放样实体建模

案例引入

案例 3-11　完成图 3-101 所示花瓶的建模。

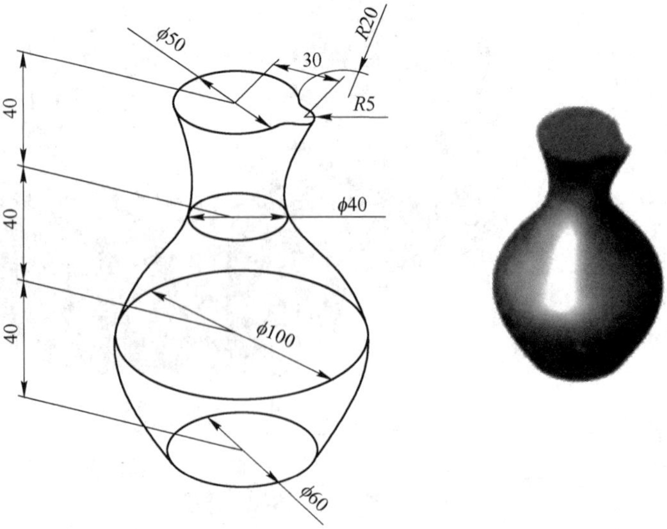

图 3-101　花瓶

案例 3-12　完成图 3-102 所示杯子的建模。

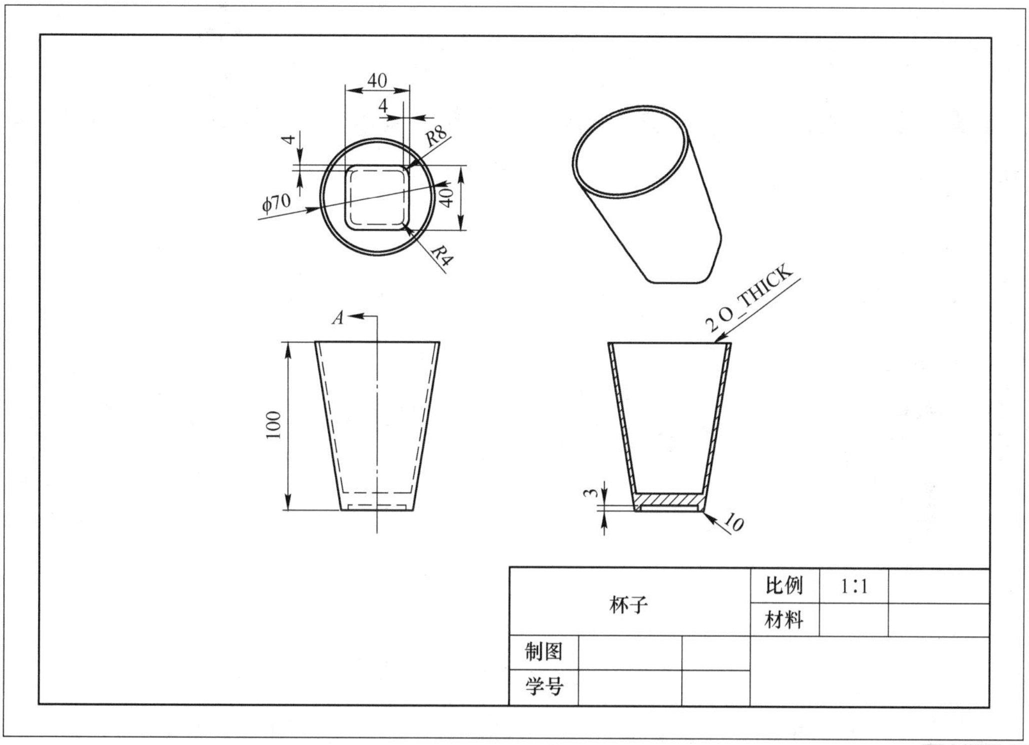

图 3-102　杯子

视频　杯子建模

任务描述

（1）完成花瓶和杯子基本图纸的识读。

（2）完成花瓶和杯子模型建模前的拆分。

（3）在 SolidWorks 中建立花瓶和杯子的模型，掌握实体放样模型基本特征的创建。

任务分析

（1）分析图纸中各个视图的特点与尺寸，想象出整个实体模型。

（2）在建模之前对花瓶和杯子的结构进行系统全面的分析，厘清结构的特征，考虑建模的先后次序。花瓶和杯子都主要由抽壳放样实体建模完成。

（3）分析各个部分的最佳基准面以及草图轮廓。

（4）分析每部分建模的具体方法。

3.7.1　花瓶的三维设计

操作步骤

（1）在草绘之前创建相应的基准面，选中“上视基准面”，点击“特征—基准面”，绘制基准面。在左侧窗口中点击“平行”，输入距离为 40。依次绘制其余三个基准面，距离均为 40，如图 3-103 所示。

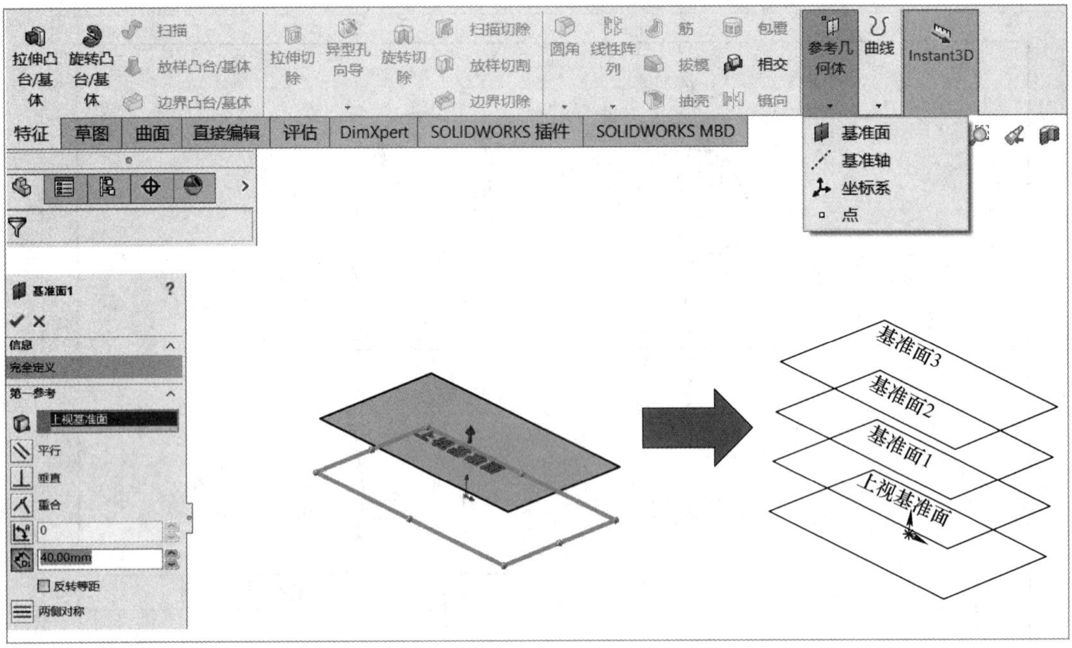

图 3-103　放样草图基准面的绘制

（2）完成上视基准面及各个基准面上草图的绘制，绘制的草图如图 3-104 所示。

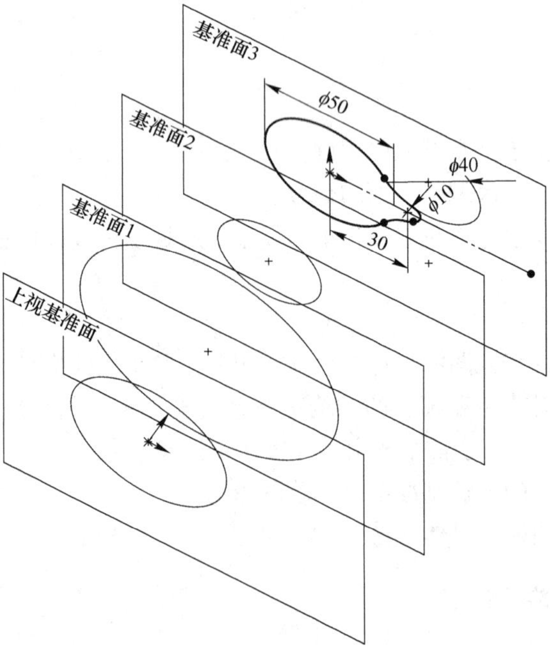

图 3-104　放样草图的绘制

（3）进入特征选项卡，点击“放样凸台/基体”，如图 3-105 所示，进入到放样实体操作。选择以上绘制的四个草图基准面，进行放样绘制，绘制的形状如图 3-106 所示。

图 3-105　特征选项卡

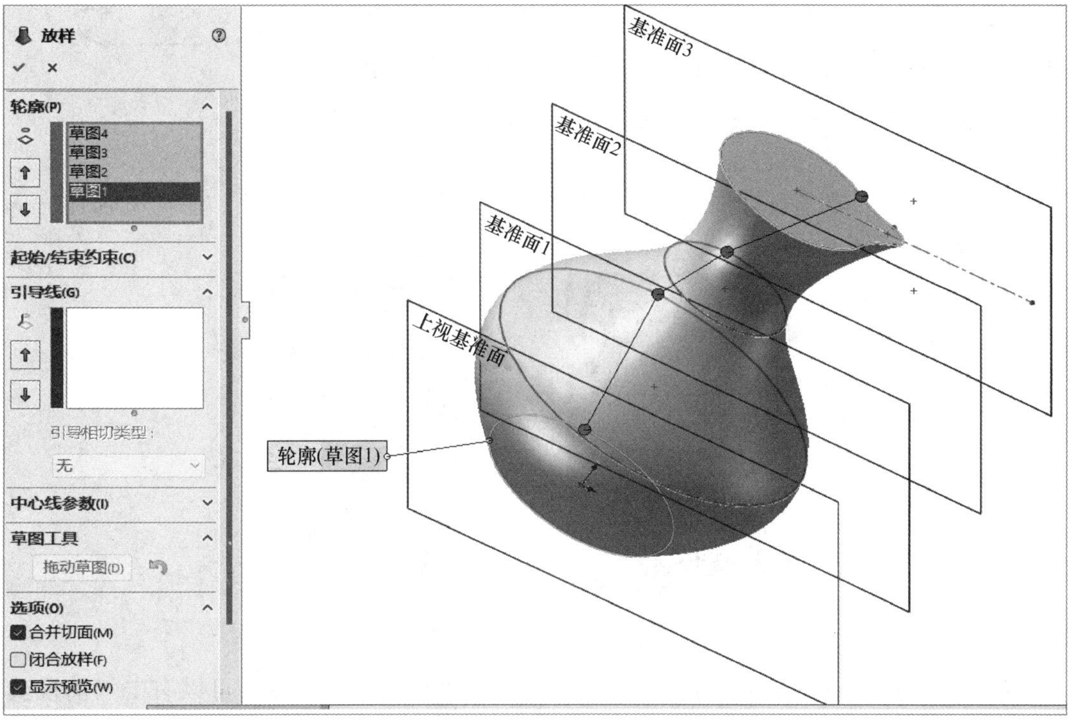

图 3-106　模型放样

完成的形状如图 3-107 所示。

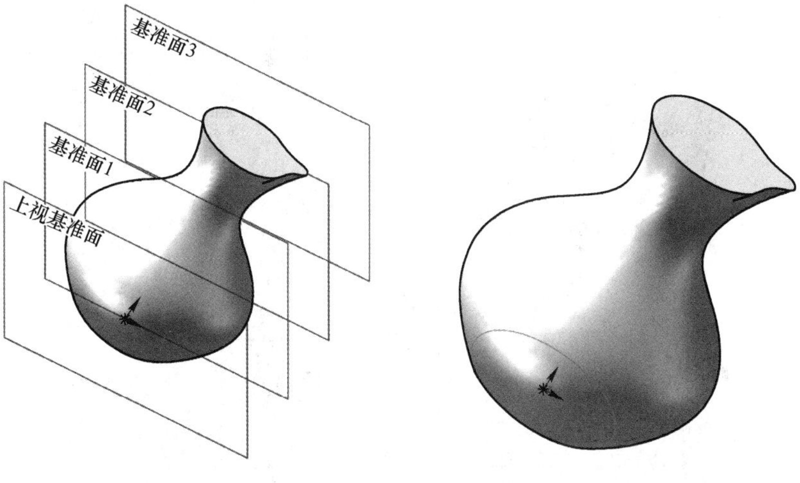

图 3-107　完成的放样模型

3.7.2　杯子的三维设计

操作步骤

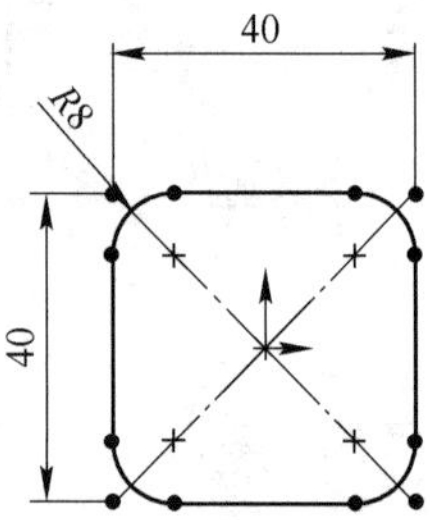

图 3-108　模型底部草绘图

(1) 图 3-102 所示杯子的实体模型可以由放样特征进行建模，首先进入零件建模环境。

(2) 选中某一个基准面，这里以前视基准面为第一个基准面，点击 “草图绘制” 按钮，进入草绘界面。在草绘基准面上绘制该模型的底部形状，为 40×40 的矩形并倒圆角，如图 3-108 所示。

(3) 新建顶部圆形基准面，完成顶部草图。进入特征模块，点击 “参考几何体—基准面”，如图 3-109 所示。

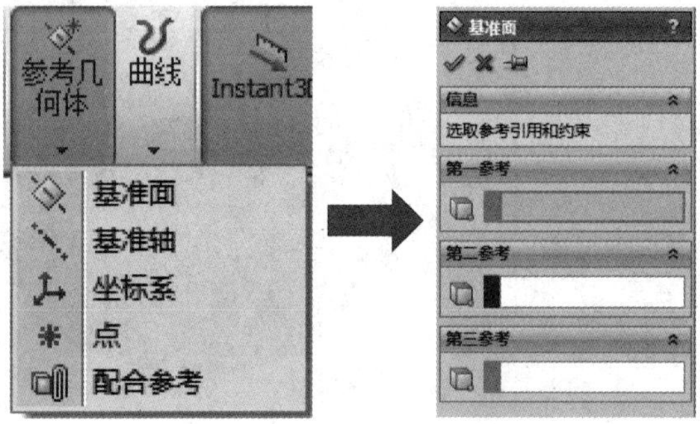

图 3-109　新建参考基准面

第一基准面选择底部的基准面，这里是前视基准面。在选择之前可以右击 “前视基准面”，弹出菜单中选择显示符号 ，显示前视基准面。选择第一参考面为前视基准面，平行距离为 100，如图 3-110 所示。

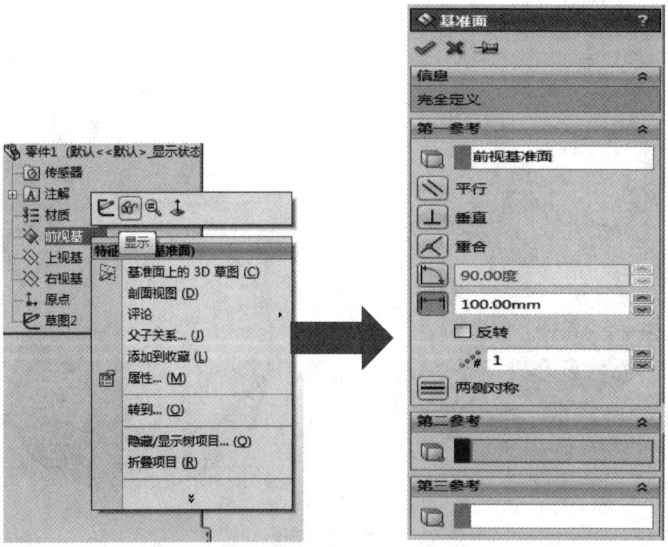

图 3-110　新建参考基准面

选择刚建好的第一基准面，右击并选择“草绘”按钮进入草图绘制，同心绘制直径为 70 的圆，如图 3-111 所示。

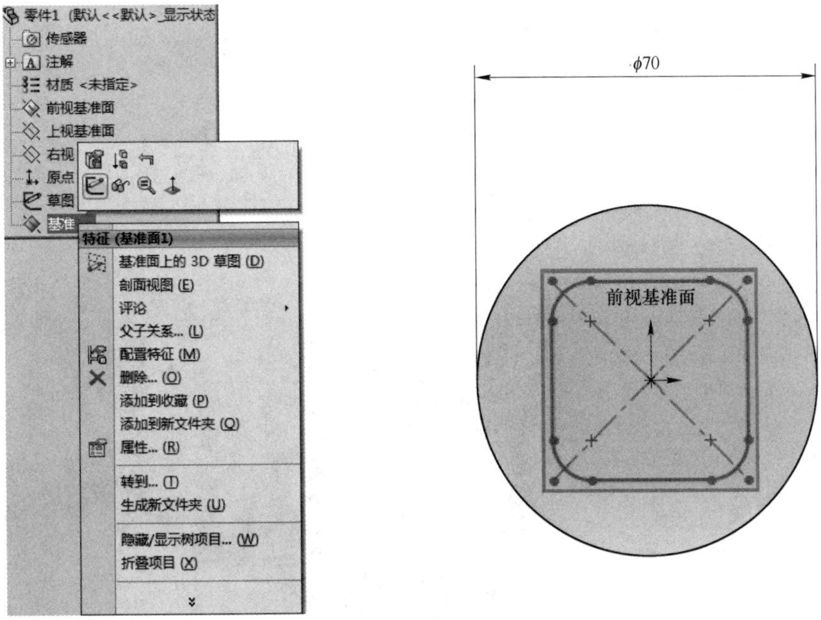

图 3-111　顶部草图的绘制

（4）点击“草图选项卡—退出草图”，点击“放样”按钮，出现如图 3-112 所示放样对话框，在“轮廓”中选择已完成的两个草图，点击完成放样结构的绘制。

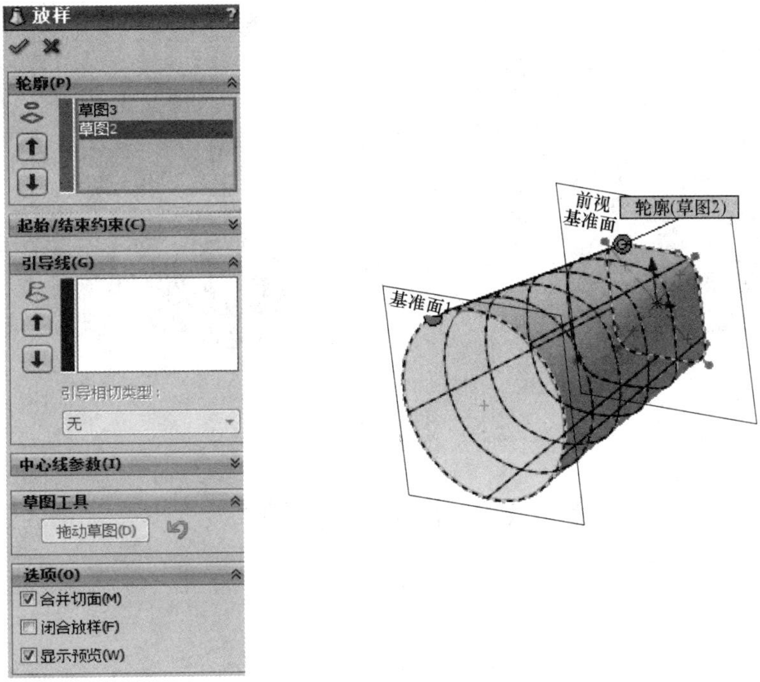

图 3-112　放样实体

（5）点击抽壳，对该结构进行多壁厚抽壳，由图 3-102 可知该结构的底部厚度是 10，杯身厚度是 2，按图 3-113 所示进行设置，完成抽壳操作。

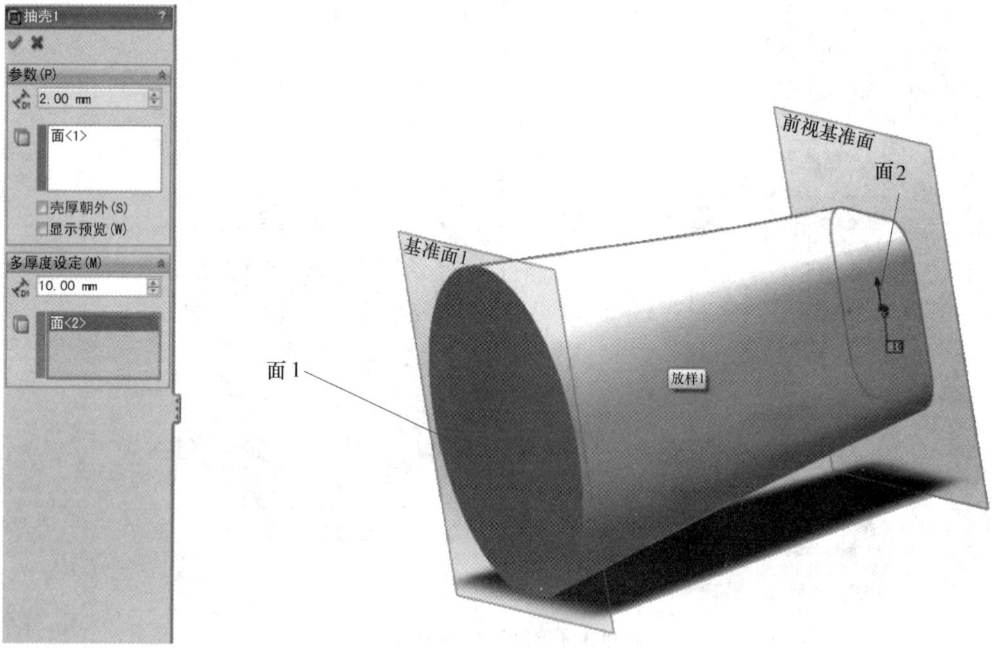

图 3-113 抽壳实体

（6）对模型底部进行拉伸切除完成最后的造型，完成的零件如图 3-114 所示。

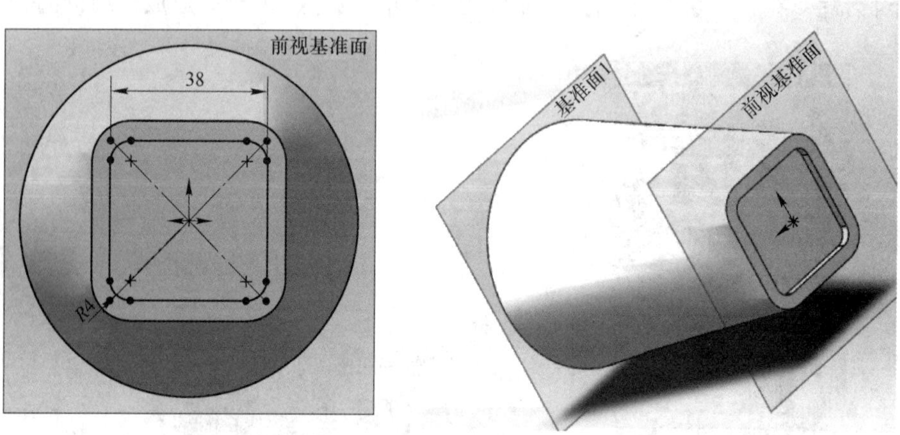

图 3-114 完成的零件

任务 3.8 孔特征的建模

案例引入

案例 3-13 完成如图 3-115 所示端盖的建模。

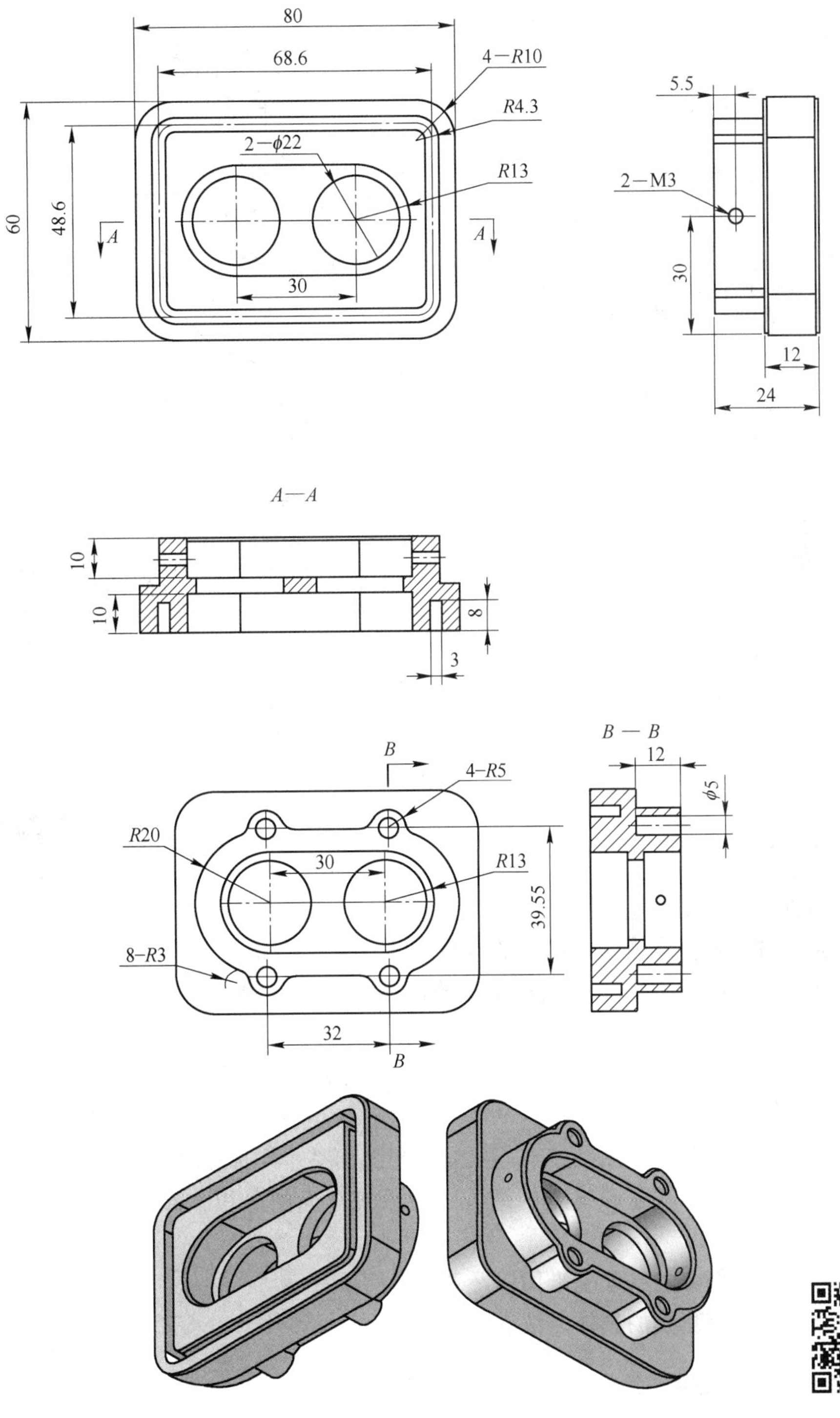

图 3-115　端盖

视频　端盖
建模

案例 3-14　完成如图 3-116 所示支座的建模。

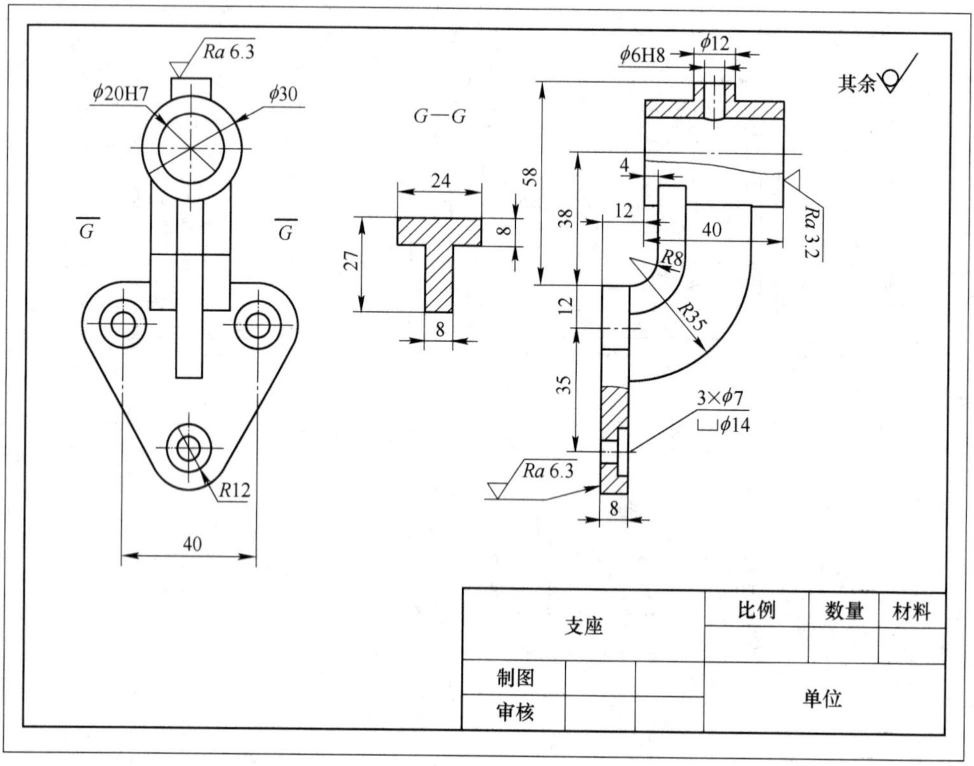

图 3-116　支座

视频　支座建模

任务描述

（1）完成端盖和支座基本图纸的识读。

（2）完成端盖和支座模型建模前的拆分。

（3）在 SolidWorks 中建立端盖和支座的模型，掌握孔等模型基本特征的创建。

任务分析

（1）分析图纸中各个视图的特点与尺寸，想象出整个实体模型。

（2）在建模之前对端盖和支座的结构进行系统全面的分析，厘清结构的特征，考虑建模的先后次序。

（3）分析各个部分的最佳基准面以及草图轮廓。

（4）分析每部分建模的具体方法。

3.8.1　端盖的三维设计

操作步骤

案例 3-13 是一个综合的模型建模练习。点击“文件—新建—零件—确定”，进入建模环境。

（1）该箱体零件的建模可以分成上下两个部分。首先创建底部矩形模块，大小为 60×80，拉伸的厚度是 12，四周的倒角是 *R*10。然后在该基础上切出宽度和深度分别为 3 和 8 的槽口。

（2）选择创建的矩形立方体，选择上表面，进行草图绘制，如图 3-117 所示。

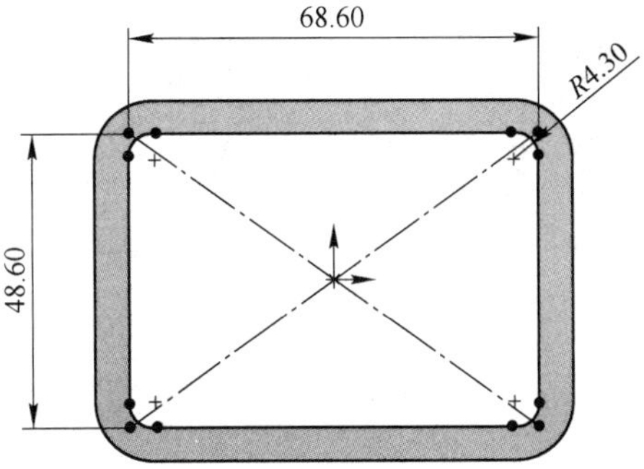

图 3-117　矩形实体

（3）草图绘制好以后进入拉伸切除特征界面，勾选“薄壁拉伸”，具体设置如图 3-118所示。

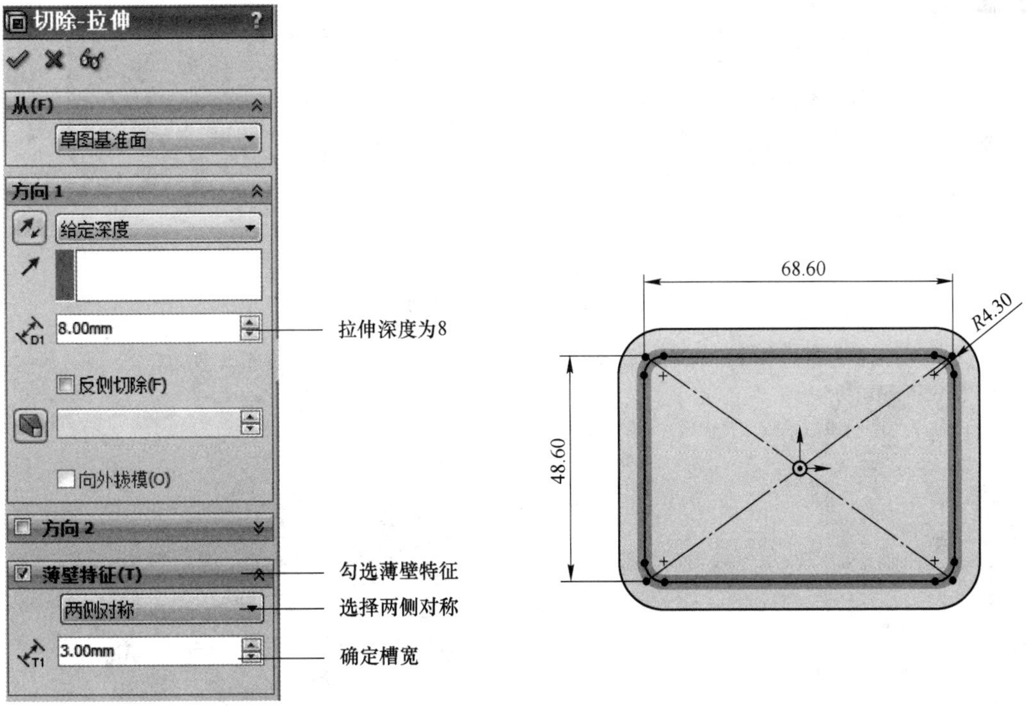

图 3-118　薄壁拉伸切除

（4）在该特征的中间切出直槽口，草图形状如图 3-119（a）所示，实体形状如图 3-119（b）所示。

（5）选择另外一侧基准面，先绘制如图 3-120（a）所示的 1/4 的草图，再利用镜向得到图 3-120（b）所示的整个外部形状。

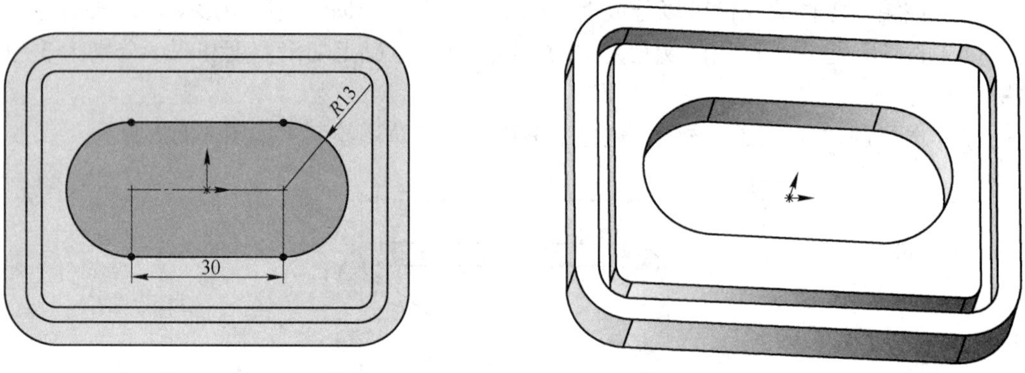

(a)　　(b)

图 3-119　槽口的切除

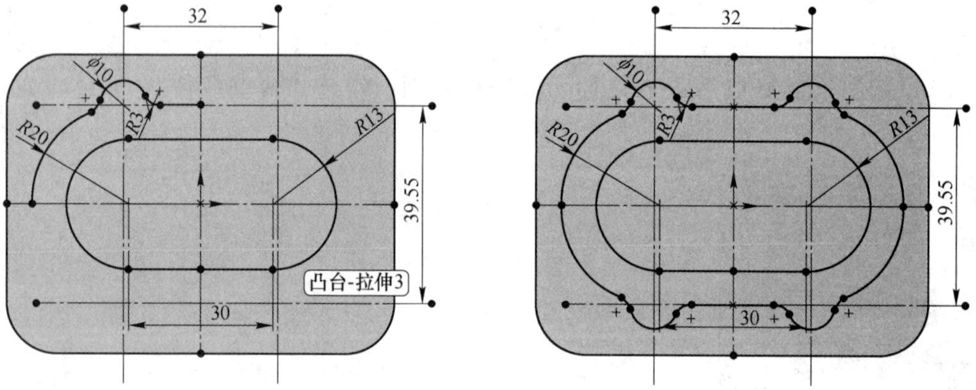

(a)　　(b)

图 3-120　草图的绘制

对刚绘制的草图进行拉伸，完成上半部分的模型建模，如图 3-121 所示。

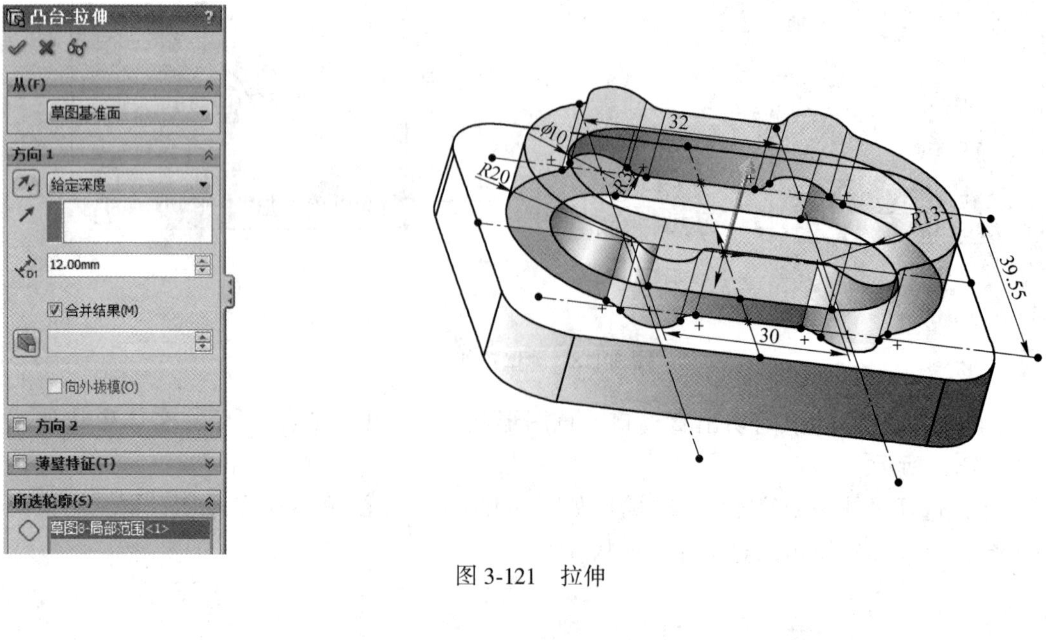

图 3-121　拉伸

切出中间部分的圆孔，圆的位置与槽口同心，圆的半径为 11，拉伸的深度为完全贯穿，如图 3-122 所示。

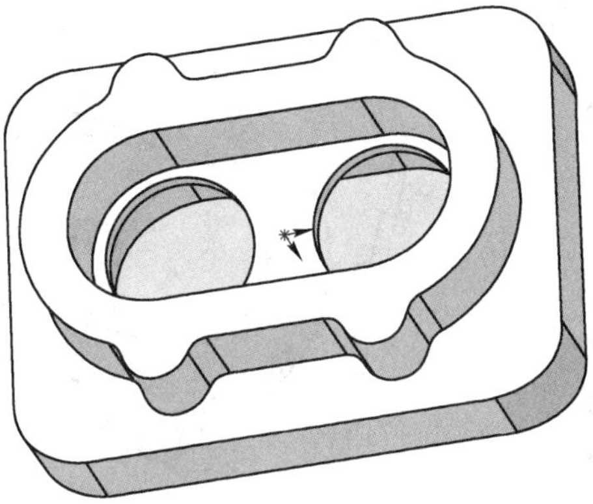

图 3-122　拉伸切除

（6）最后完成孔的创建。在该模型中，平面上有普通孔，在曲面上有异型孔向导。首先创建普通孔，点击“插入—特征—孔—简单直孔”，如图 3-123 所示。

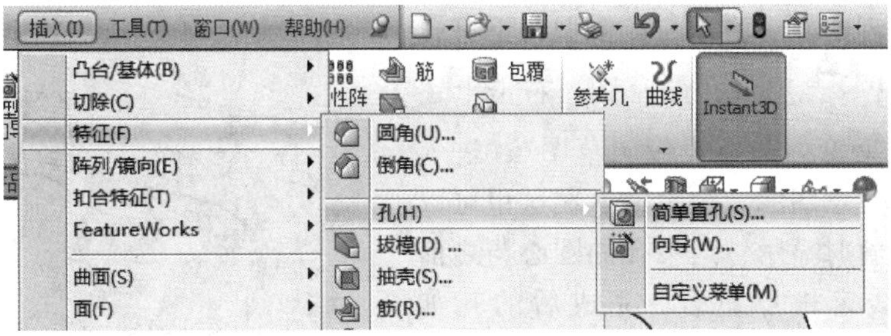

图 3-123　插入孔命令

出现孔放置选择基准面，点击选择相应的基准面上大致放置孔的位置，选择如图 3-124（a）所示；点击基准面之后会出现如图 3-124（b）所示界面，显示孔的直径和深度。

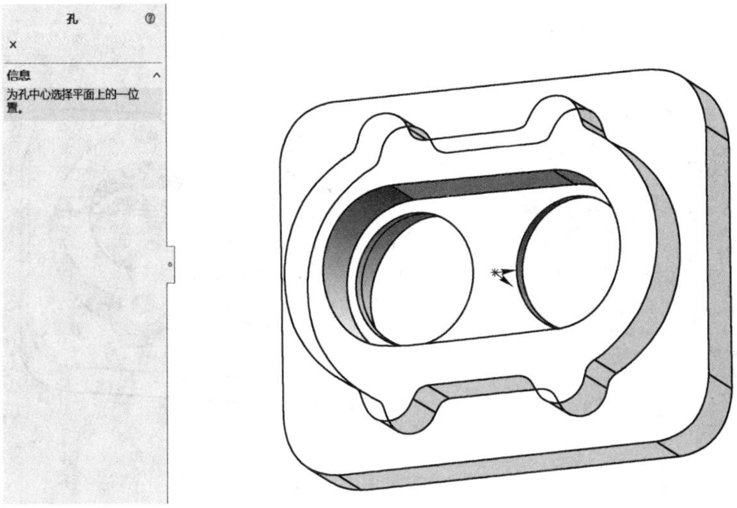

(a)

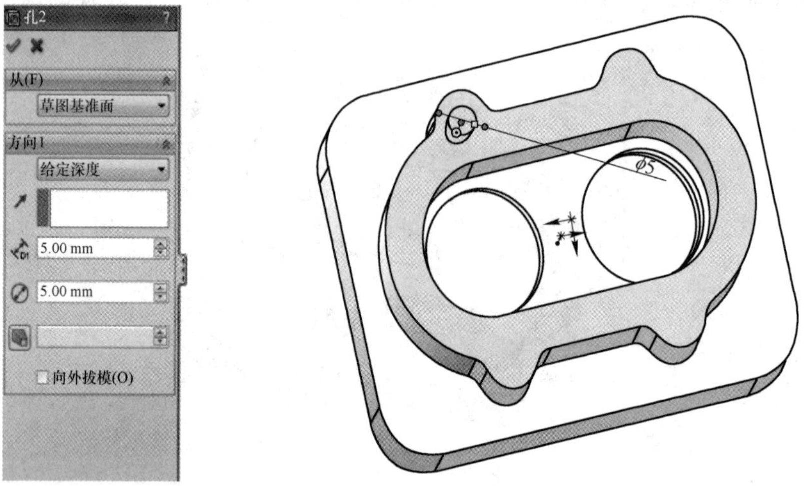

(b)

图 3-124　选择孔基准面

完成孔的创建之后，在左侧模型树下有孔的模型，点击 ⊞ ，出现孔的草图；右击上述草图，在弹出菜单中选择“编辑草图”，进入草图编辑，定义草图的定位尺寸。在这里可以让之前的草图暂时显示，约束孔的圆心与之前草图的中心线定位点重合，完成后的孔如图 3-125所示。

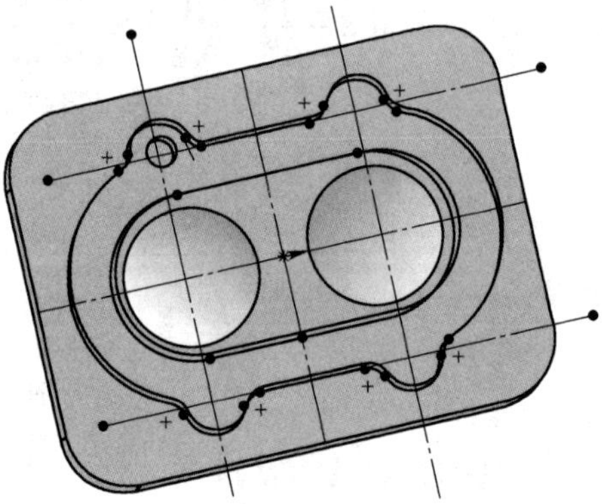

图 3-125　孔的定位

其余三个孔可以通过镜向的方式获得，在镜向之前，需要选中基准面，右击，选中 ，使镜向的基准面显示。使用两次镜向命令可以完成所有的孔，如图 3-126 所示。

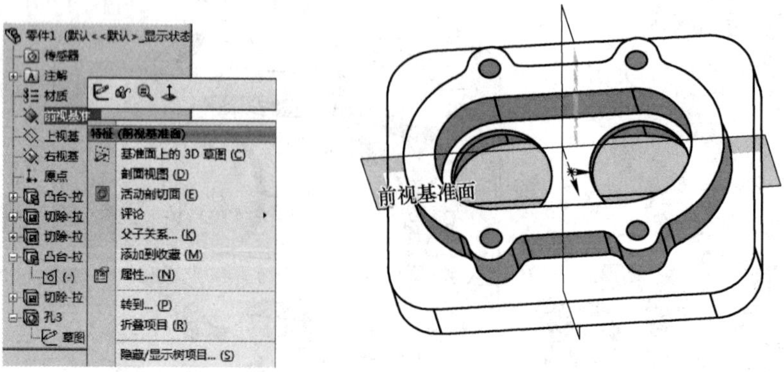

图 3-126　孔的镜向

（7）在模型的左右两个曲面上有两个异型孔向导，创建这两个孔。选择“异型孔向导”命令，选择孔的类型为“异型孔向导”，标准、孔规格、终止条件以及选项的设置如图 3-127 所示。

图 3-127　孔的镜向

（8）点击“位置—3D 草图”，选择螺纹孔所需要放置的曲面，如图 3-128 所示。

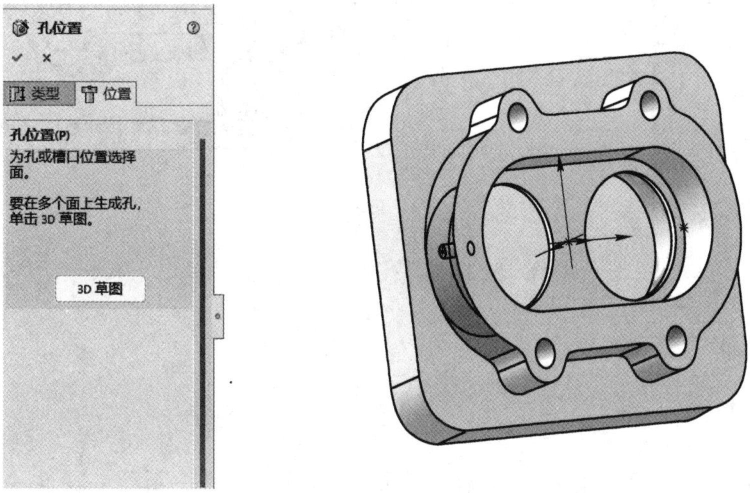

图 3-128　孔位置的放置

（9）完成异型孔向导的绘制，重新定位孔的位置。点开模型树中刚刚绘制的螺纹孔，进入 3D 草图中进行编辑，定位尺寸为 5.5 和 30，如图 3-129 所示。

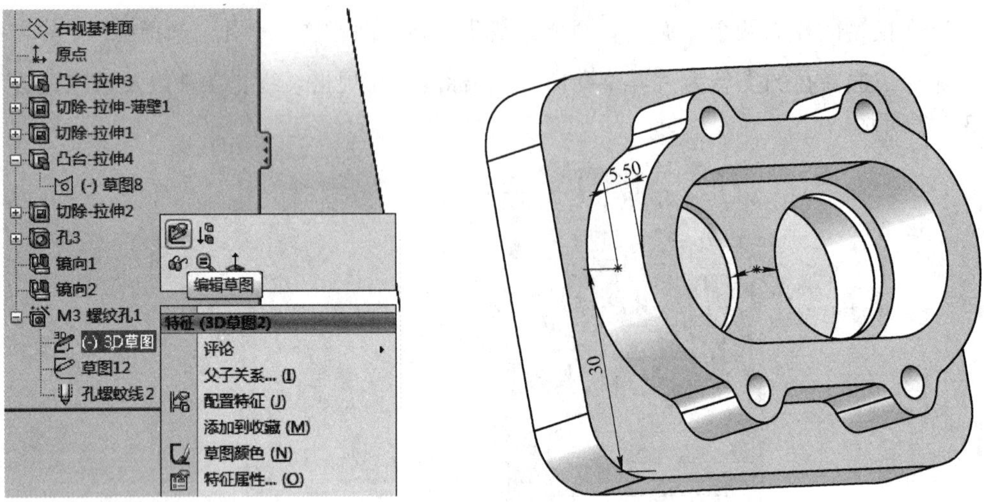

图 3-129　孔位置的放置

（10）镜向完成另外一个孔的绘制。至此完成整个零件的建模，如图 3-130 所示。

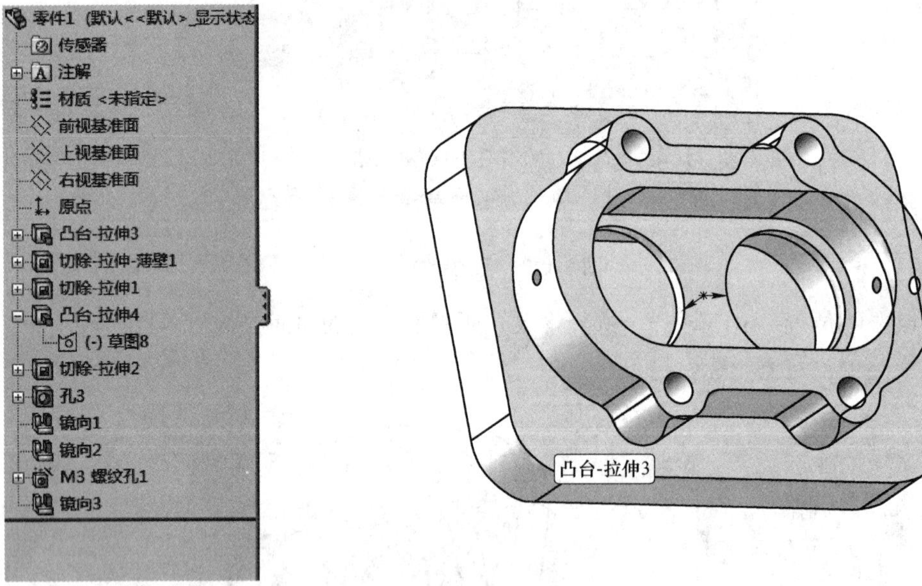

图 3-130　孔的镜向

3.8.2　支座的三维设计

操作步骤

（1）案例 3-14 是一个综合的模型建模练习。点击“文件—新建—零件—确定”，进入建模环境。从下往上建模，绘制底板草图，经过拉伸得到底板实体，如图 3-131 所示。

（2）绘制基准面，基准面距离底板端面的距离为 12，在基准面上绘制轴承座圆柱部分的草图，如图 3-132 所示。

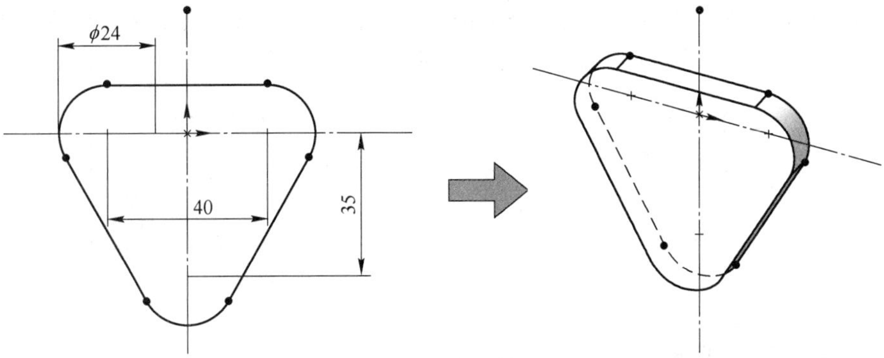

图 3-131　底板模型

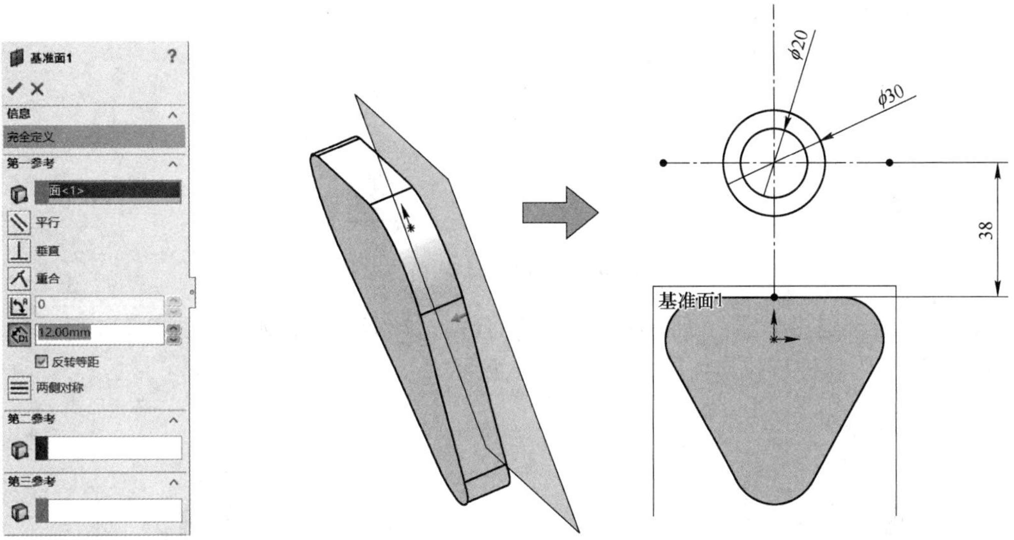

图 3-132　圆柱草图的绘制

（3）对该圆柱进行拉伸，拉伸的深度为 40，如图 3-133 所示。

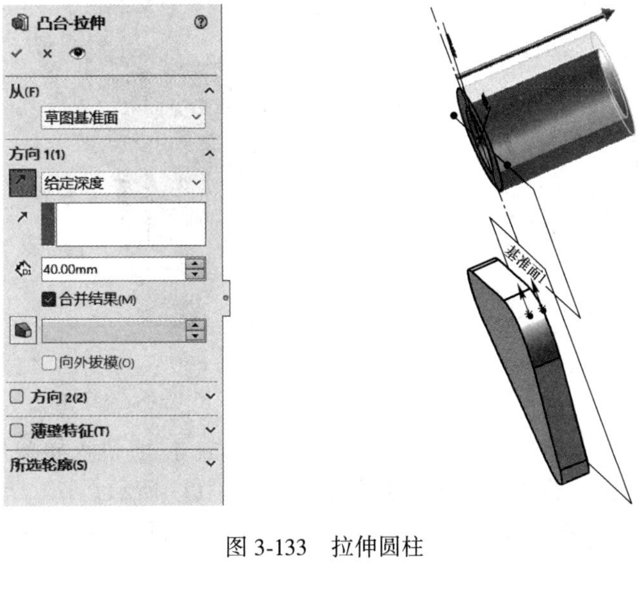

图 3-133　拉伸圆柱

（4）绘制支座的连接部分，该部分结构通过扫描可以完成。在底板上绘制扫描截面，在右视基准面上绘制扫描轨迹，如图 3-134 所示。

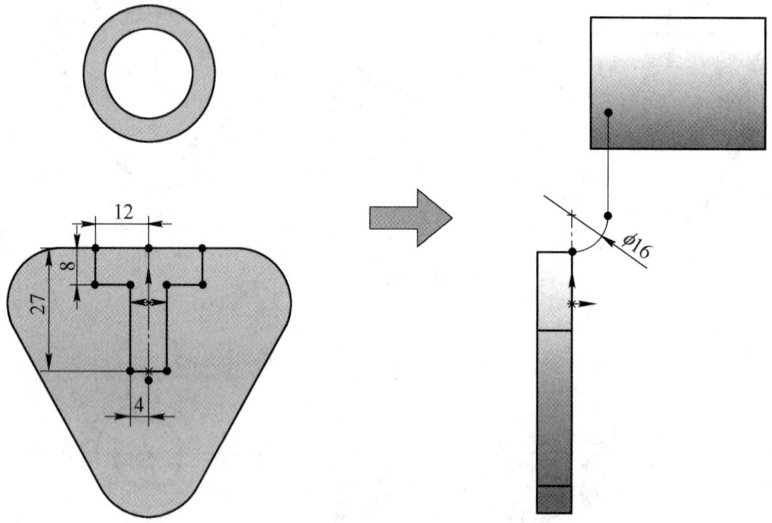

图 3-134　扫描轨迹和截面的绘制

（5）点击“退出草图”，通过扫描命令，分别选择截面和轨迹，如图 3-135 所示。同时对支座结构内部进行拉伸切除，如图 3-136 所示。

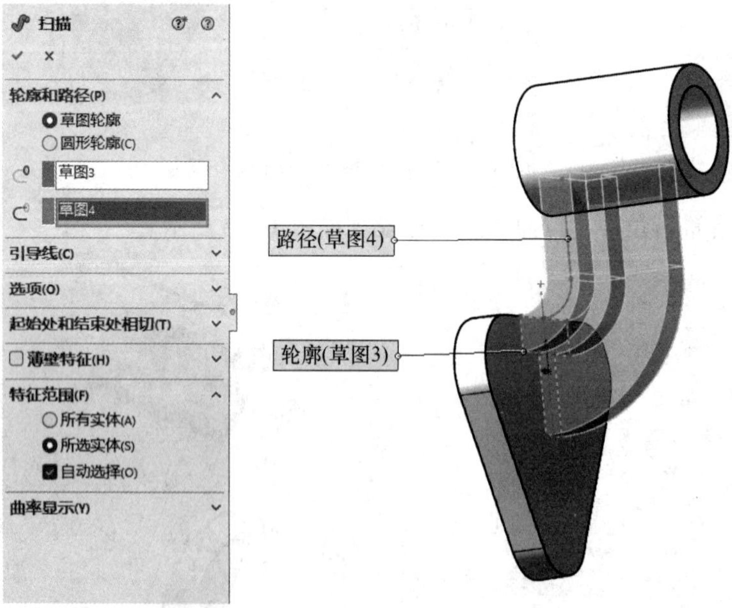

图 3-135　扫描实体

（6）在底板上进行阶梯孔的绘制。点击“异型孔向导”，进入异型孔向导。选择孔的类型为“柱形沉头孔”，设置相应的孔的大小，如图 3-137 所示。

点击“3D 草图”，在底板上孔的大致位置点击鼠标左键，如图 3-138 所示。

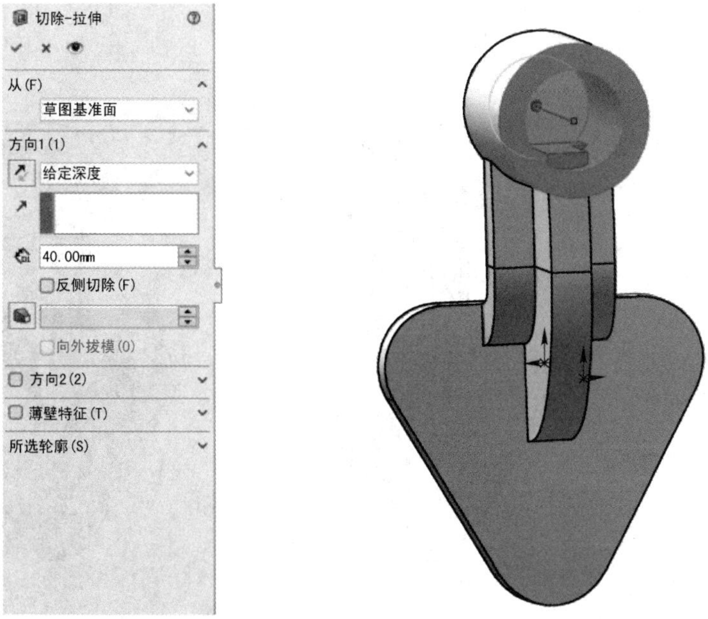

图 3-136　拉伸切除

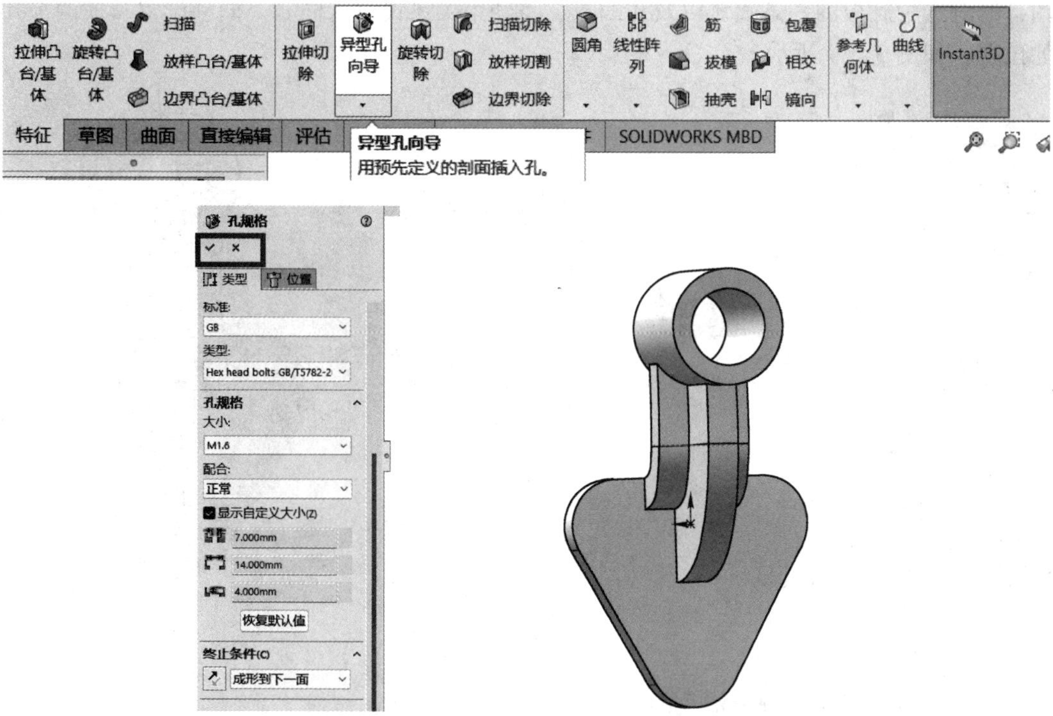

图 3-137　孔命令

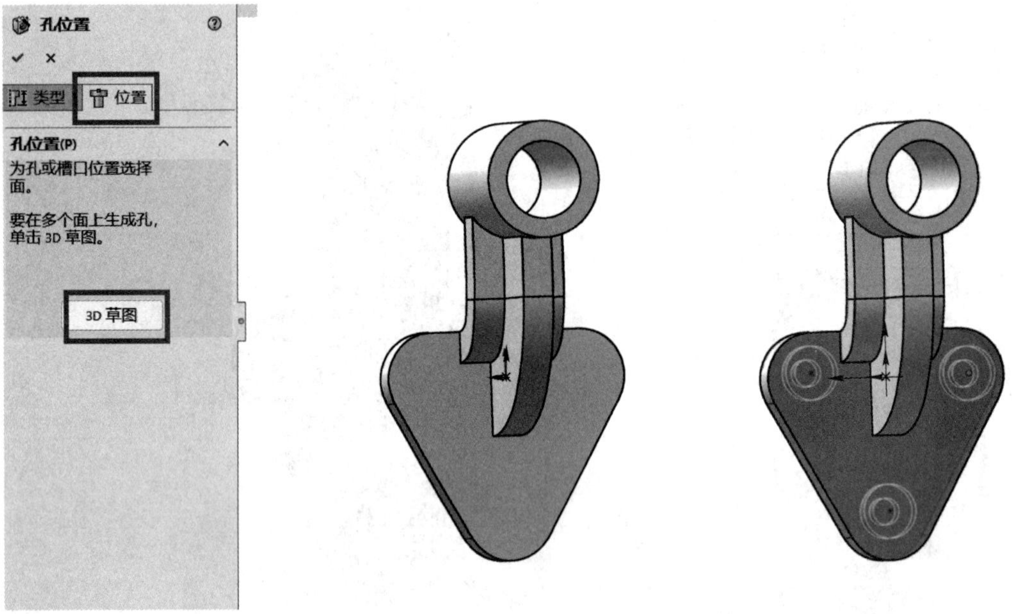

图 3-138　孔特征

（7）在模型树中，右击螺纹下的 3D 草图，在弹出菜单中选择“编辑草图”，进入草图，同时选中底板的一条圆弧以及孔的点，将约束关系设置为同心。同理设置其他两个孔的位置，如图 3-139 所示。

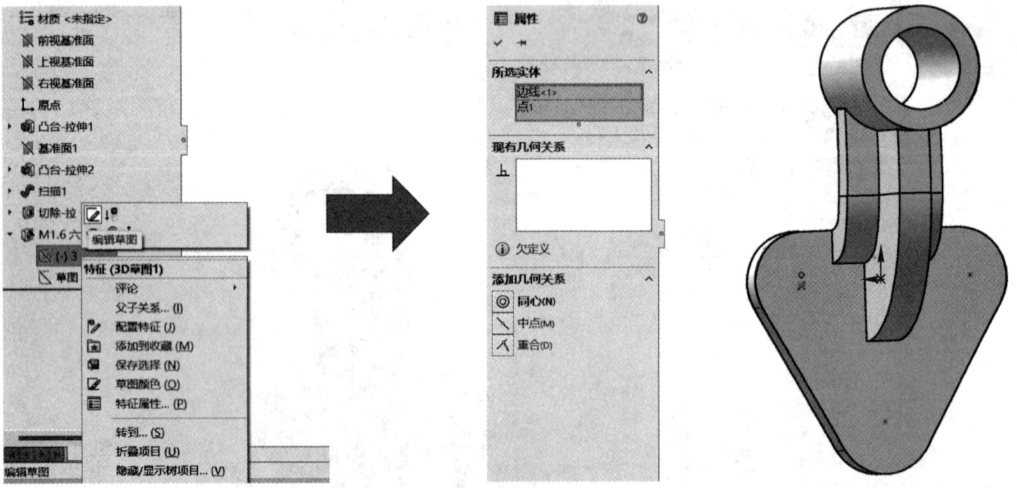

图 3-139　孔位置的确定

（8）完成的模型上部分油孔的绘制，如图 3-140 所示。

完成的三维模型如图 3-141 所示。

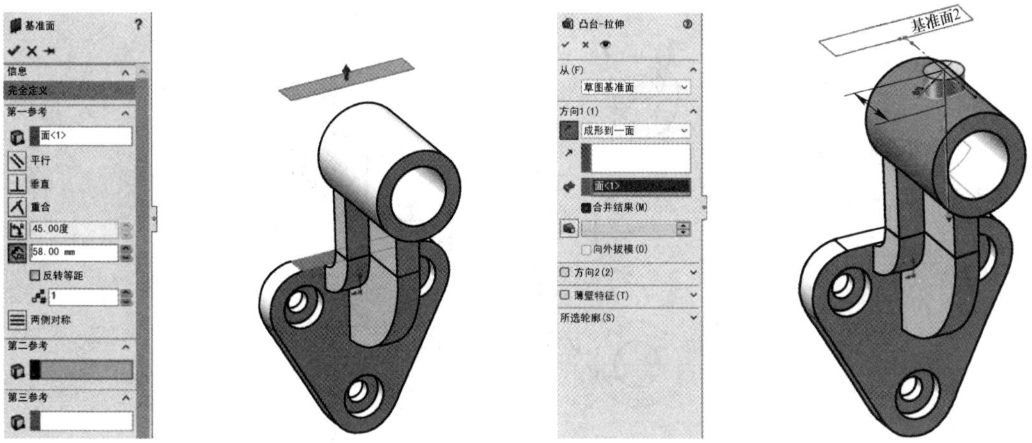

图 3-140　基准面的创建示意图

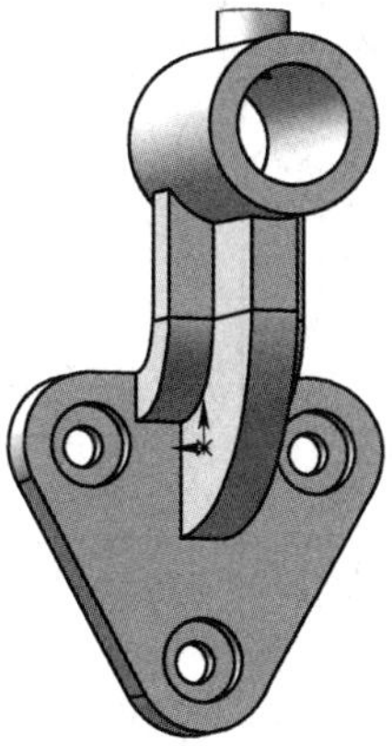

图 3-141　完成后的模型

练　习

完成图 3-142~图 3-146 零件的建模。

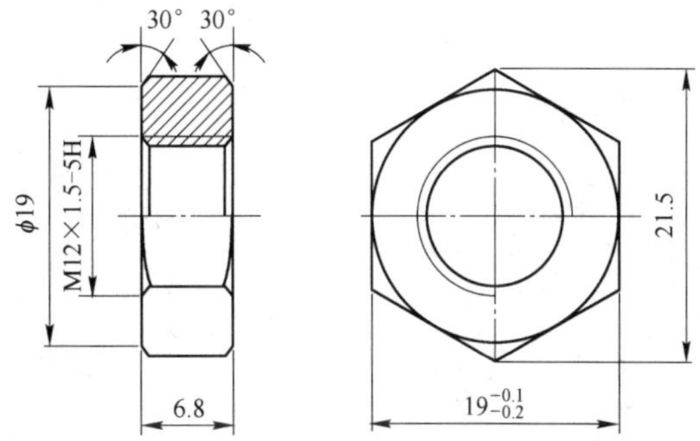

图 3-142　零件 1

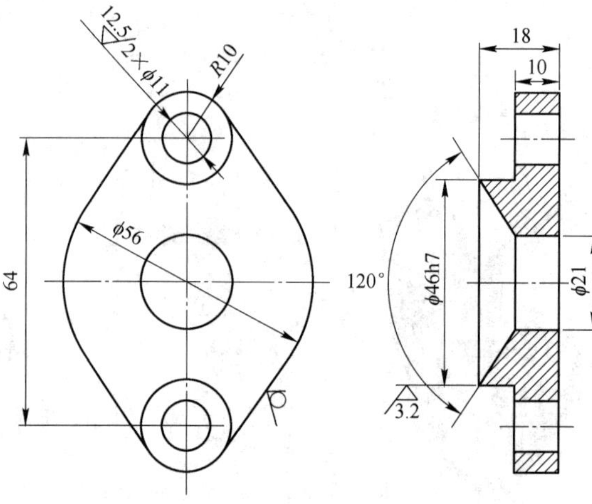

图 3-143　零件 2

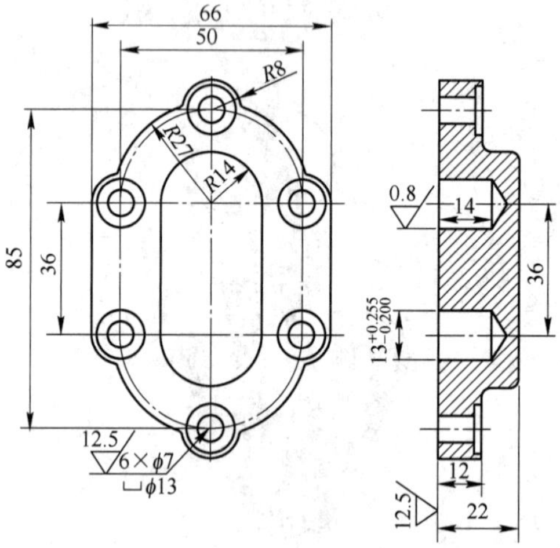

图 3-144　零件 3

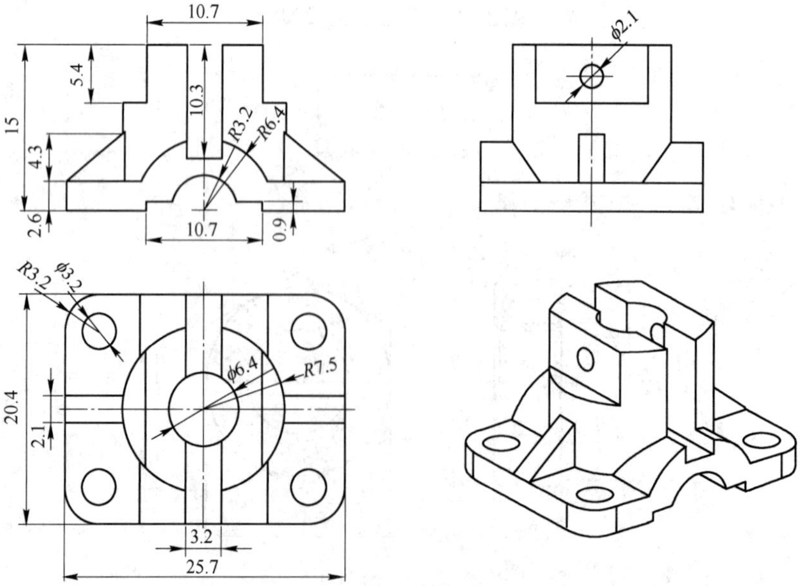

图 3-145　零件 4

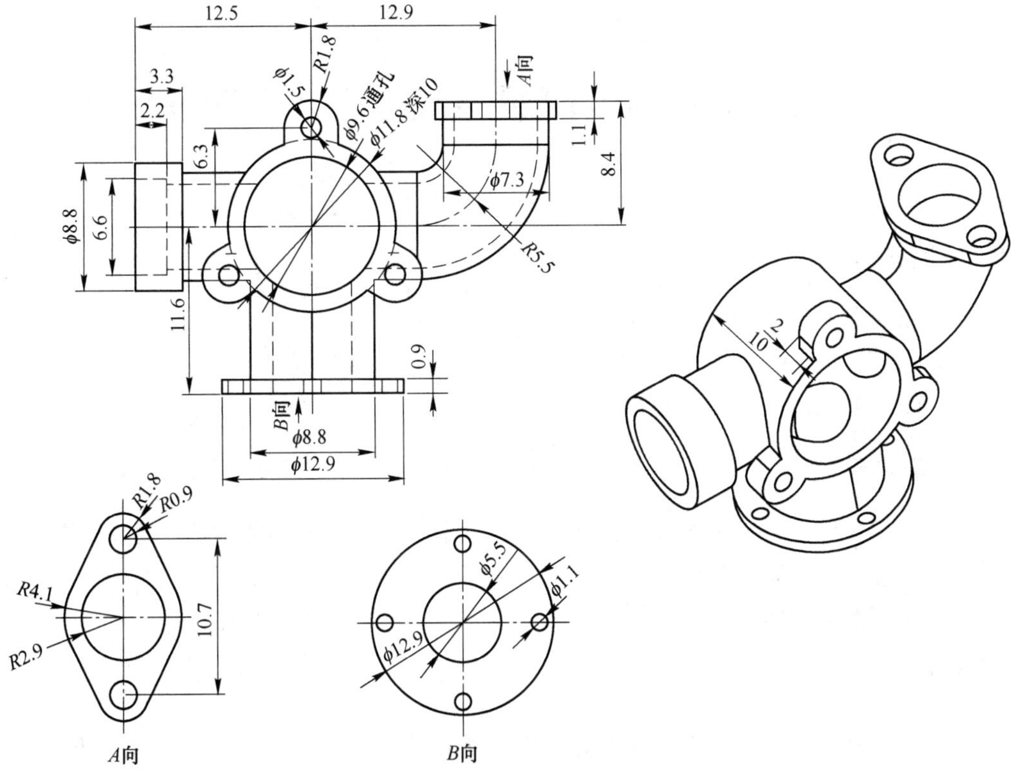
12.5
12.9
3.3
2.2
ϕ1.5
R1.8
ϕ9.6通孔
ϕ11.8深10
A向
1.1
8.4
6.3
ϕ7.3
ϕ8.8
6.6
R5.5
11.6
0.9
B向
ϕ8.8
ϕ12.9
2
10
R1.8
R0.9
R4.1
R2.9
10.7
A向
ϕ5.5
ϕ1.1
ϕ12.9
B向

图 3-146　零件 5

项目 4　SolidWorks 装配案例

知识目标

（1）掌握装配配合的基本概念。

（2）掌握装配配合的编辑定义。

（3）掌握装配的一般步骤与过程。

技能目标

（1）能够灵活进行零件的装配，掌握重合、平行、垂直与同轴心配合的基本操作。

（2）能够完成新装配模型的创建。

（3）掌握在装配体中修改零件、在装配体中对称和阵列部件的方法。

思政目标

（1）互帮互助，团结协作：通过分组在装配图中的团队协作引导学生之间的互帮互助和团队协作。

（2）标准化及规范化：爱护每一台教具产品，按规定拆卸、组装；按次序摆放各类零件；按规定摆放各类工具、量具；及时清理工作场地；离开测绘现场时，必须做到关闭窗户、关闭电源；杜绝一切安全事故的发生。

思政案例引入

案例 4-1

童谣 1：一个和尚挑水喝，两个和尚抬水喝，三个和尚没水喝。

童谣 2：一只蚂蚁来搬米，搬来搬去搬不起；两只蚂蚁来搬米，身体晃来又晃去；三只蚂蚁来搬米，轻轻抬着进洞里。

两首童谣，讲述了两种截然不同的结果。“三个和尚”之所以“没水喝”，是因为不负责任，互相推诿；“三只蚂蚁来搬米”之所以能“轻轻抬着进洞里”，是团队合作的结果。

案例 4-2

某公司的生产线发生空包装的问题，于是其花费巨资设计一套通过检查包装质量来判断“空包”的系统。同样的问题，小作坊用一台电风扇就把空包装给吹走了。

需要思考，这种电风扇吹走空包装的方法可以用在小作坊里面，但如果是有上百条生产线的大企业，可以安装上百台风扇吗？小作坊用电风扇吹空包装是一种非常好的方法，但是这种方法能普及吗，能够在更庞大、更复杂的环境中应用吗？现代科技的核心，关键在于承前启后的层层推进。达到这个目标的方式，就是标准化和规范化。标准化指的是一种建立共同认可的标准，由此创建沟通渠道，提高效率。比如使用统一的文字，就是最简单的标准化。规范化是指按照一定的标准或规则进行统一化处理，比如机械图纸的绘制，要符合机械制图规范。

任务 4.1 低速滑轮主要零件的建模与装配案例

案例引入

案例 4-3 完成图 4-1 所示低速滑轮的建模与装配。低速滑轮由 6 部分组成，其中螺母 4 和垫圈 5 是标准件，其他都是非标准件。非标准件结构如图 4-2 所示。

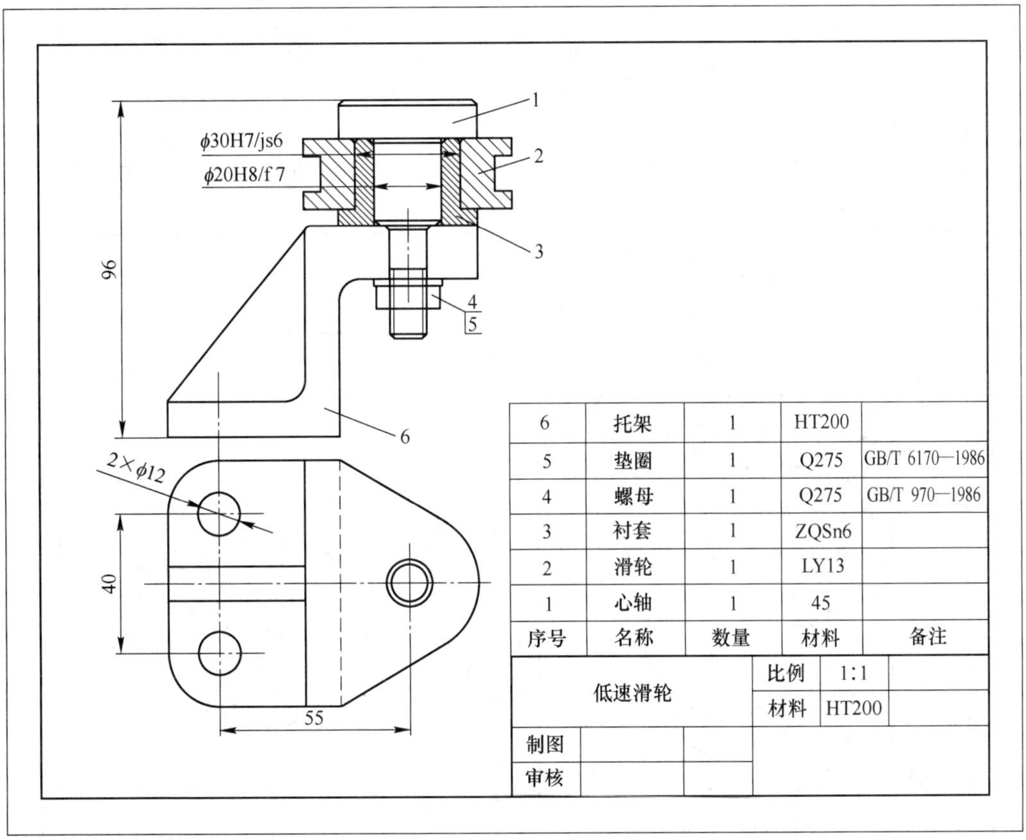

图 4-1 低速滑轮装配图

视频 低速滑轮装配

任务描述

（1）完成低速滑轮装配体基本图纸的识读。

（2）完成低速滑轮模型建模前零件的绘制。

（3）在 SolidWorks 中完成低速滑轮装配体的装配。

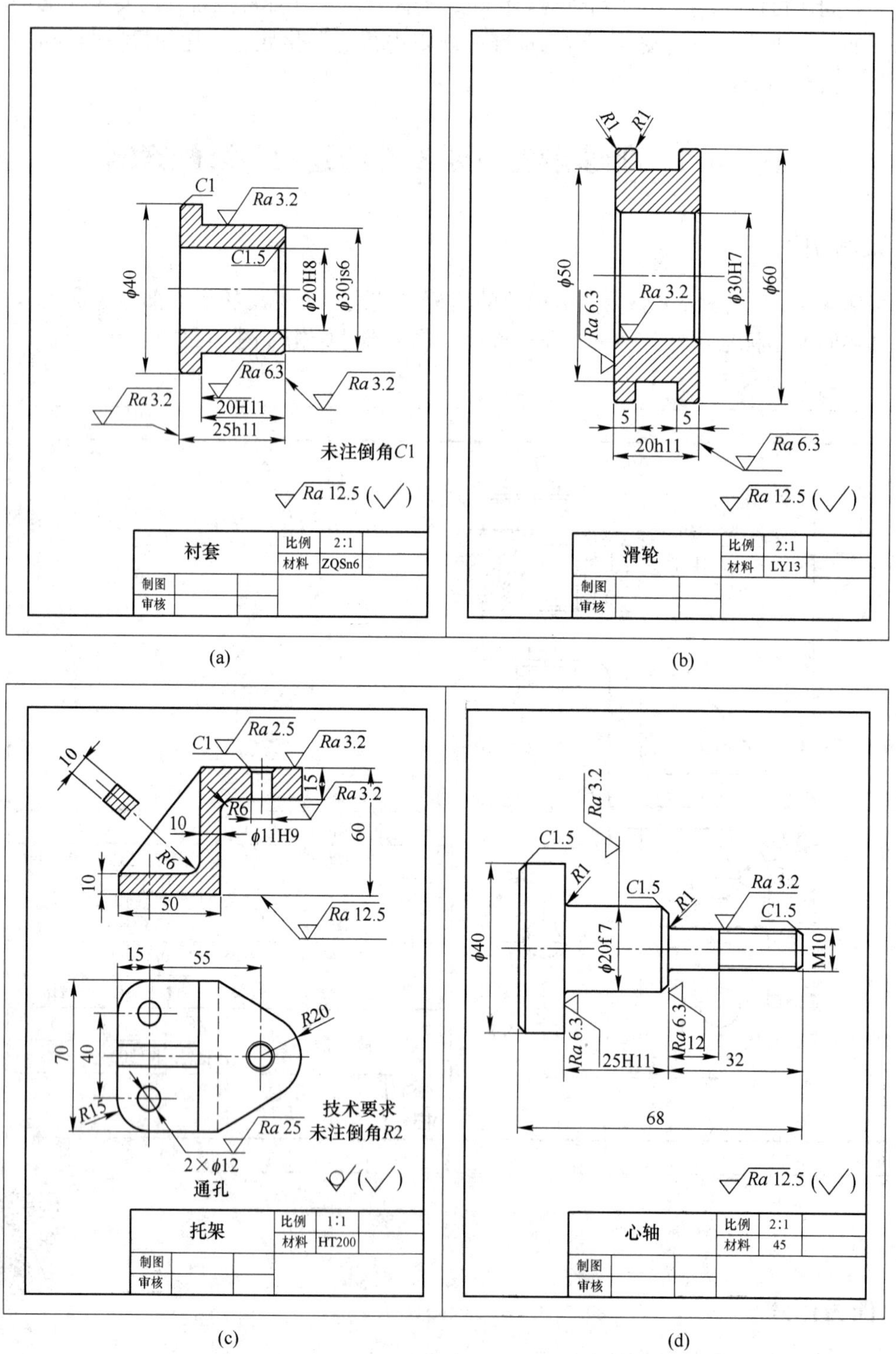

图 4-2　零件图

（a）衬套；（b）滑轮；（c）托架；（d）心轴

任务分析

（1）分析图纸中各个视图的特点与尺寸，想象出整个低速滑轮装配体模型。

（2）在建模之前对低速滑轮结构进行系统全面的分析，厘清低速滑轮的装配次序，考虑低速滑轮装配的先后关系。

（3）分析每部分建模的具体方法并进行建模。

（4）分析各个部分装配关系并进行装配。

操作步骤

（1）衬套建模。

1）新建零件“衬套”，进入草图，绘制草图如图 4-3 所示。

2）点击“旋转”命令，选择旋转的中心轴，则截面绕中心轴旋转一周得到如图 4-4 所示零件。

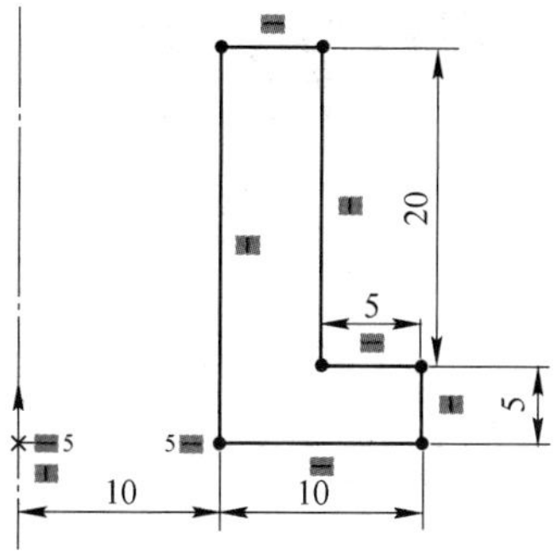

图 4-3　衬套草图

图 4-4　衬套模型

（2）滑轮建模。

1）新建零件“滑轮”，进入草图，绘制草图如图 4-5 所示。

2）点击“旋转”命令，选择旋转的中心轴，则截面绕中心轴旋转一周得到如图 4-6 所示零件。

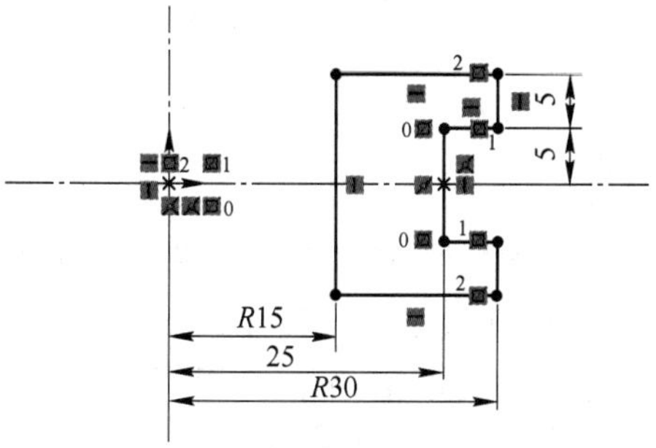

图 4-5　滑轮草图

图 4-6　滑轮模型

3）点击“倒角”命令，对滑轮上下两个内圆进行倒直角操作，如图 4-7 所示。

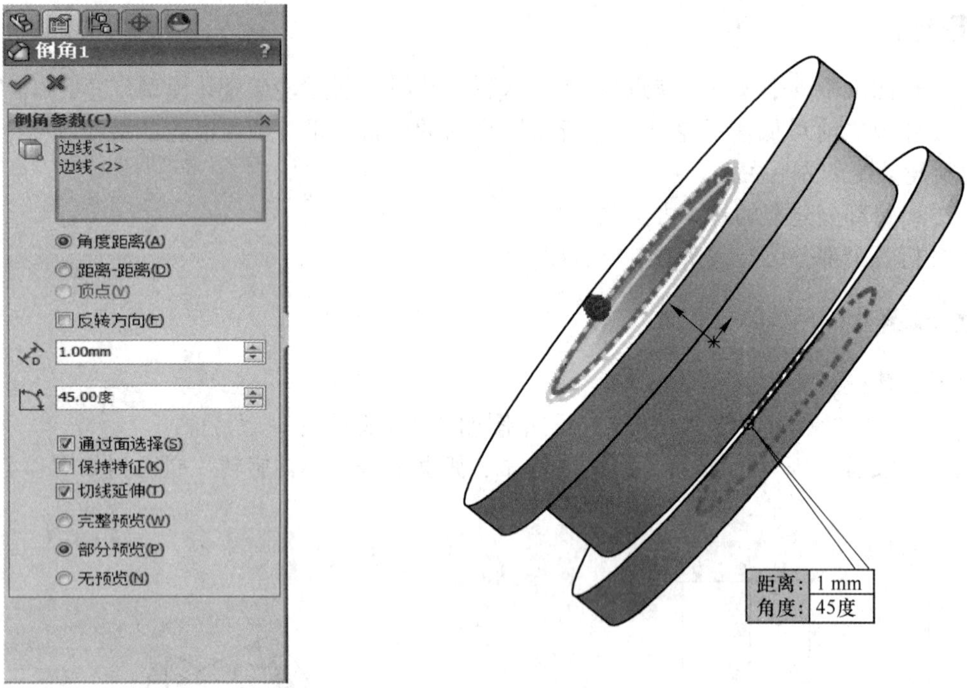

图 4-7　倒圆角模型

（3）托架建模。

1）新建零件“Tuojia”，进入草图，绘制草图如图 4-8（a）所示。

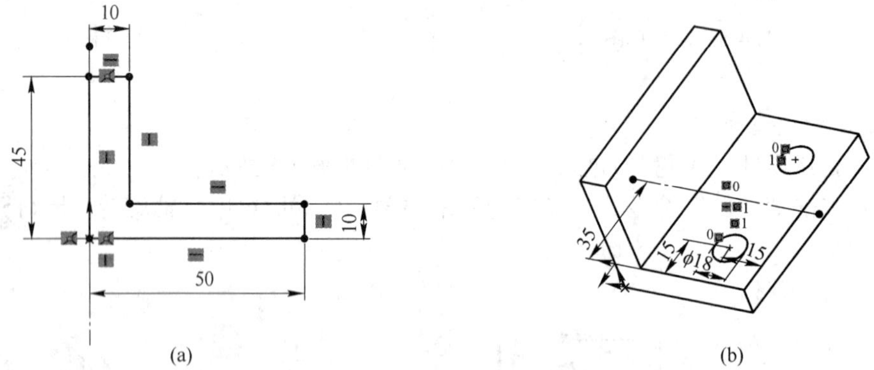

(a)　(b)

图 4-8　草图和拉伸

2）进行拉伸操作，然后在图 4-8（b）所示表面绘制两个孔的草图，进行拉伸切除。

3）在图 4-9 所示基准面进行草图的拉伸，草图形状也如图 4-9 所示。

4）对各个边线有倒圆角的部分进行倒圆角操作，如图 4-10 所示。

5）绘制如图 4-10 所示的直线，点击“筋”命令，完成如图 4-11 所示筋板的绘制。该模型具体操作与零件建模操作类似，其中“筋”命令等拉伸命令具体可以参考案例 3-4。

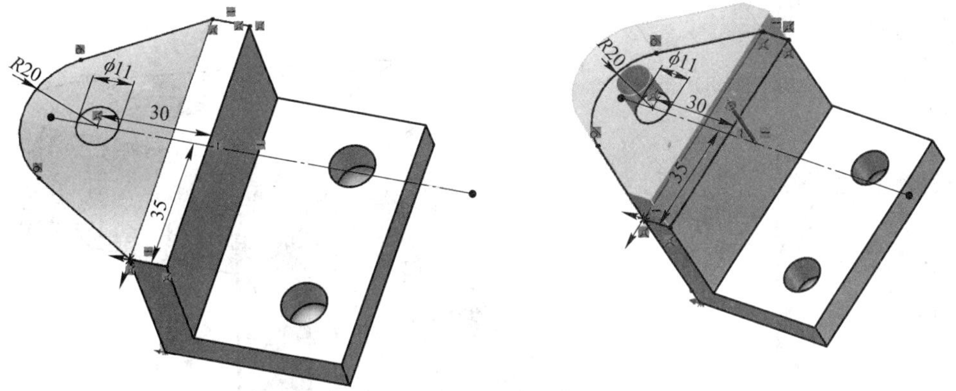

图 4-9　草绘和拉伸

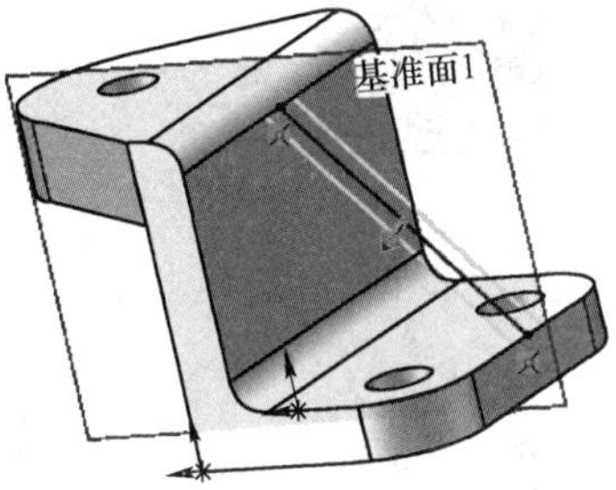

图 4-10　倒圆角

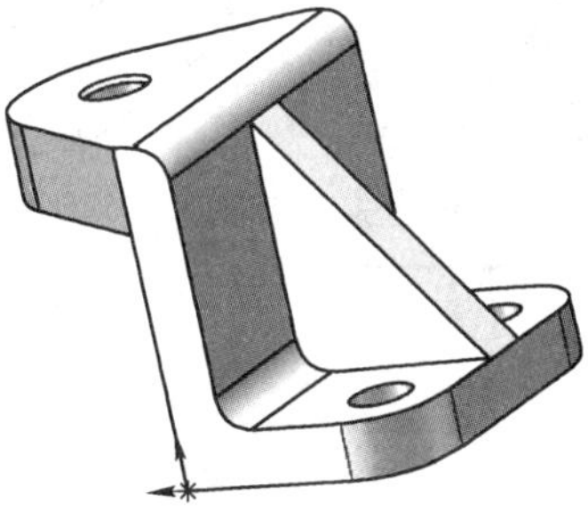

图 4-11　完成的零件

（4）心轴。通过旋转或者拉伸命令完成图 4-12 所示心轴的绘制，并按照图 4-2（c）所示尺寸要求完成倒圆角或者倒直角的操作，其中的螺纹线可以采用点击“插入—注解—装饰螺纹线”的方式来完成。

（5）装配模块。

1）点击“文件—新建—装配体”，新建文件。

2）点击“插入—现有零部件”，打开缩略图浏览窗口可以看到具体的零部件，插入座体零件，如图 4-13 所示。需说明的是，各个零件要在打开状态下才可以看到，如果没有打开，点击浏览命令找到零件相应的位置打开。

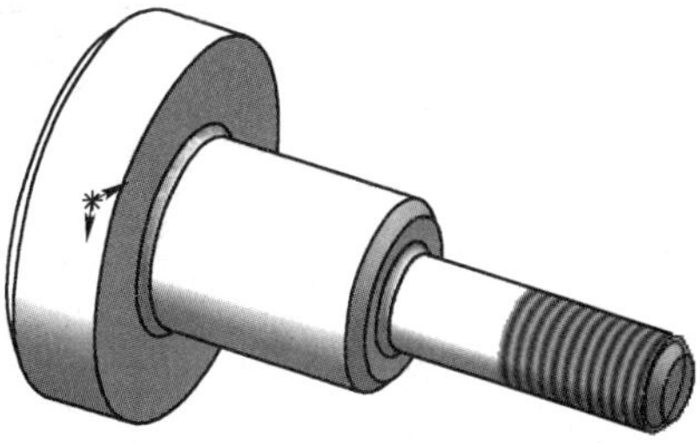

图 4-12　心轴模型

3）由装配图可知，在座体的上方是衬套零部件，因此重复步骤 2）插入衬套零部件，如图 4-14 所示。

4）在“装配体”选项卡点击“配合”，选择衬套的下端面与座体的上表面的配合，点击“重合”，点击列表中的，如图 4-15 所示。

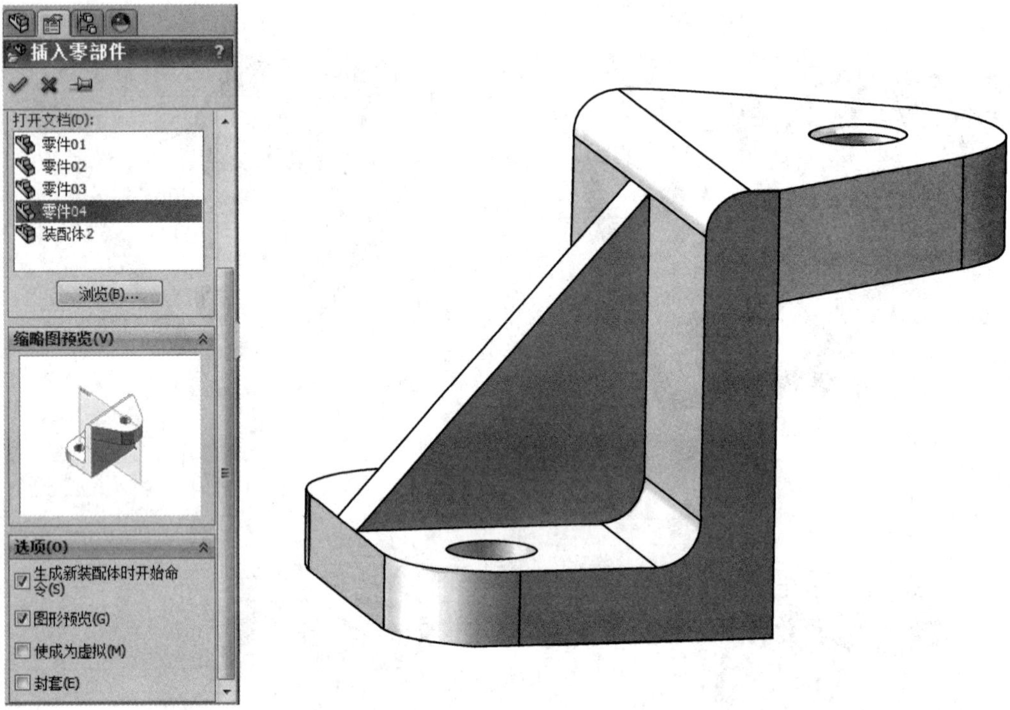

图 4-13　插入座体

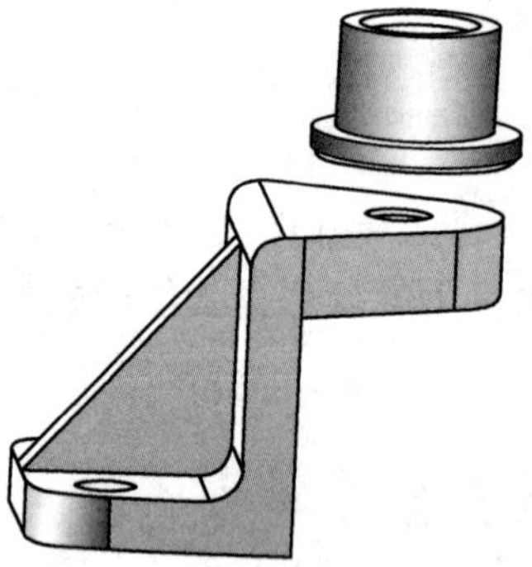

图 4-14　插入衬套

5）同样点击“配合”，选择如图 4-16 所示两个内圆面，点击“同轴心”，点击，完成同轴心的配合。

6）导入滑轮的零部件，同步骤 4）和 5）一致的配合方式，滑轮的圆与衬套的圆同轴心，同时滑轮的面与衬套的面配合，完成装配如图 4-17 所示。

7）导入心轴，将心轴与以上零部件进行装配，同样也是同轴和共面，如图 4-18 所示。

8）导入标准件，在绘图区右侧点击“设计库—Toolbox”进入设计库，双击“GB”，出现相应规格的螺母和垫片选择界面，如图 4-19 所示。

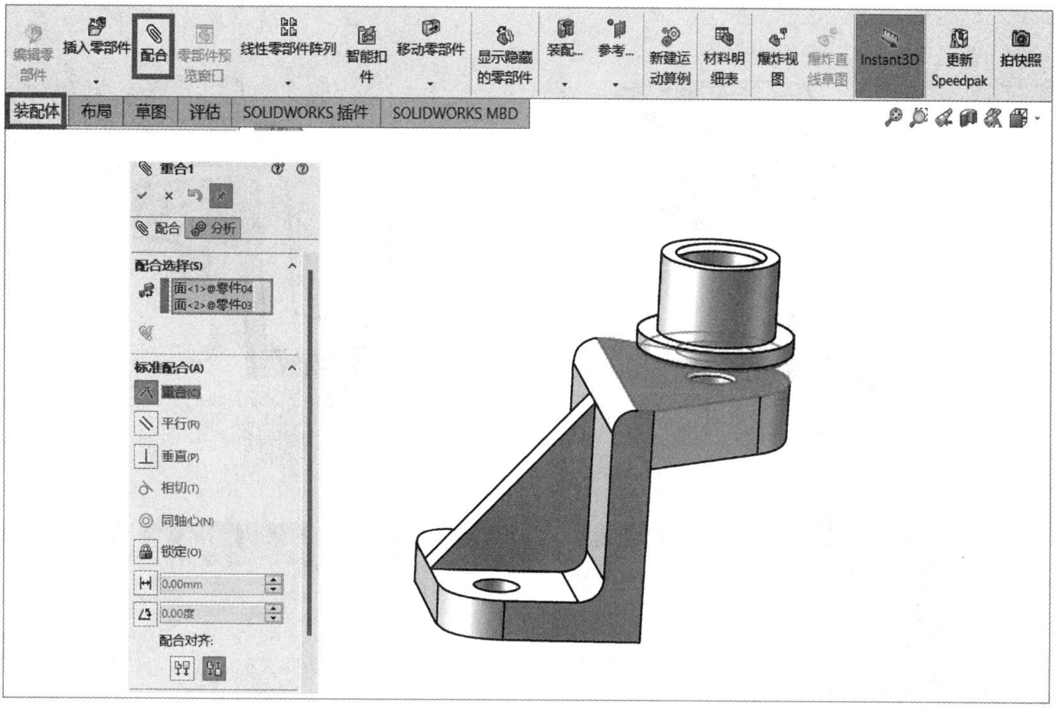

图 4-15　共面配合

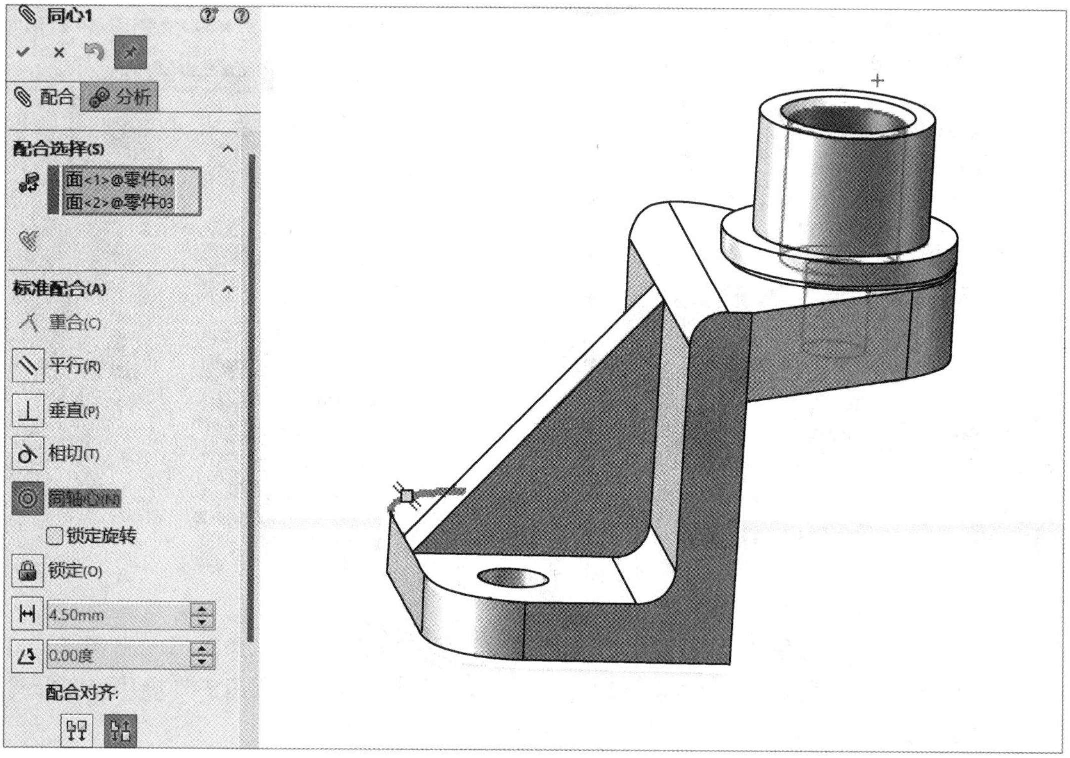

图 4-16　同轴配合

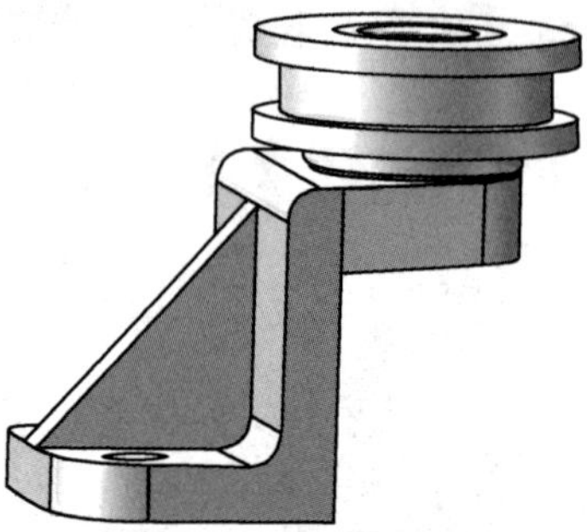

图 4-17　插入滑轮

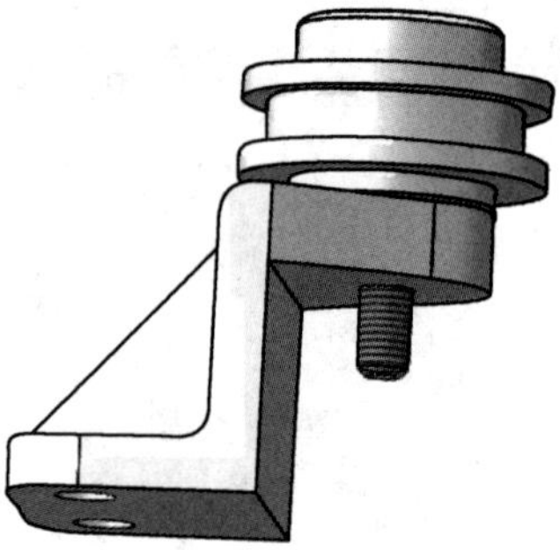

图 4-18　插入心轴

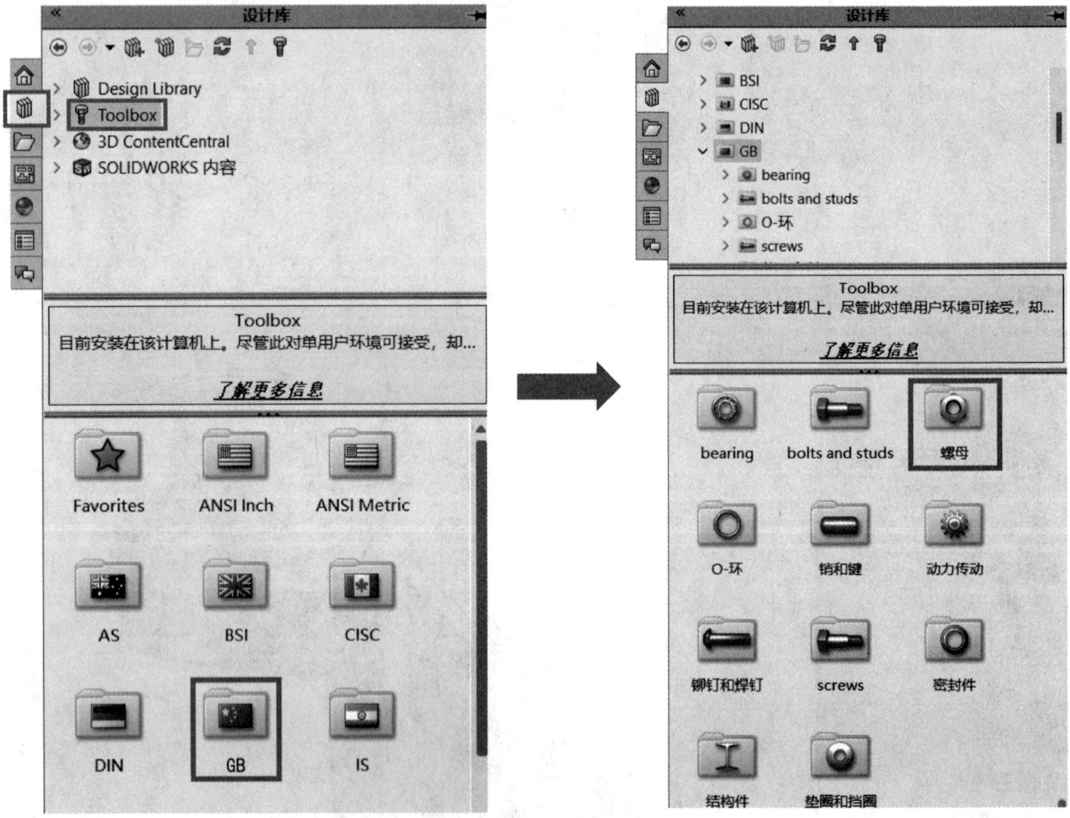

图 4-19　Toolbox 设计库

9）双击图 4-19 右侧螺母图标，进入如图 4-20 所示界面，双击六角螺母，出现图 4-20 右侧所示界面，拖动相应规格的零件到绘图区，即完成该标准件的调用。将垫片和螺母调用到装配案例如图 4-21 所示。

10）完成结构的装配，保存文件。完成的装配体如图 4-22 所示。

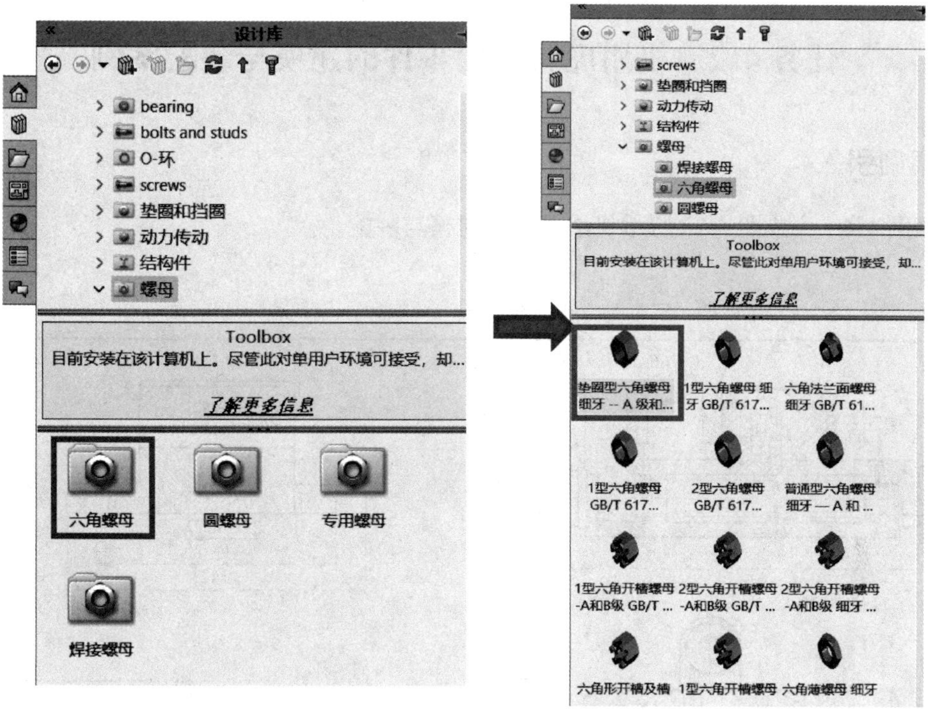

图 4-20　六角螺母的调用

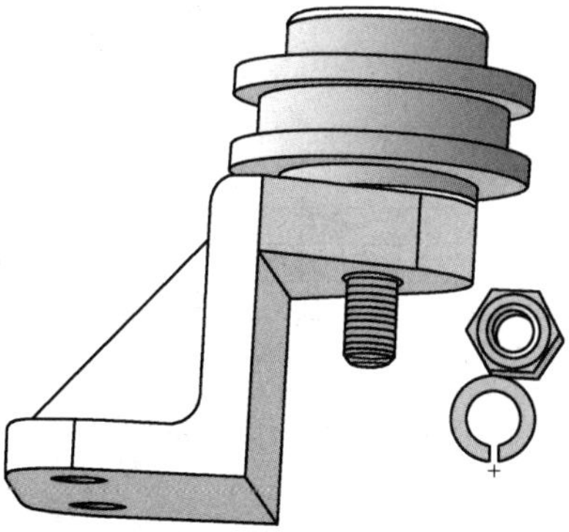

图 4-21　标准件调用

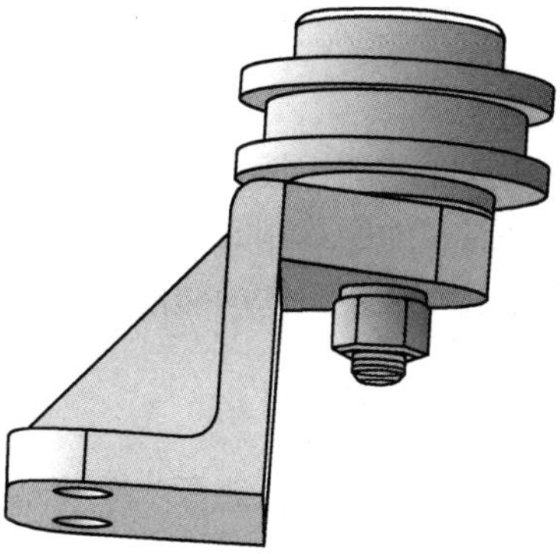

图 4-22　装配完成的零件

任务 4.2　机用虎钳主要零件的建模与装配案例

案例引入

案例 4-4　完成图 4-23 所示机用虎钳的建模与装配。

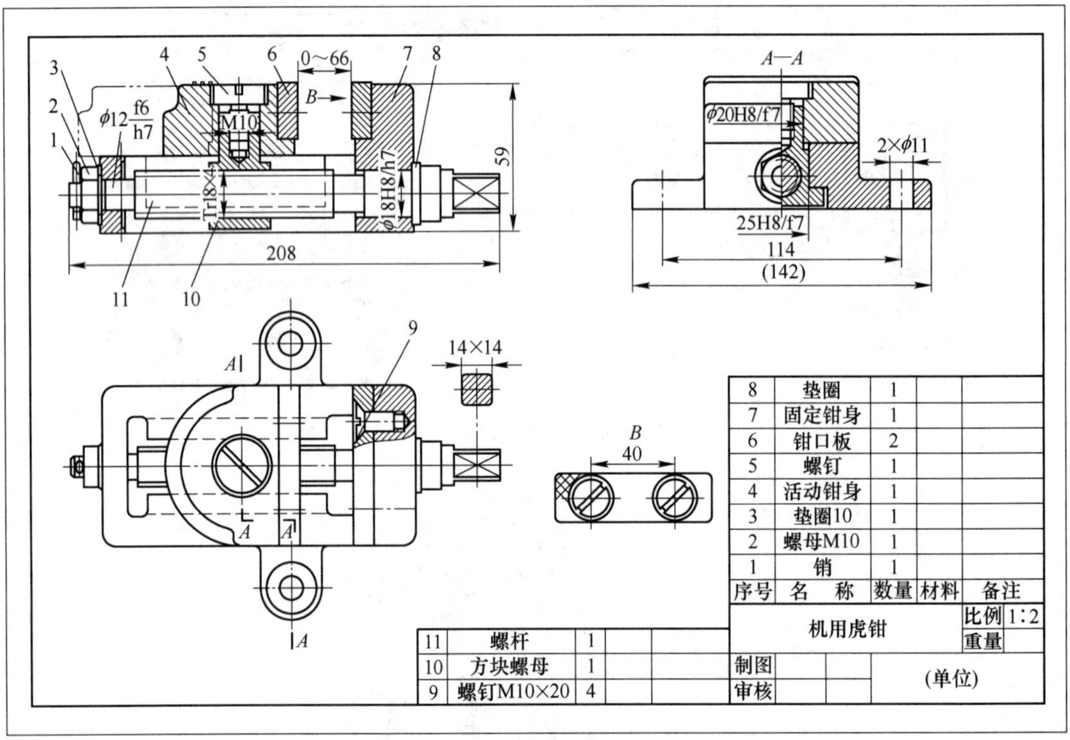

图 4-23　机用虎钳装配图

配合件如图 4-24 所示。

视频　机用虎钳装配

任务描述

（1）完成机用虎钳装配体基本图纸的识读。

（2）完成机用虎钳模型建模前零件的绘制。

（3）在 SolidWorks 中完成机用虎钳装配体的装配。

任务分析

（1）分析图纸中各个视图的特点与尺寸，想象出整个机用虎钳装配体模型。

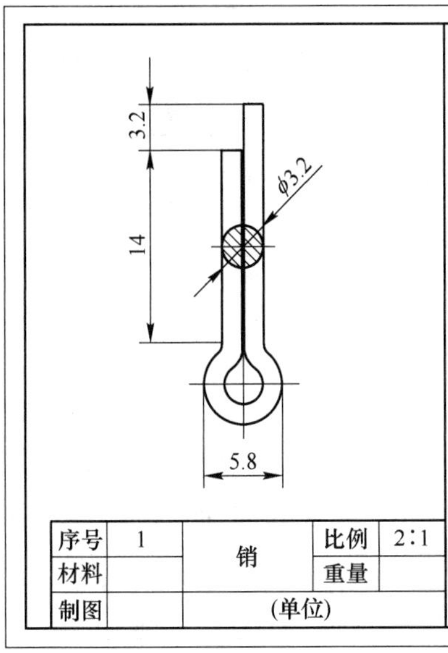
3.2
14
ϕ3.2
5.8
序号 1
销
比例 2∶1
材料
重量
制图
(单位)

(a)

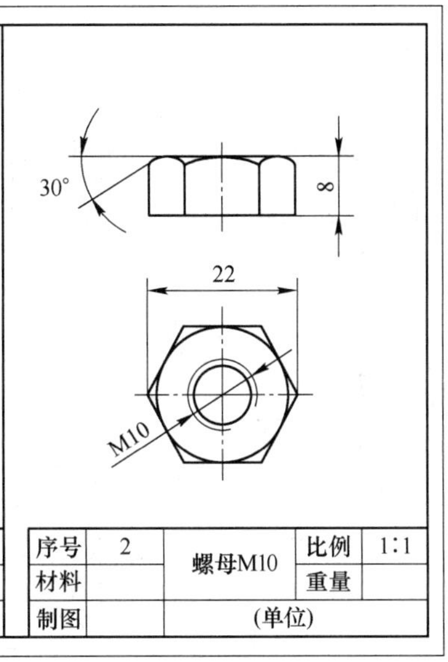
30°
8
22
M10
序号 2
螺母M10
比例 1∶1
材料
重量
制图
(单位)

(b)

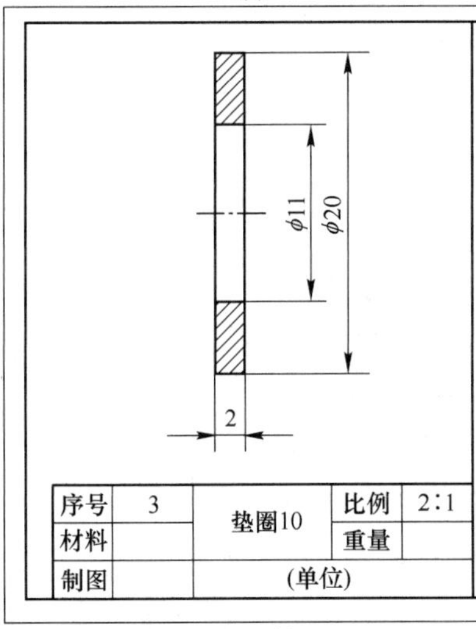
ϕ11
ϕ20
2
序号 3
垫圈10
比例 2∶1
材料
重量
制图
(单位)

(c)

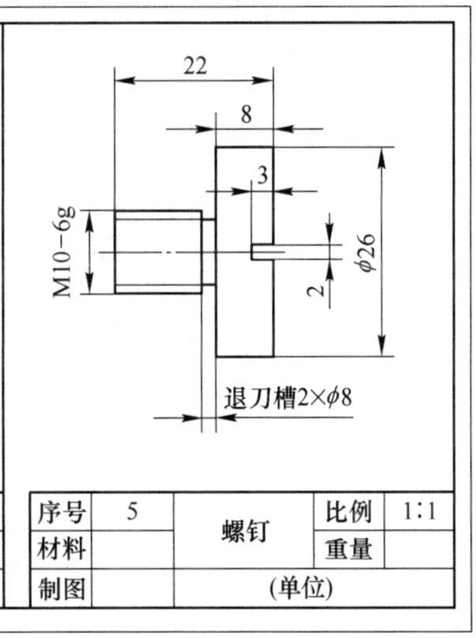
22
8
3
M10−6g
ϕ26
2
退刀槽2×ϕ8
序号 5
螺钉
比例 1∶1
材料
重量
制图
(单位)

(d)

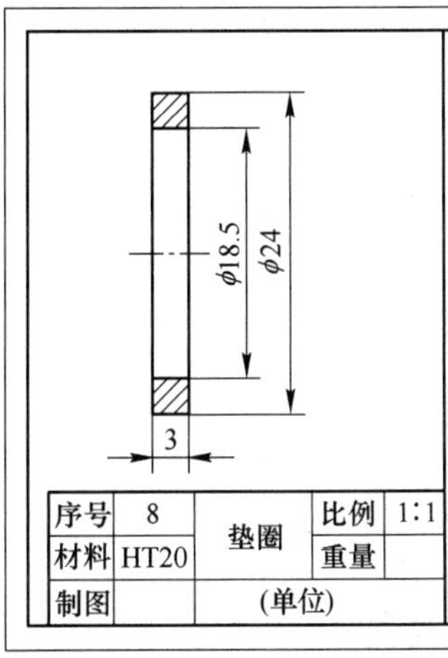
ϕ18.5
ϕ24
3
序号 8
垫圈
比例 1∶1
材料 HT20
重量
制图
(单位)

(e)

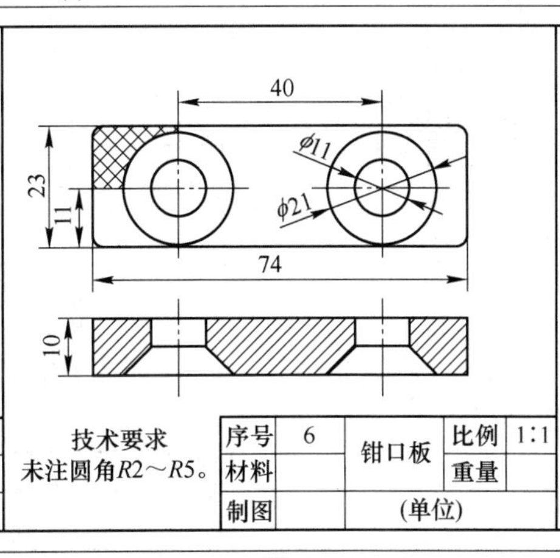
40
ϕ11
ϕ21
23
11
74
10
技术要求
未注圆角R2～R5。
序号 6
钳口板
比例 1∶1
材料
重量
制图
(单位)

(f)

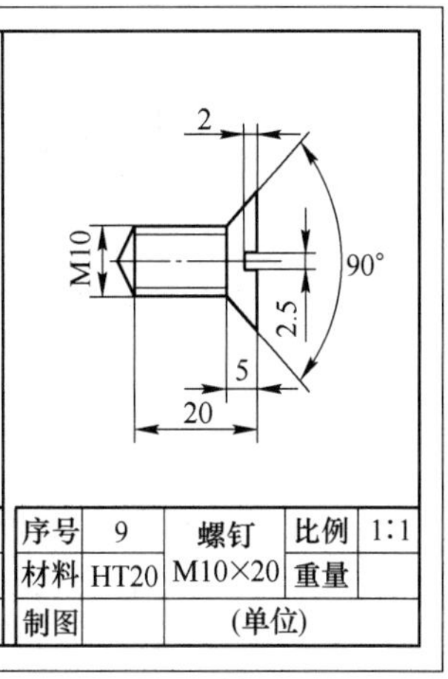
2
M10
90°
2.5
5
20
序号 9
螺钉
M10×20
比例 1∶1
材料 HT20
重量
制图
(单位)

(g)

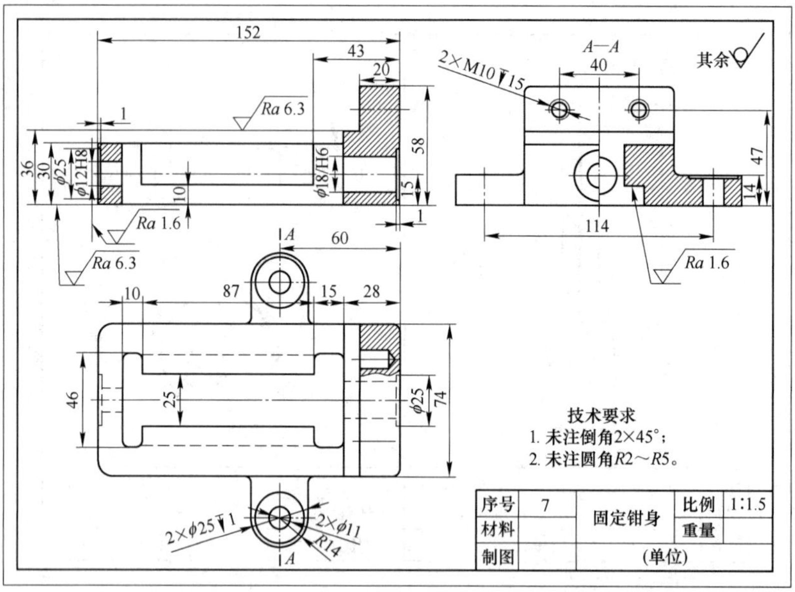
A—A
其余
2×M10▼15
Ra 6.3
Ra 1.6
Ra 6.3
Ra 1.6
152
43
20
40
58
47
114
60
87
10
15
28
46
25
φ25
74
36
30
φ25
φ12H8
φ18/H6
2×φ25▼1
2×φ11
R14
技术要求
1. 未注倒角2×45°；
2. 未注圆角R2～R5。
序号 7
固定钳身
比例 1∶1.5
材料
重量
制图
(单位)

(h)

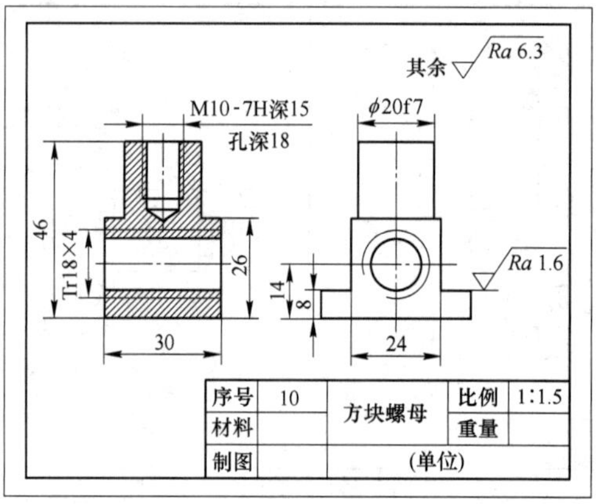
其余 Ra 6.3
M10-7H深15
孔深18
φ20f7
46
Tr18×4
26
30
Ra 1.6
14
8
24
序号 10
方块螺母
比例 1∶1.5
材料
重量
制图
(单位)

(i)

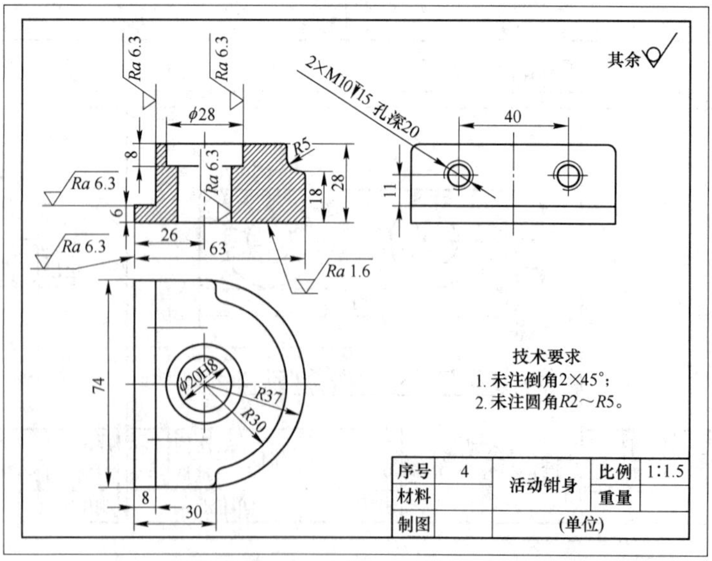
其余
2×M10▼15 孔深20
Ra 6.3
Ra 6.3
φ28
R5
Ra 6.3
Ra 6.3
Ra 6.3
Ra 1.6
8
6
18
28
26
63
40
11
74
φ20H8
R37
R30
8
30
技术要求
1. 未注倒角2×45°；
2. 未注圆角R2～R5。
序号 4
活动钳身
比例 1∶1.5
材料
重量
制图
(单位)

(j)

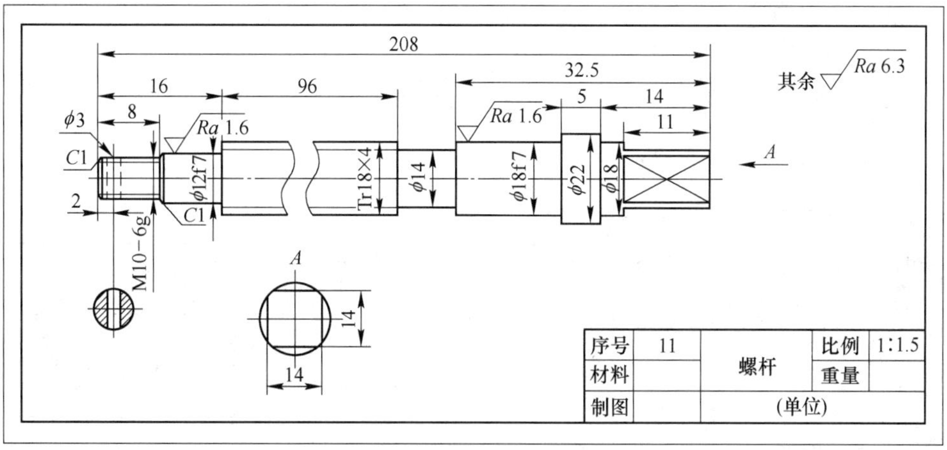

(k)

图 4-24　零件图

（a）销；（b）螺母 M10；（c）垫圈 10；（d）螺钉；（e）垫圈；（f）钳口板；（g）螺钉 M10×20；（h）固定钳身；（i）方块螺母；（j）活动钳身；（k）螺杆

（2）在建模之前对机用虎钳结构进行系统全面的分析，厘清机用虎钳的装配次序，考虑机用虎钳装配的先后关系。

（3）分析每部分建模的具体方法并进行建模。

（4）分析各个部分装配关系进行装配。

操作步骤

（1）固定钳身的建模。

1）点击“文件—新建—装配体”。完成如图 4-25 所示矩形的绘制，矩形的长度和宽度分别为 154、80。矩形进行倒角，倒角半径是 10。

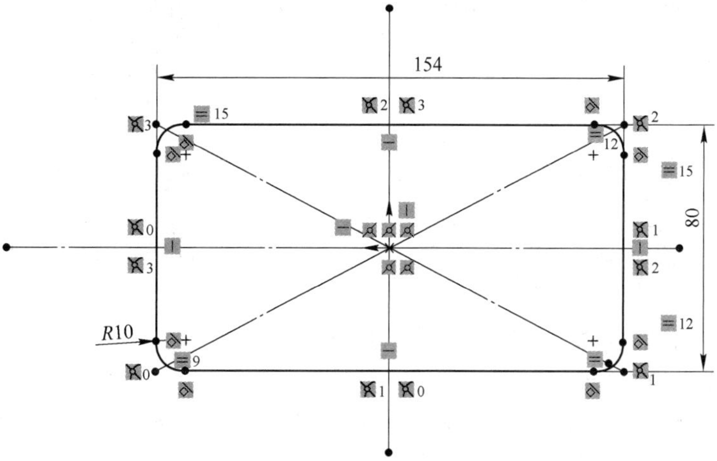

图 4-25　矩形草图

2）对以上结构进行实体拉伸，拉伸高度是 30。

3）绘制工字型槽，其中的尺寸如图 4-26 所示。进行拉伸切除，拉伸切除的深度是 16，完成工字型槽口的切除。

4）反向进行矩形切除，切除深度为打通，如图 4-27 所示。

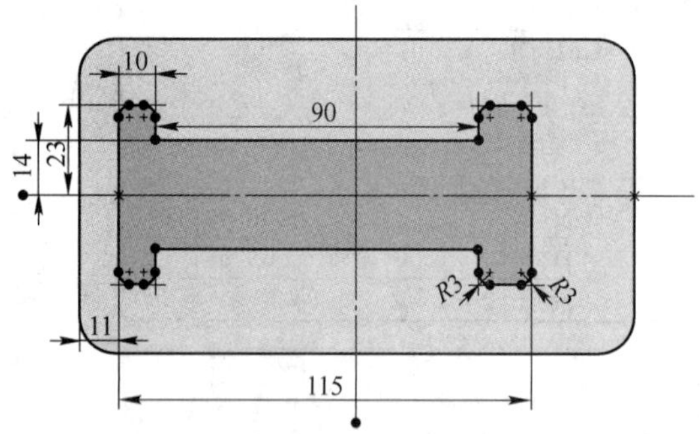

图 4-26　“工字”草图

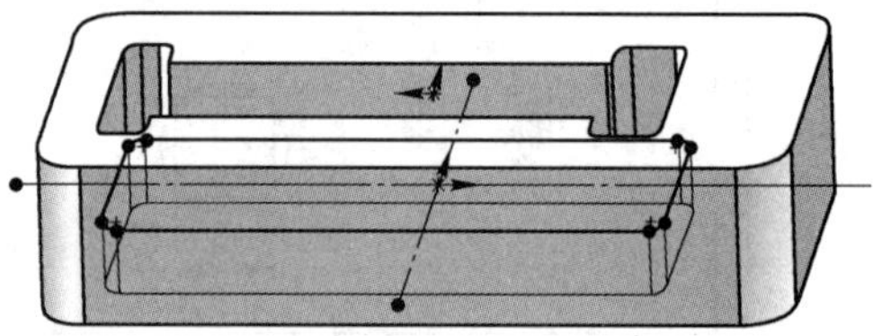

图 4-27　拉伸切除

5）绘制如图 4-28 所示结构，进行拉伸，从装配图及零件图中各个尺寸计算得机座的高度为 56，因此拉伸高度为 26。

6）完成一侧耳板的绘制，利用镜向特征完成另一半特征，如图 4-29 所示，之后完成拉伸模型的创建，拉伸的深度是 14。

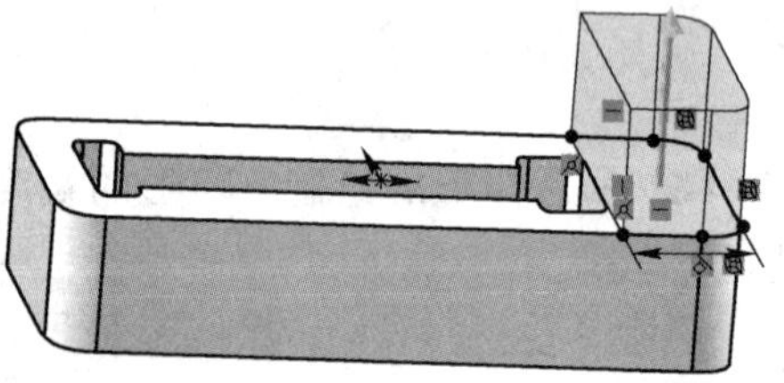

图 4-28　拉伸

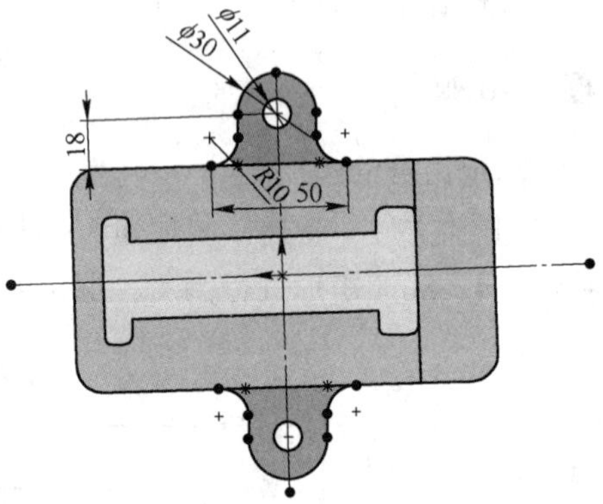

图 4-29　耳板的绘制

7）完成座体结构槽口的绘制，如图 4-30 所示，并进行拉伸切除，拉伸切除的深度为打通整个座体结构。

8）完成护口板切除部分结构的建模，如图 4-31 所示。

9）完成螺纹孔的绘制，点击“特征—异型孔向导”，出现如图 4-32 所示对话框。

10）完成座体上左边和右边孔的绘制，孔的直径和定位分别如图 4-33 所示。

11）座体的右边打孔如图 4-34 所示，直径为 30，切除深度是 2。

12）拉伸切除如图 4-35 所示结构，直径为 28，深度为 2。

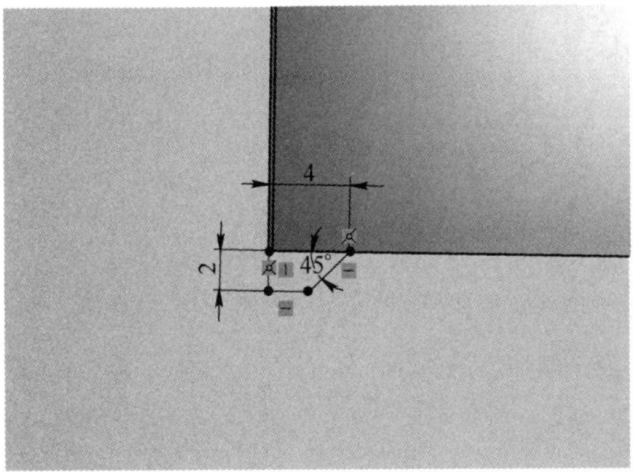

图 4-30　槽口草图

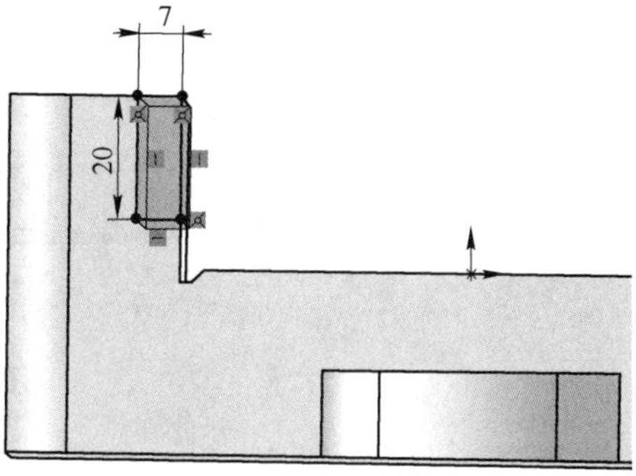

图 4-31　拉伸切除

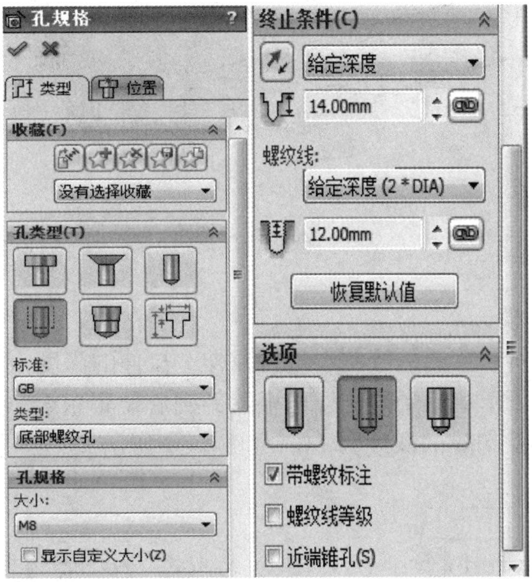

图 4-32　“异型孔向导”对话框

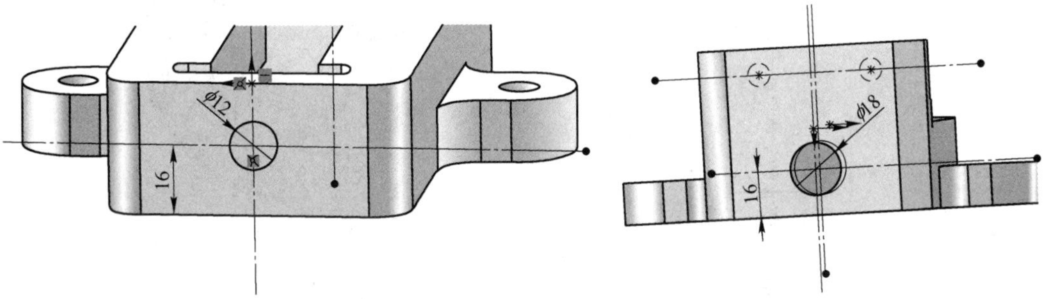

图 4-33　“异型孔向导”定位

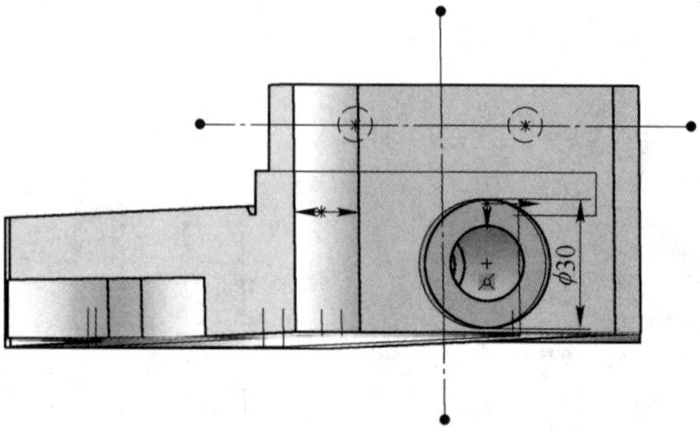

图 4-34　孔的绘制

图 4-35　拉伸切除

（2）滑动钳身的建模。

1）完成如图 4-36 所示草图的绘制，进行拉伸，拉伸的深度为 28。

2）完成如图 4-37 所示草图的绘制，两个圆的圆心位置重合，里面的圆的直径为 48。然后进行拉伸切除，拉伸切除的深度为 11，如图 4-37 所示。

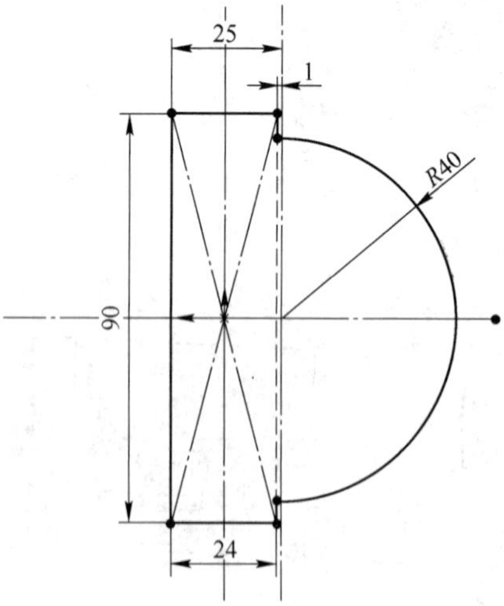

图 4-36　草图

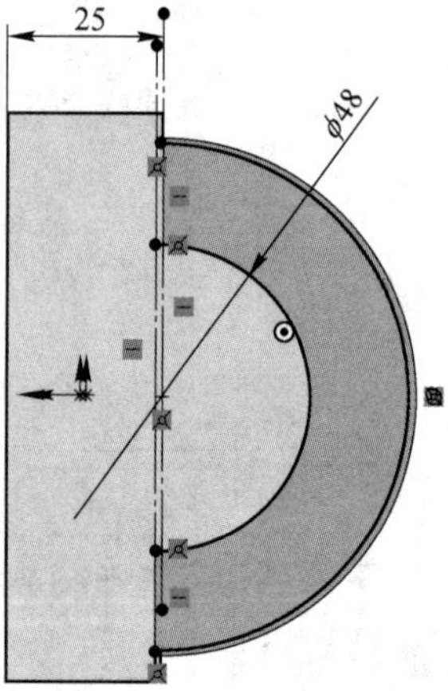

图 4-37　拉伸

3）进行中心孔的拉伸，拉伸深度为打通，草图如图 4-38 所示。

4）进行第二部分孔的绘制，孔的深度为 8，如图 4-39 所示。

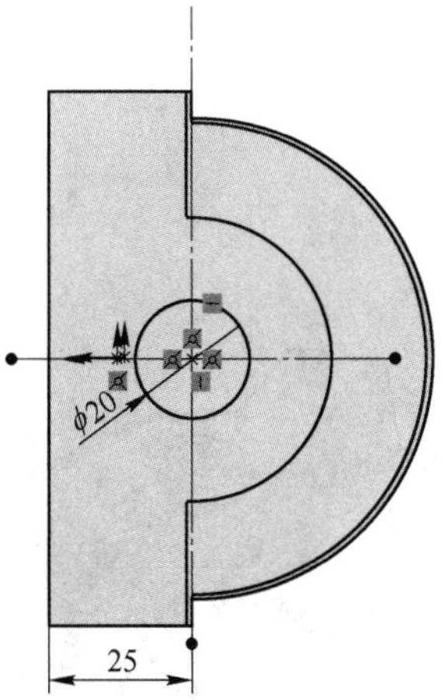

图 4-38　草图

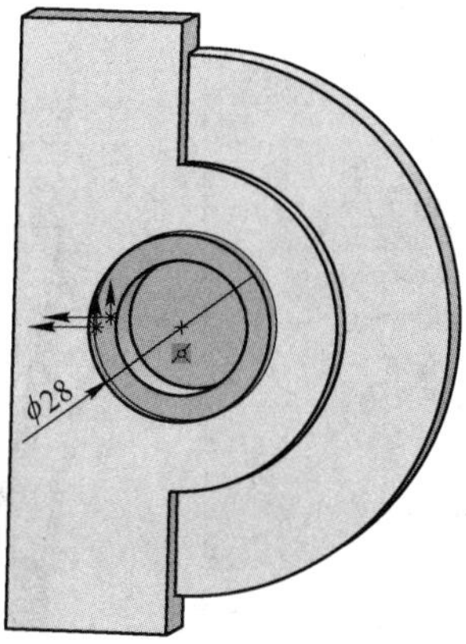

图 4-39　拉伸切除

5）滑动钳身护口板的定位部分的绘制，先绘制矩形，大小如图 4-40 所示，再完成护口板下部结构的绘制，如图 4-41 所示，拉伸厚度为 8。

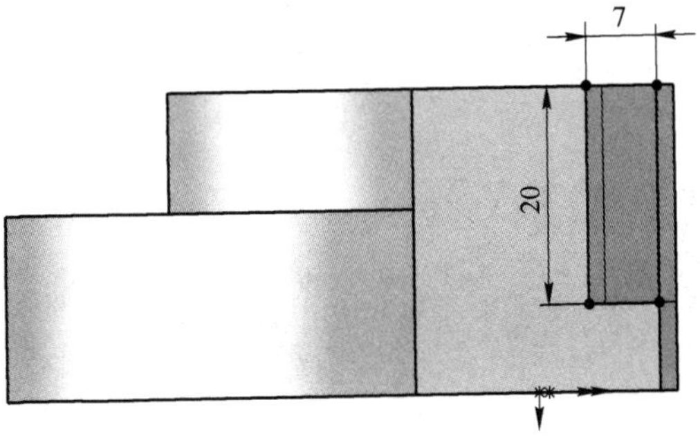

图 4-40　矩形草图

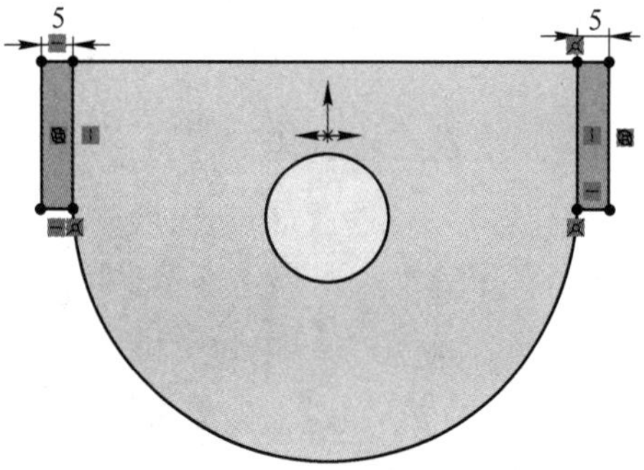

图 4-41　拉伸

6）在与护口板接触部分打螺纹孔，螺纹孔的位置如图 4-42 所示。

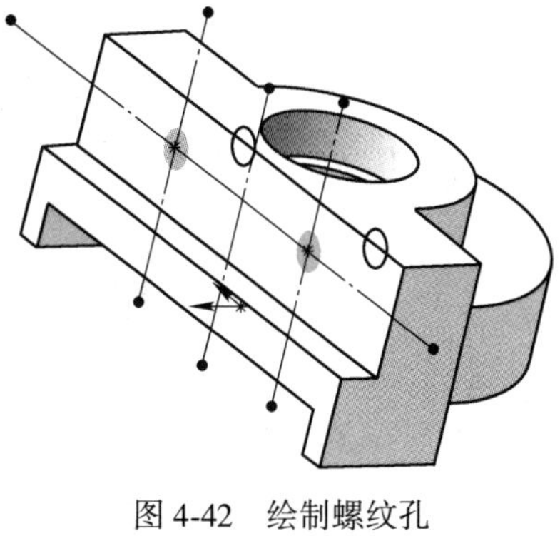

图 4-42　绘制螺纹孔

7）点击“圆角”命令，出现如图 4-43（a）所示对话框，选择图 4-43（b）所示边线进行倒圆角操作，设置倒角半径为 3。

完成以后的结构如图 4-44 所示。

（3）护口板的建模。

1）完成草图的绘制，长度和宽度分别为 80 和 22，拉伸的深度为 7，如图 4-45 所示。

2）在两个角上进行倒角绘制，倒完角绘制槽口形状，如图 4-46 所示，同时拉伸切除的长度设置为一个较大的值，这样在后续阵列过程中就不会出现阵列区域较短的问题。

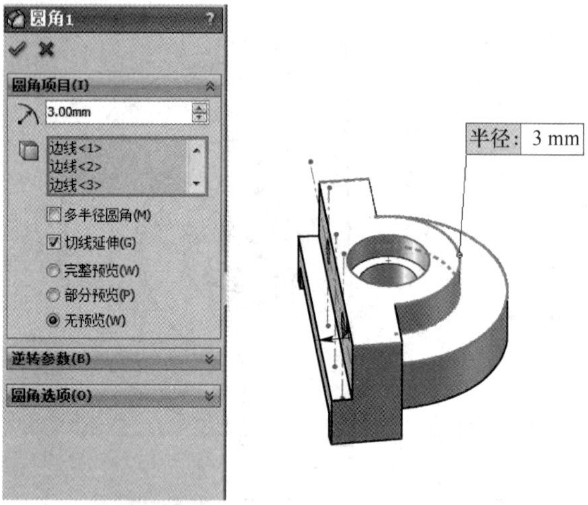

(a)　　(b)

图 4-43　倒圆角

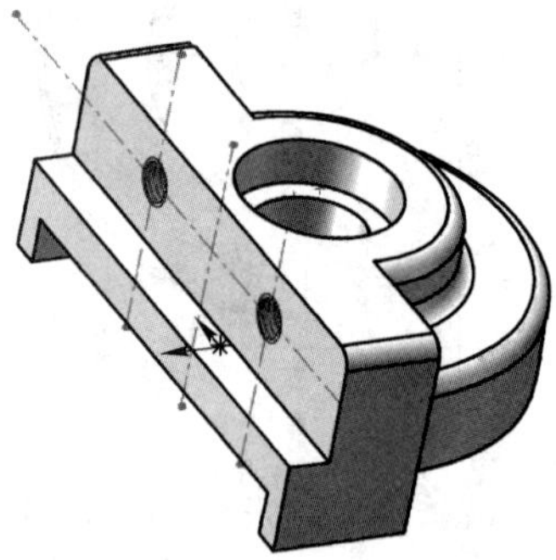

图 4-44　活动钳身模型

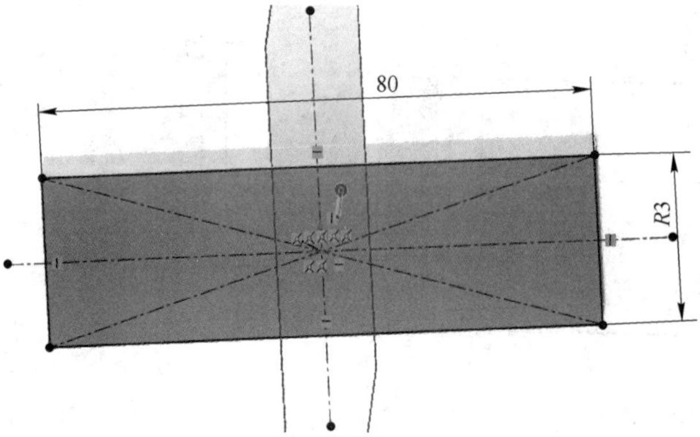

图 4-45　外形的建模

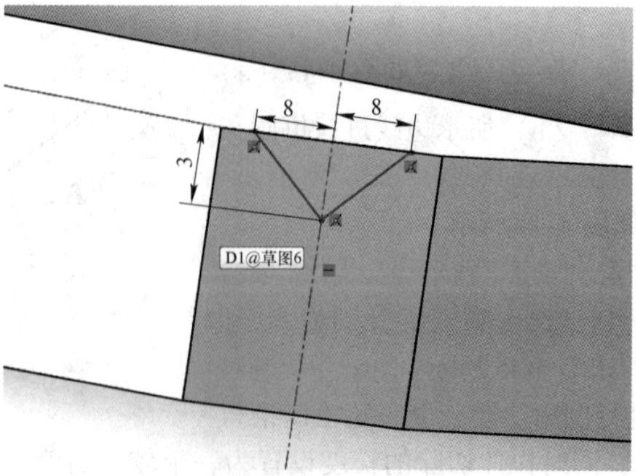

图 4-46　槽口的草图（以底为 16，高为 8 为例）

3）分别往右与往左阵列，得到如图 4-47 所示阵列特征。

图 4-47　阵列特征

4）同时对另外一边进行拉伸切除，得到如图 4-48 所示特征。

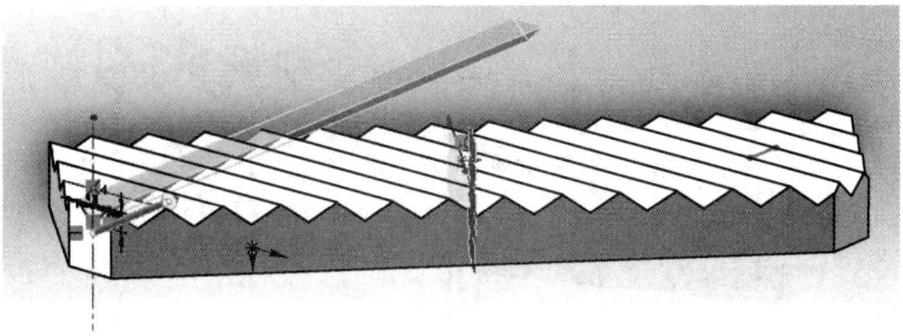

图 4-48　拉伸切除

5）同样的方式阵列得到如图 4-49 所示图形。

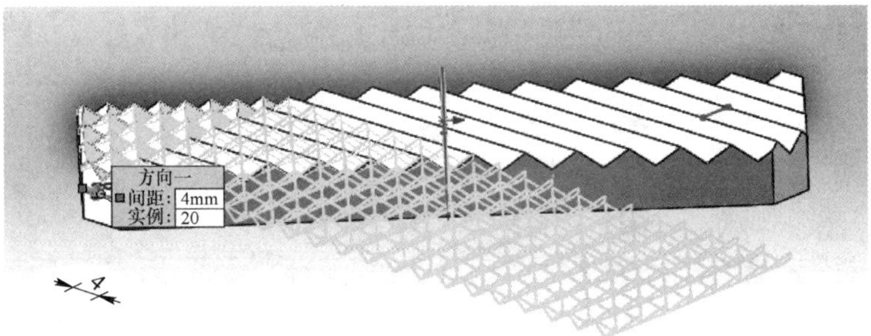

图 4-49　另一边的阵列

6）绘制如图 4-50 所示孔的结构，进行旋转切除得到如图 4-50 所示的形状。

7）通过镜向方式完成另一边孔的绘制，完成护口板的绘制，如图 4-51 所示。

其余零部件可以按照相应的图纸依次绘制。

（4）最后完成各个零部件的装配。注意：图 4-23 所示结构为键销的配合形式，结构类似，但尺寸稍有不同。

1）点击“文件—新建—gb_ assembly”，新建装配体文件，如图 4-52 所示。

2）点击“插入-零部件-现有零件/装配体”，如图 4-53 所示。

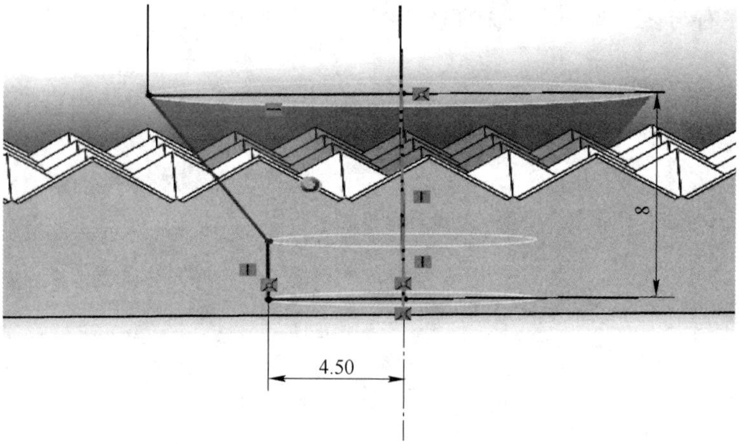

图 4-50　“旋转切除”特征

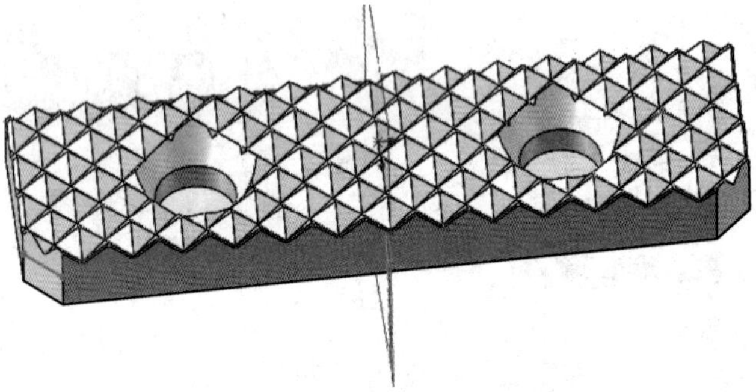

图 4-51　“镜向”特征

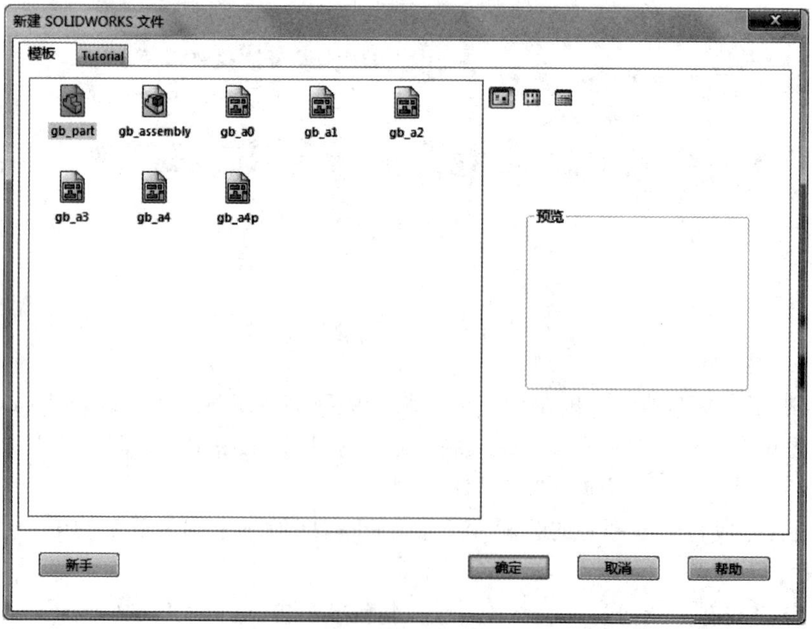

图 4-52　新建文件

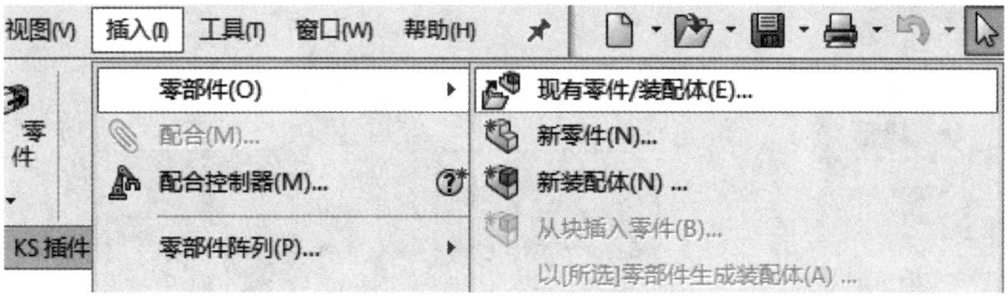

图 4-53　插入现有零部件

3）在窗口的左侧出现如图 4-54（a）所示对话框，点击“浏览”，找到零件所在的文件夹，选择“固定钳身”，如图 4-54（b）所示。

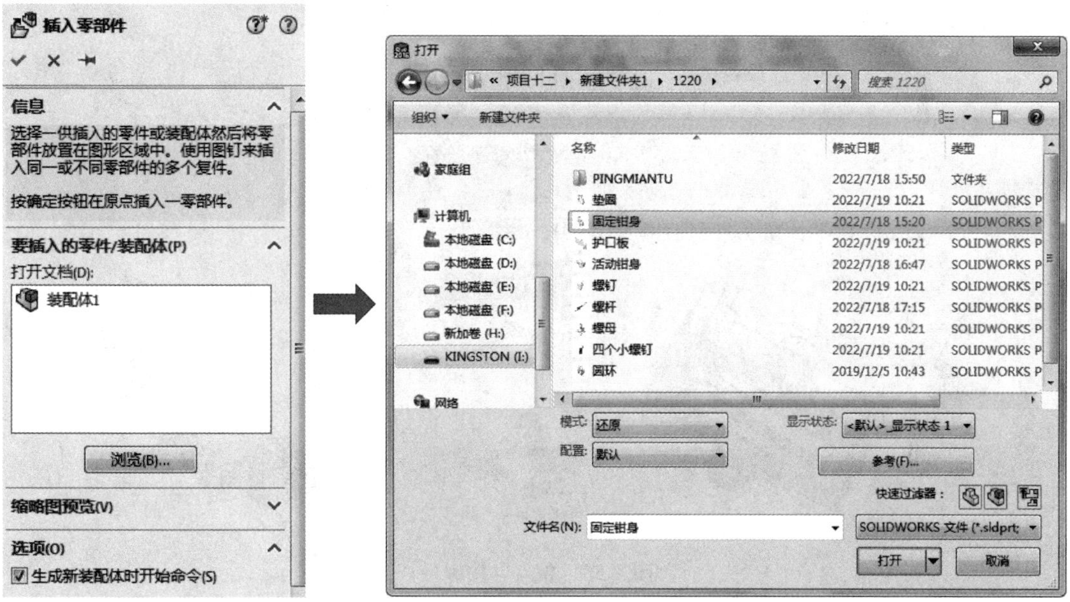

(a)　　　　(b)

图 4-54　插入固定钳身

4）点击“打开”，在装配界面出现如图 4-55 所示的固定钳身，第一个导入的零件为固定的零件。在绘图区点击鼠标左键，固定钳身就导入该装配体中。之后其他的零件以同样的方式导入。

5）以同样的方式导入方块螺母，根据固定钳身和方块螺母的装配关系进行装配。点击“配合”命令，出现如图 4-56 所示窗口，选择螺母和座体的两个圆孔进行同轴心的配合。

6）点击“配合”，选择座体平面和方块螺母平面，设置这两个平面平行，如图 4-57 所示。

7）方块螺母的位置随着两块护口板之间距离的改变而改变。选择“移动零部件”命令，如图 4-58 所示零部件的位置会随着鼠标的移动而平行移动。

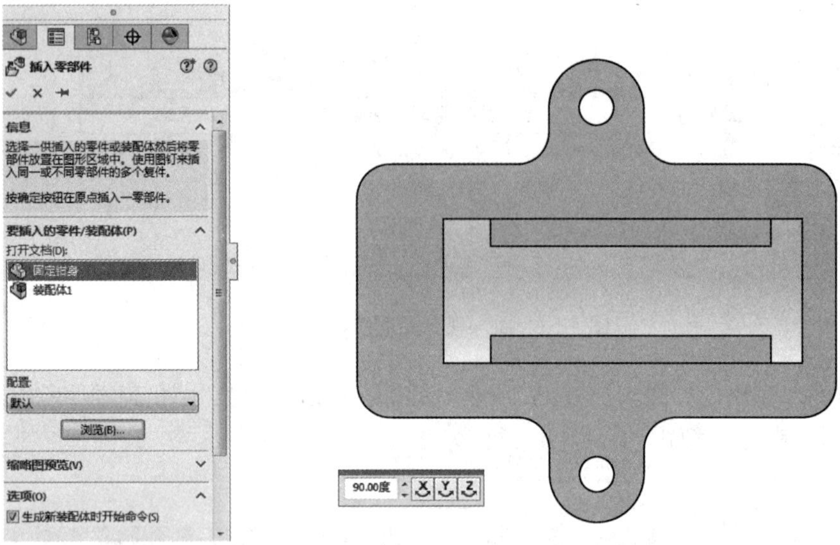

图 4-55　导入固定钳身

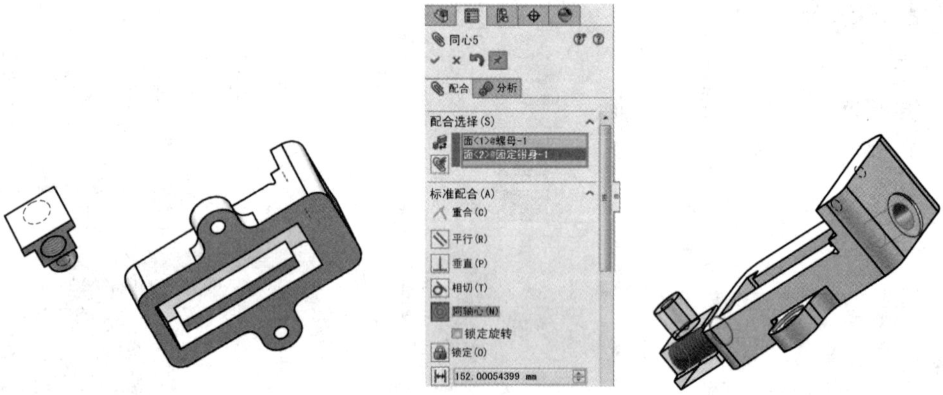

图 4-56　导入方块螺母

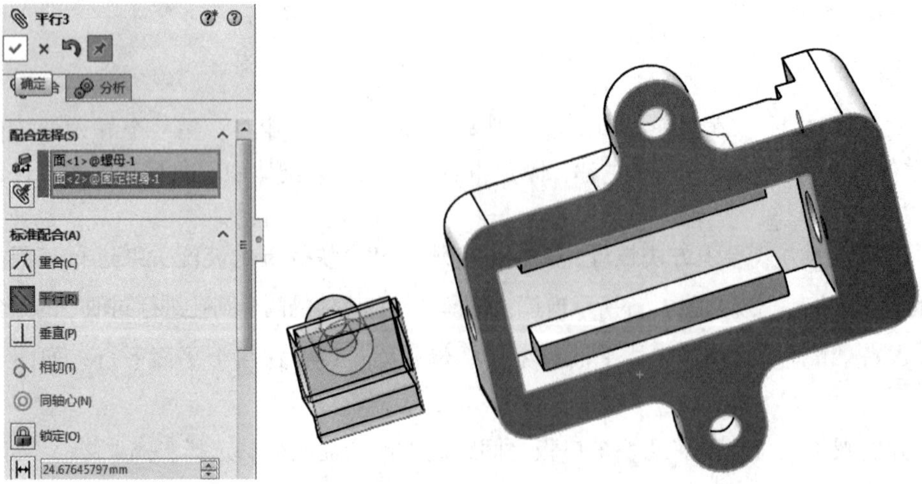

图 4-57　“平行”装配

图 4-58　“平移”装配

8）导入螺杆之前，先导入垫片，设置相应的两个配合关系，如图 4-59 所示。

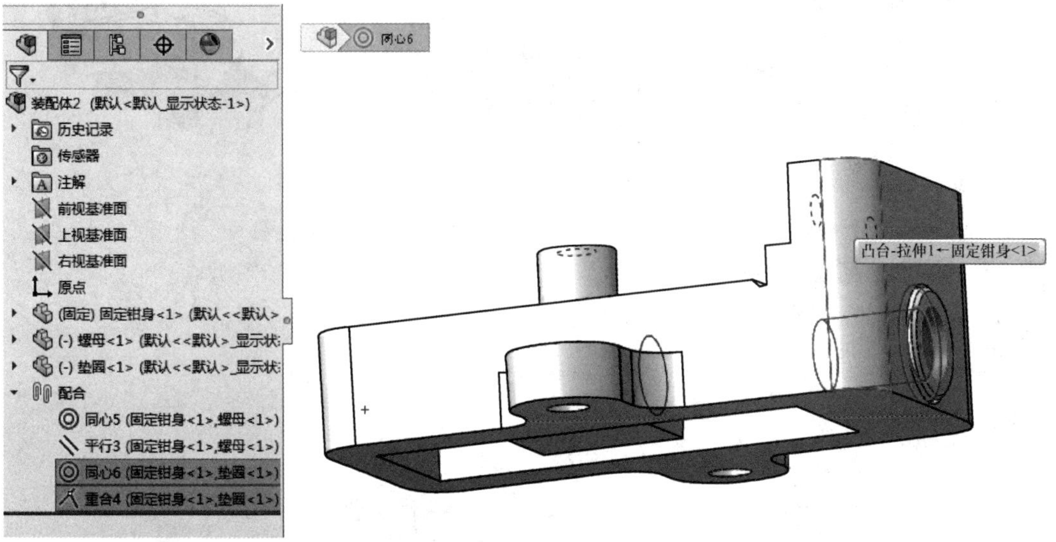

图 4-59　垫片装配

9）导入螺杆的装配，也是两个配合关系，装配结束如图 4-60 所示。

10）导入滑动钳身，设置两圆同心，两个侧面平行，同时两个面重合，如图 4-61 所示。

11）导入螺钉，完成装配，如图 4-62 所示。

12）导入护口板，护口板和钳身的配合关系有三个，分别为下端面、结合面、孔的配合，如图 4-63 所示。以同样的配合方式完成另外一块护口板的配合。

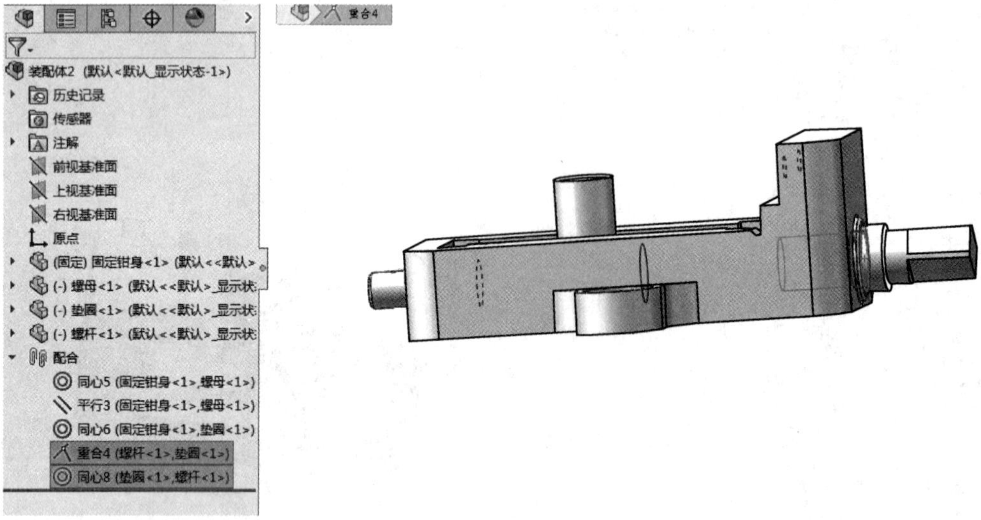

图 4-60　螺杆装配

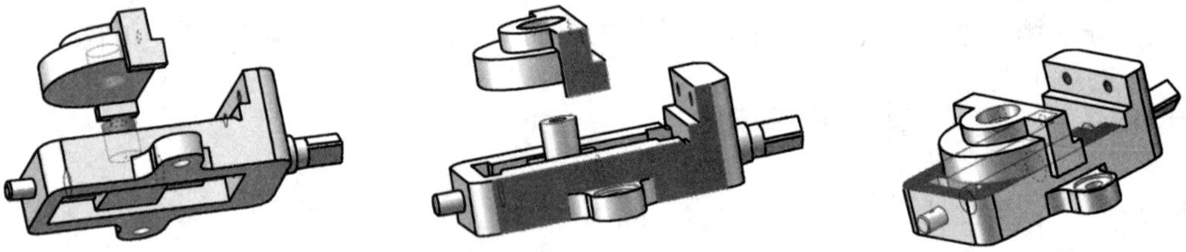

图 4-61　滑动钳身装配

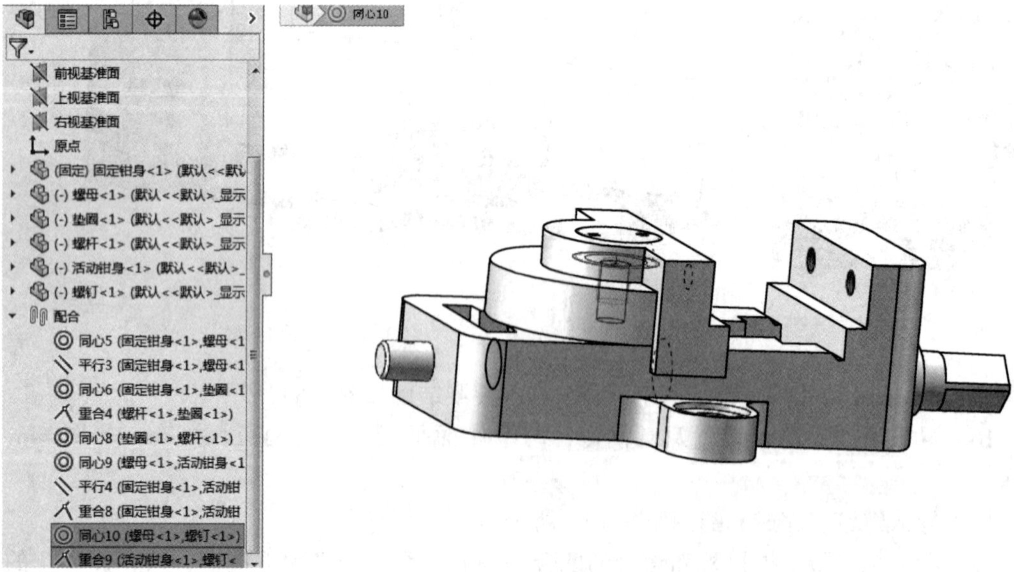

图 4-62　螺钉装配

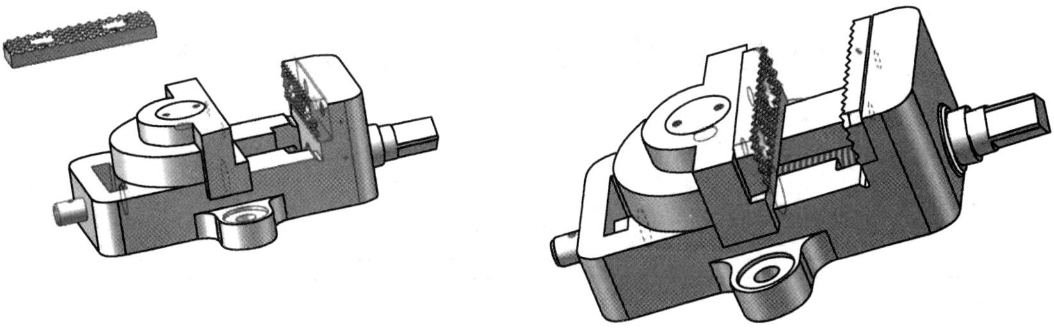

图 4-63　护口板装配

13）接下来是标准件的调用，在 SolidWorks 中，标准件可以从 Toolbox 零件库里面调用，如图 4-64 所示。首先调用护口板与座体的装配螺钉，在窗口右侧点击设计库，选择合适的装配螺钉进行装配。标准件的调用具体步骤参考案例 4-3。

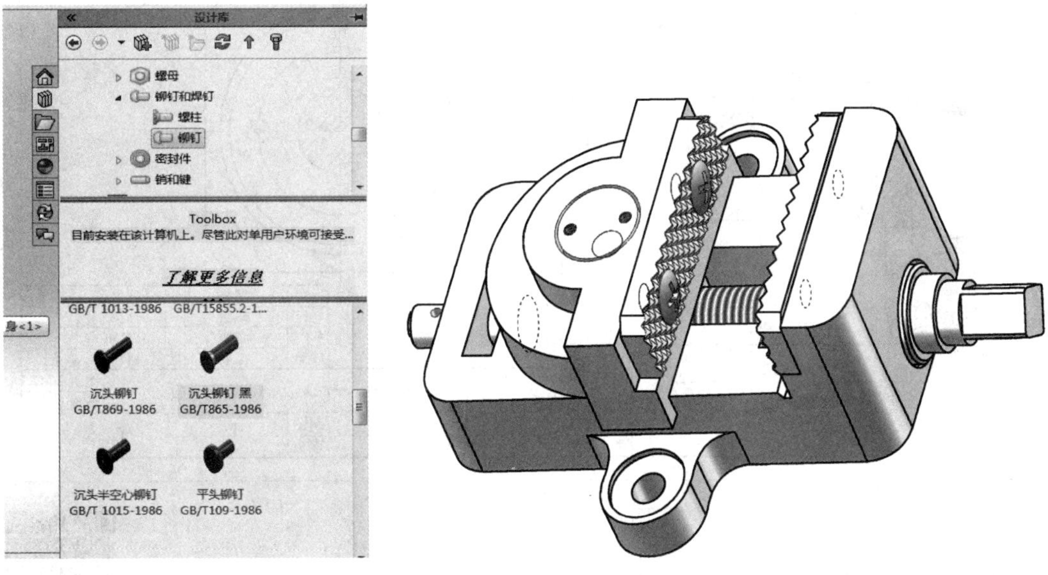

图 4-64　标准件螺钉的调用

14）从 Toolbox 零件库里面调用相关的垫片和螺母完成结构的装配。完成后的装配体如图 4-65 所示。

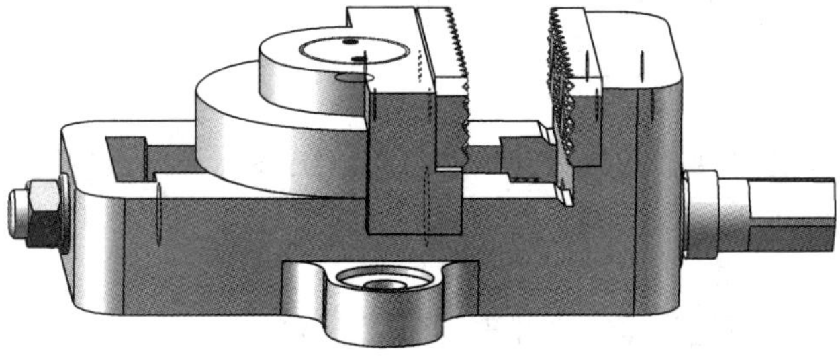

图 4-65　机用虎钳装配体

任务 4.3　千斤顶主要零件的建模与装配案例

案例引入

案例 4-5　完成如图 4-66 所示千斤顶的建模与装配。千斤顶各个零件如图 4-67 所示。

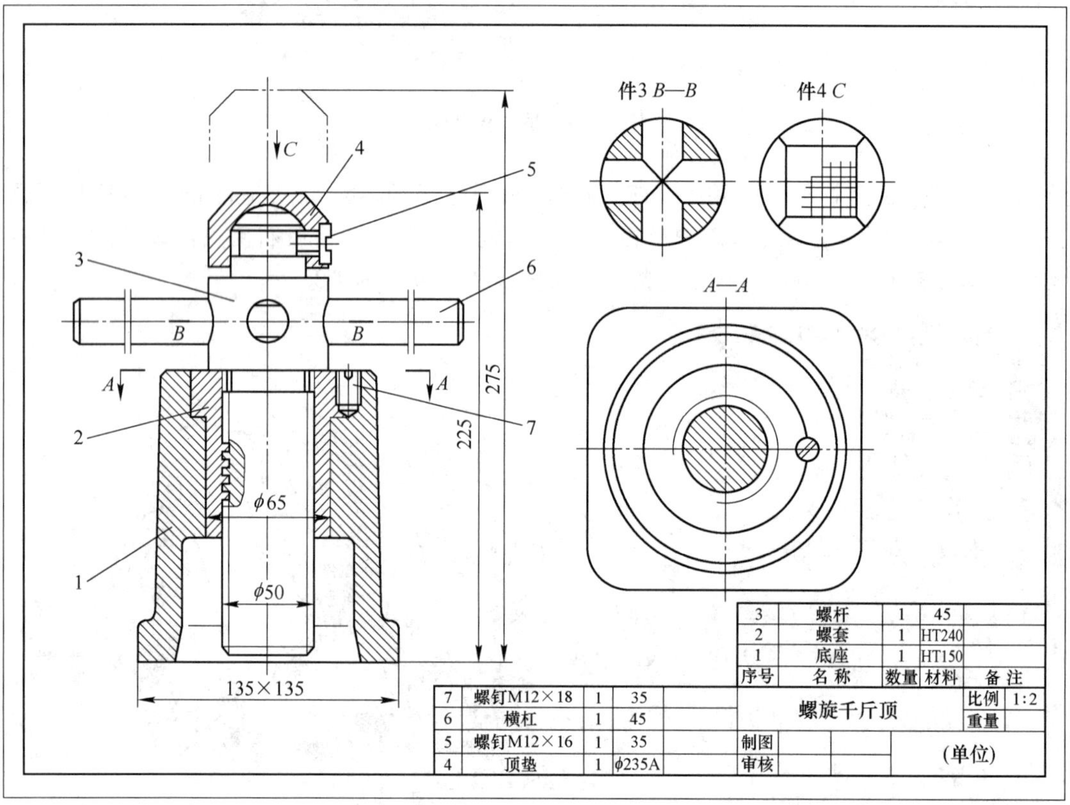

图 4-66　千斤顶装配图

视频　千斤顶装配

任务描述

（1）完成千斤顶装配体基本图纸的识读。

（2）完成千斤顶模型建模前零件的绘制。

（3）在 SolidWorks 中完成该装配体的装配。

任务分析

（1）分析图纸中各个视图的特点与尺寸，想象出整个千斤顶装配体模型。

（2）在建模之前对千斤顶结构进行系统全面的分析，厘清千斤顶的装配次序，考虑千斤顶装配的先后关系。

（3）分析每部分建模的具体方法并进行建模。

（4）分析各个部分装配关系进行装配。

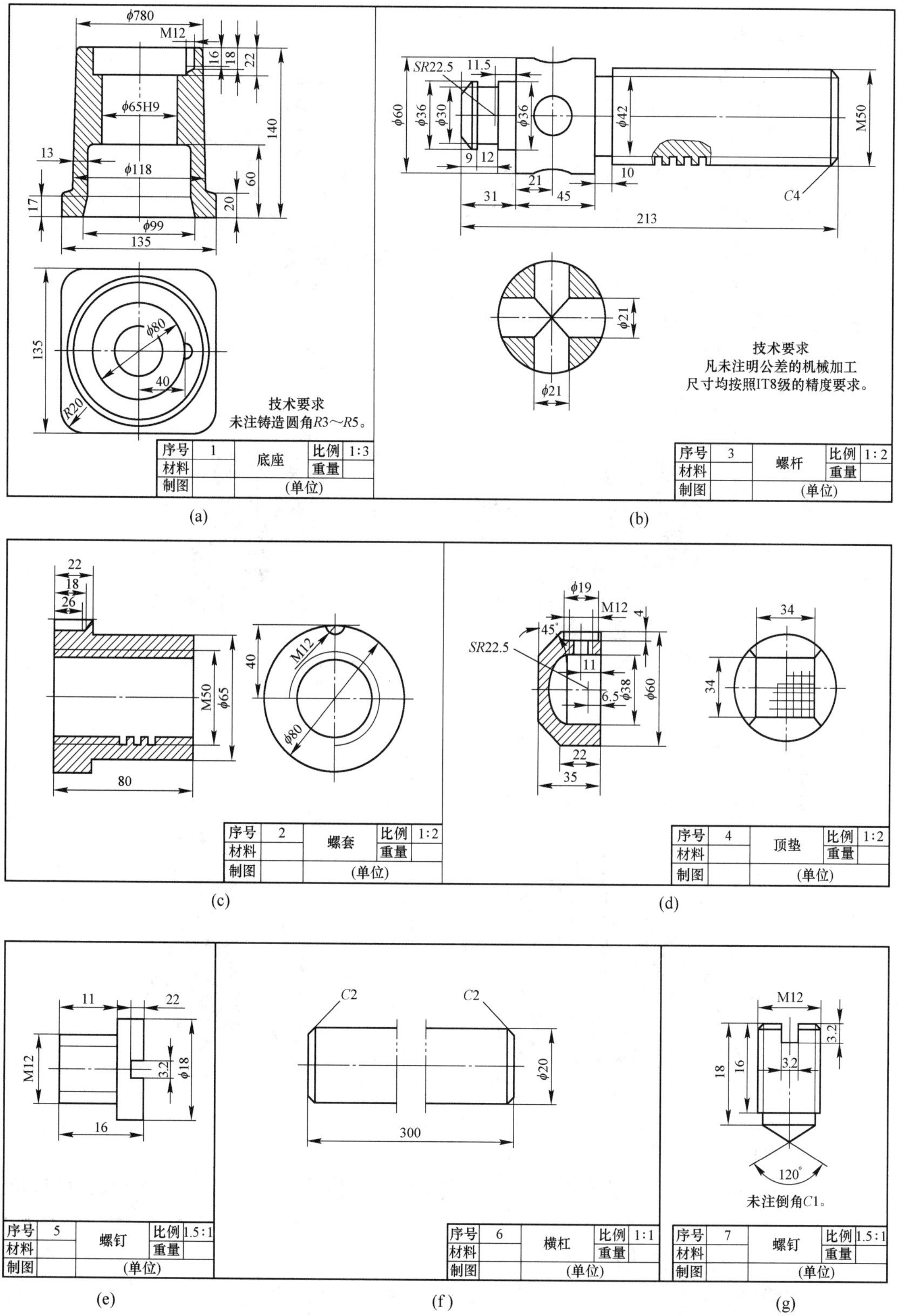

图 4-67　千斤顶各个零件图

(a) 底座；(b) 螺杆；(c) 螺套；(d) 顶垫；(e) 螺钉 5；(f) 横杠；(g) 螺钉 7

操作步骤

（1）底座的绘制。

1）完成底部结构的建模，如图 4-68 所示。

2）完成外部主体部分的旋转操作，之后进行旋转切除，对结构的内部特征进行建模，如图 4-69 所示。

3）基于项目 3 的零件特征完成孔的绘制，完成螺纹孔的绘制，如图 4-70 所示。

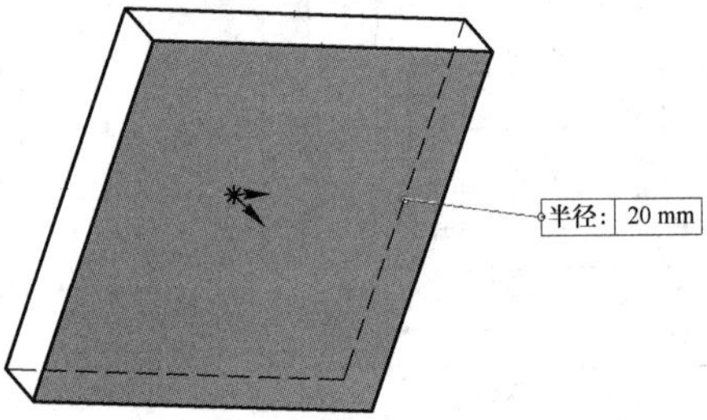

图 4-68　底部矩形模块

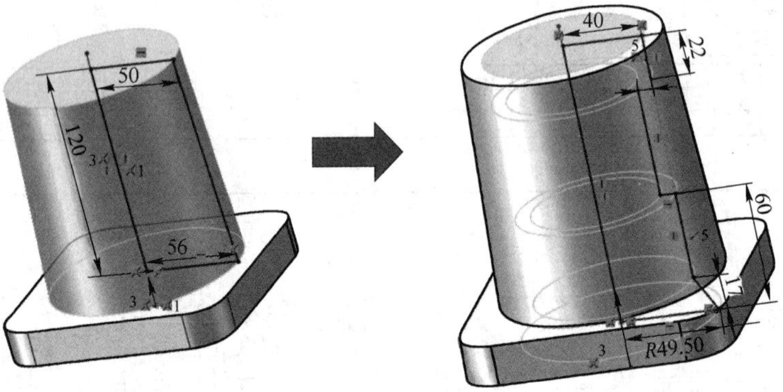

图 4-69　旋转及切除主体部分

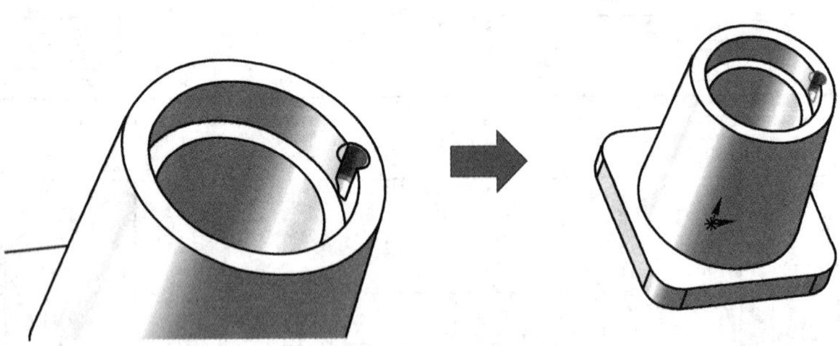

图 4-70　螺纹孔的绘制

（2）螺杆零件的绘制。

1）完成如图 4-71 所示草图的绘制，绘制时可以先估计大小，再画类似形状，最后定义尺寸。

2）旋转完成图形的建模，如图 4-72 所示。

3）做偏移的基准面，如图 4-73 所示，距上视基准面的距离为 30，在基准面上绘制圆形，进行打孔。

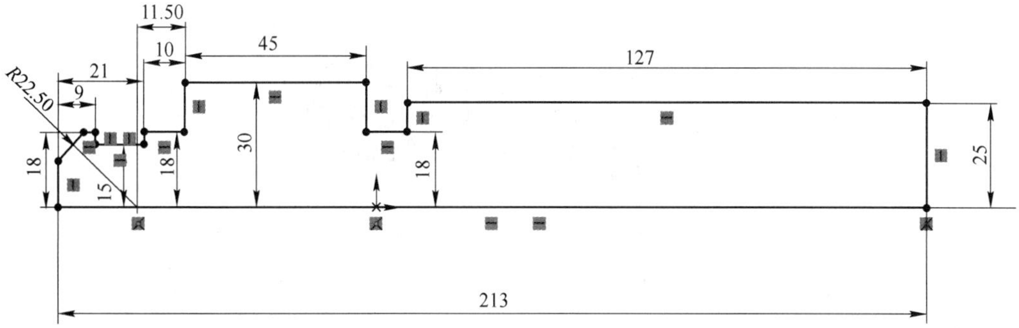

图 4-71　草图的绘制

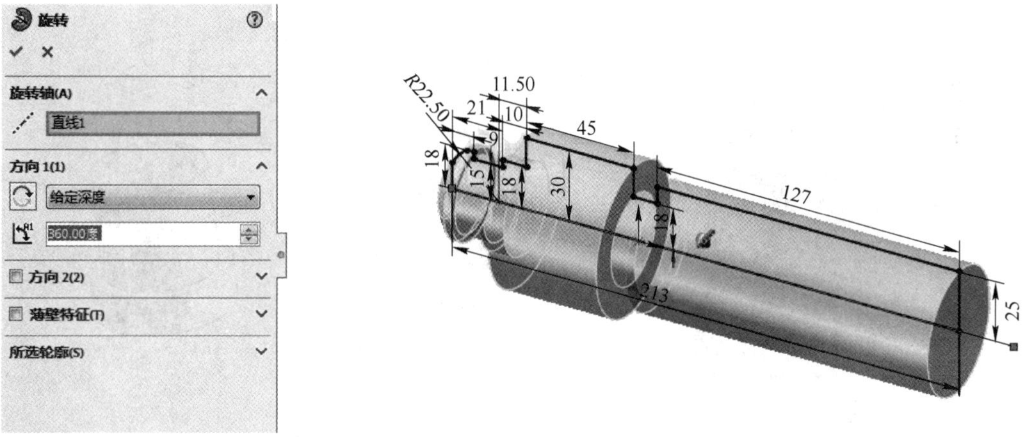

图 4-72　旋转模型

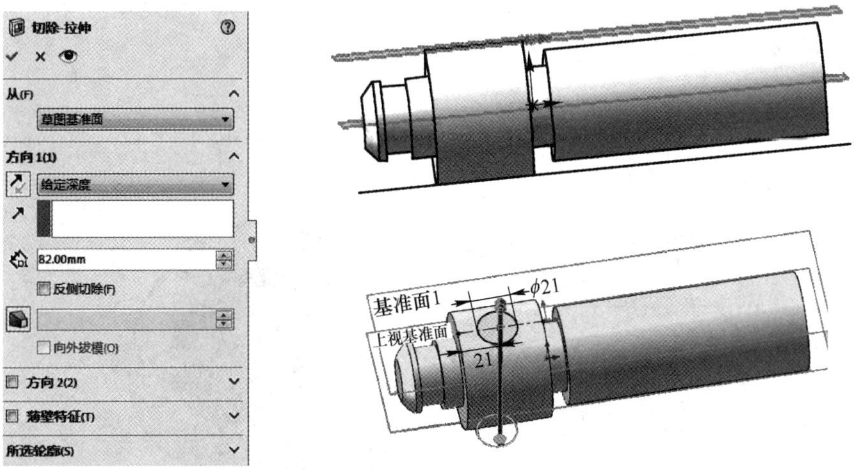

图 4-73　绘制圆孔

4）对螺杆的右侧进行倒直角操作，同时点击“插入—注解—装饰螺纹线”，进行螺杆上装饰螺纹线的绘制。完成后的螺杆如图 4-74 所示。

图 4-74　装饰螺纹线的绘制

（3）螺套的绘制。

1）新建草图完成旋转实体模型，如图 4-75 所示。

2）对实体模型进行拉伸切除，如图 4-76 所示。

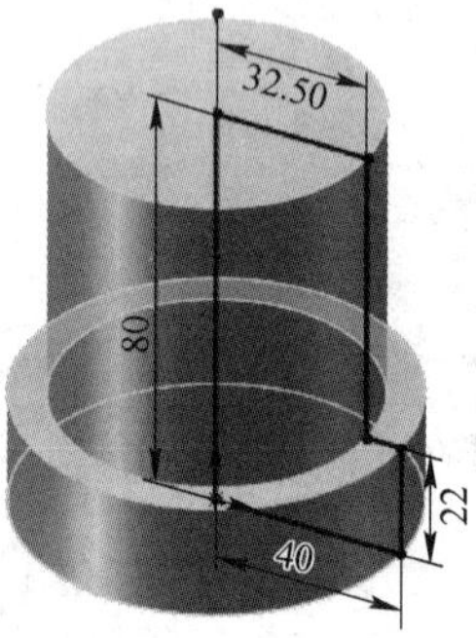

图 4-75　旋转模型

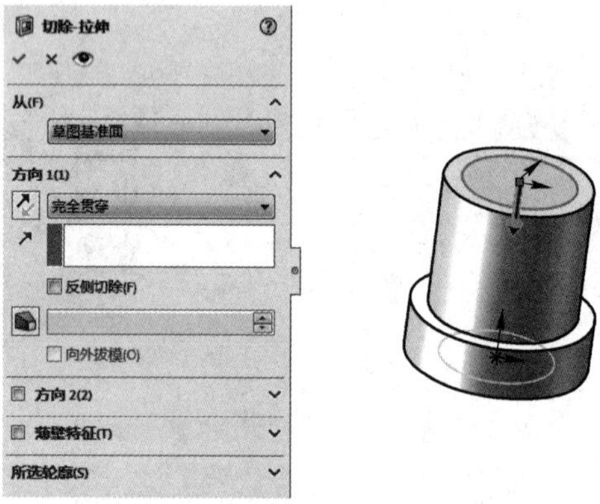

图 4-76　拉伸切除

3）利用“异型孔向导”命令进行孔的绘制，再点击“插入—注解—装饰螺纹线”，完成装饰螺纹线的绘制，如图 4-77 所示。

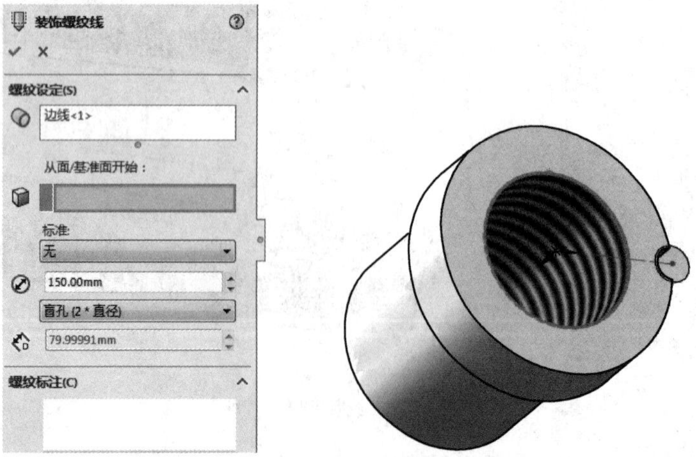

图 4-77　装饰螺纹线的绘制

（4）顶垫的建模。

1）绘制两个草图，分别为边长为 34 的正方形和直径为 60 的圆，草图间距为 13。进行放样实体操作，如图 4-78 所示。

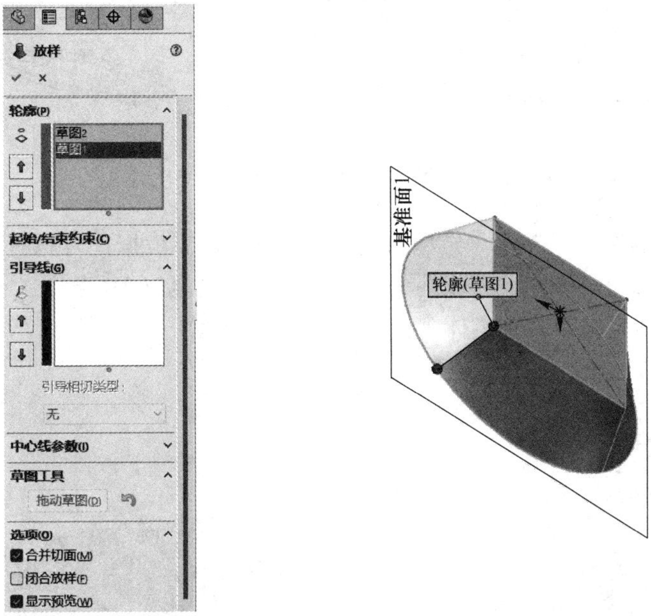

图 4-78　放样

2）完成底部圆柱的绘制，圆柱的高度为 22，直径为 60，完成后如图 4-79 所示。

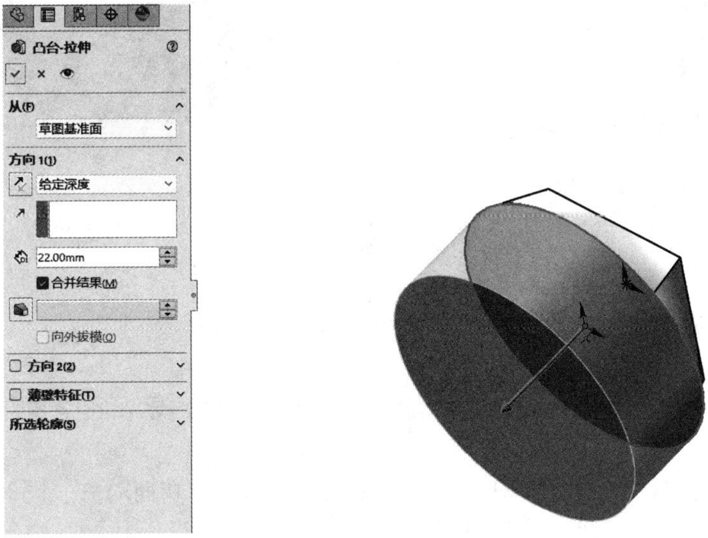

图 4-79　圆柱的建模

3）完成后进行内部的旋转切除，如图 4-80 所示。

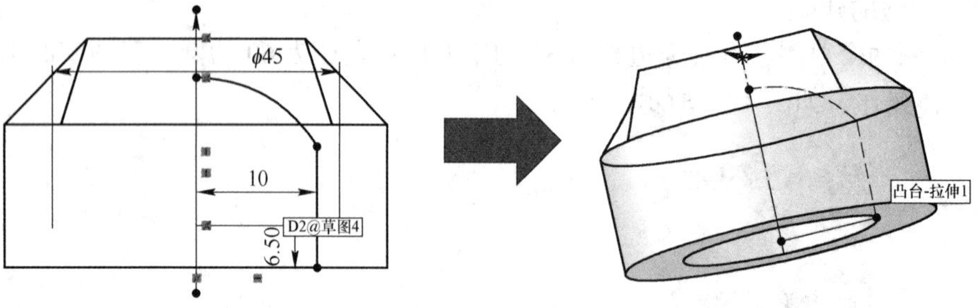

图 4-80　内部孔的建模

4）完成侧部打孔特征。选择“异型孔向导—阶梯孔”，根据尺寸选择相应孔的大小和深度，选择“成形到下一面”，完成孔的绘制；选择孔的定位 3D 草图，选择孔的位置，后期可以通过 3D 草图来修改孔的具体定位，如图 4-81 所示。

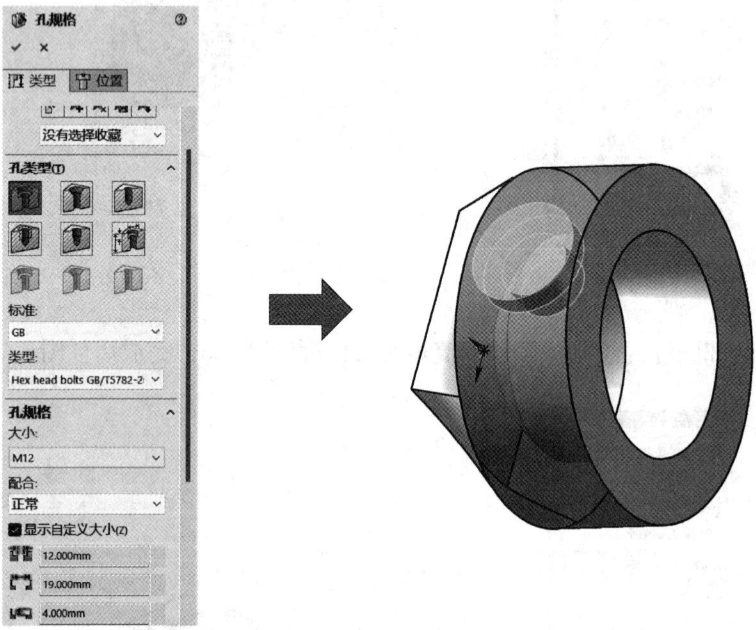

图 4-81　侧边孔的建模

5）通过镜向操作完成另一侧孔的绘制，如图 4-82 所示。

（5）装配千斤顶各个零部件。

1）按照装配的步骤，首先新建装配体，插入零部件，导入底座零部件，如图 4-83 所示。

2）导入螺套，与座体实现配合。配合关系为共轴和上端面对齐，同时螺纹对齐，如图 4-84 所示。

在配合过程中，如果轴与孔的配合是反向的，可以在窗口中点击 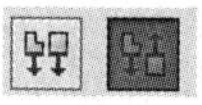，进行配合方向上的切换，如图 4-85 所示。

3）导入螺杆零部件，将螺杆与螺套进行装配，如图 4-86 所示。

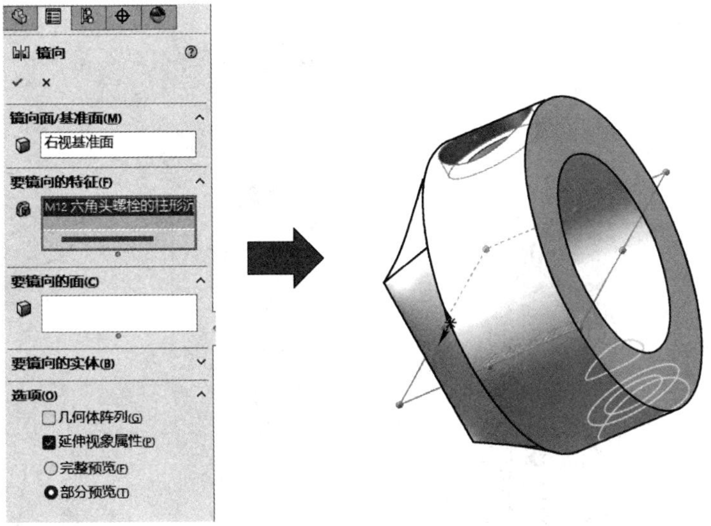

图 4-82　镜向孔

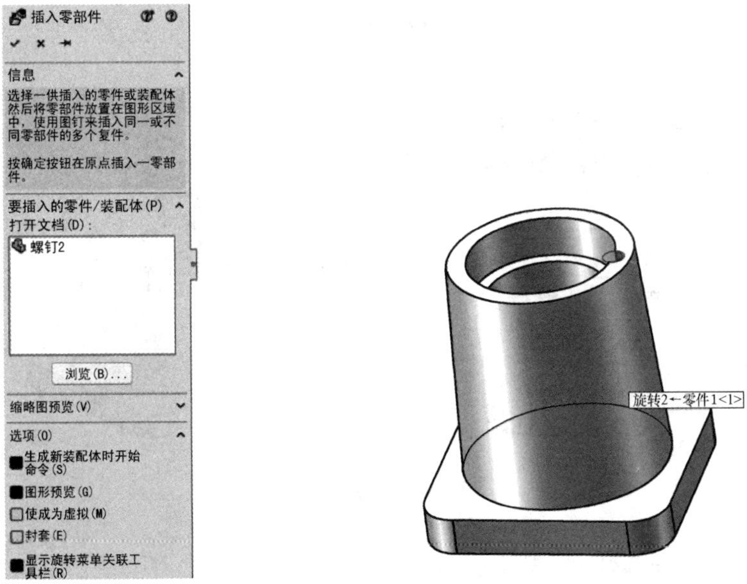

图 4-83　插入座体

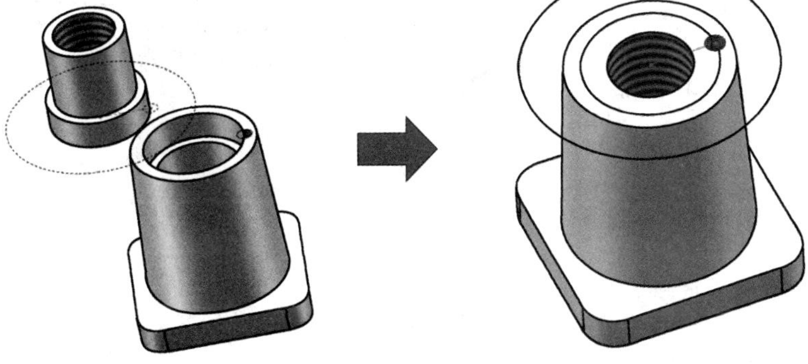

图 4-84　插入螺套

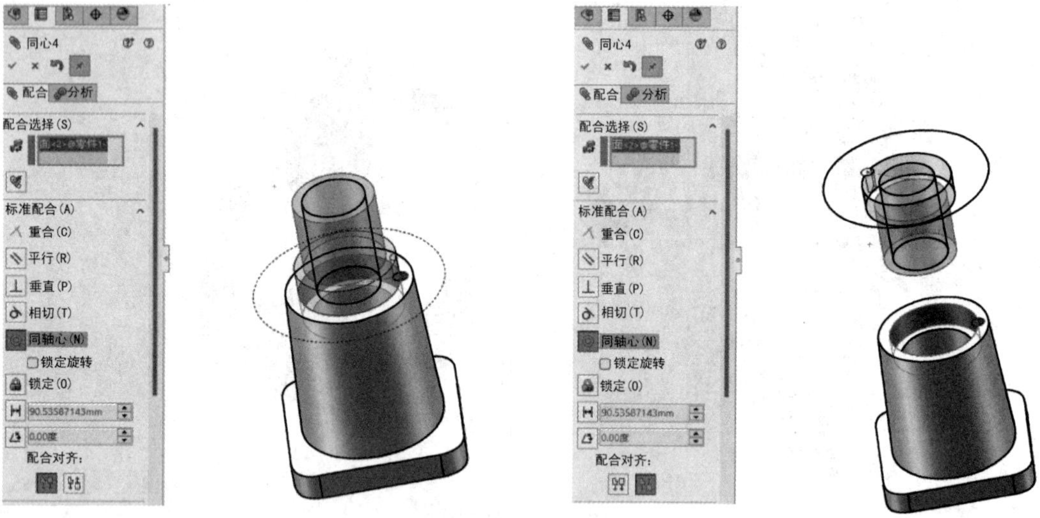

图 4-85　螺套的配合

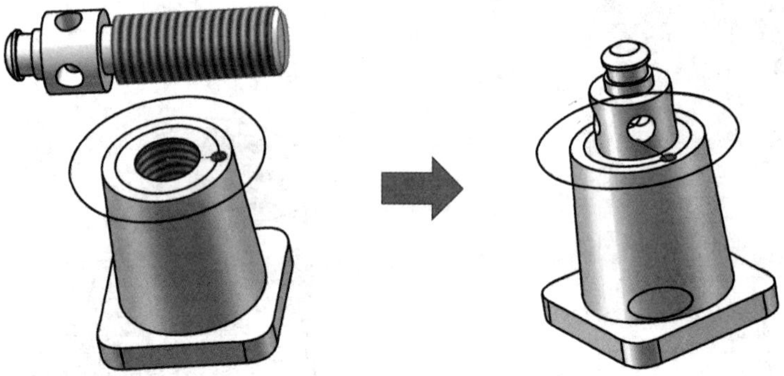

图 4-86　螺杆的配合

4）插入横杠，与螺杆进行配合，如图 4-87 所示。

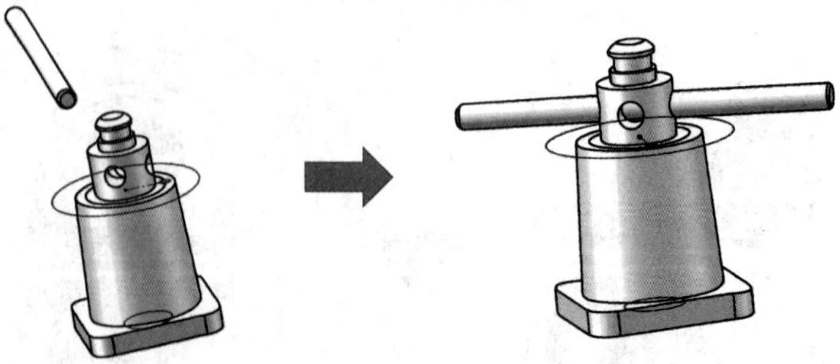

图 4-87　横杆的配合

5）插入螺钉，将底座和螺套固定，如图 4-88 所示。

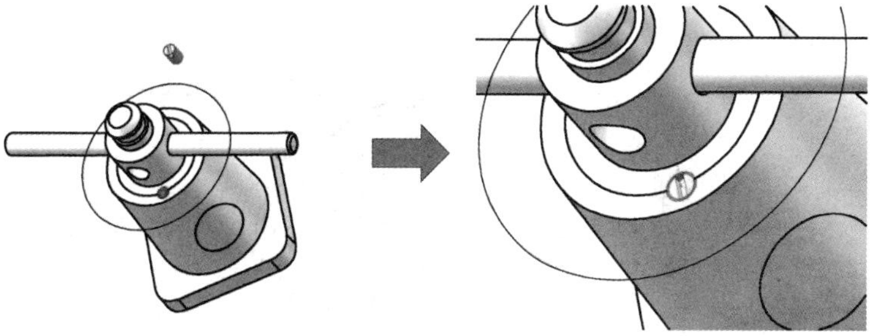

图 4-88　螺钉的配合

6）对顶盖零件进行固定，顶盖与轴顶端的配合为顶盖与轴上的两个球面重合，如图 4-89 所示。

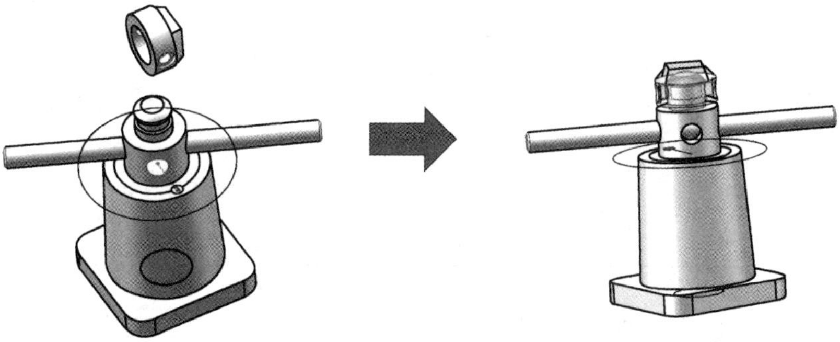

图 4-89　顶盖的配合

7）导入顶盖两侧的螺钉并装配，最后完成该装配体的装配，如图 4-90 所示。

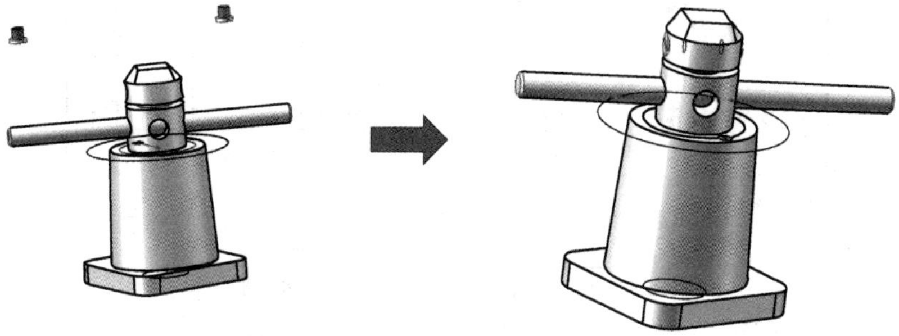

图 4-90　完成后的装配体

练　习

完成图 4-91 和图 4-92 所示装配体的绘制。

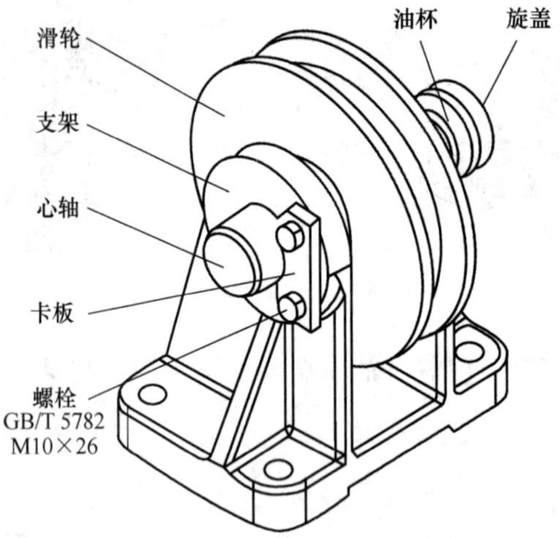
滑轮
支架
心轴
卡板
螺栓
GB/T 5782
M10×26
油杯
旋盖

(a)

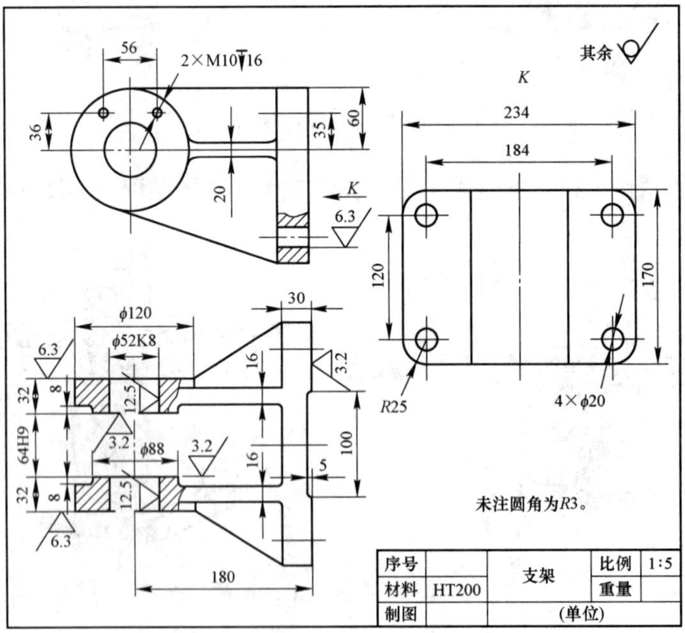
其余
K
2×M10▼16
未注圆角为R3。
序号
材料
HT200
制图
支架
比例
1:5
重量
(单位)

(b)

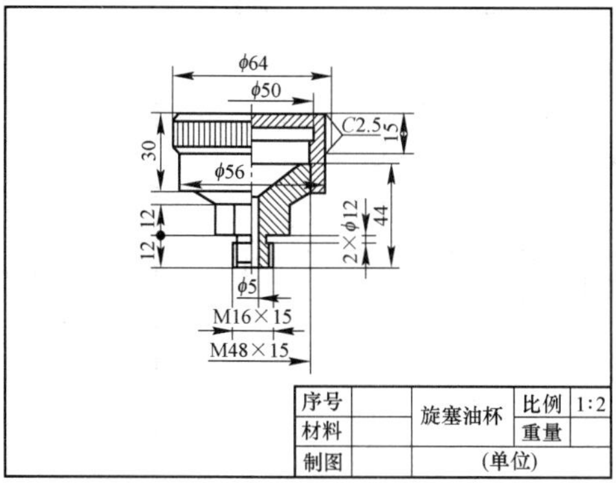

(c)

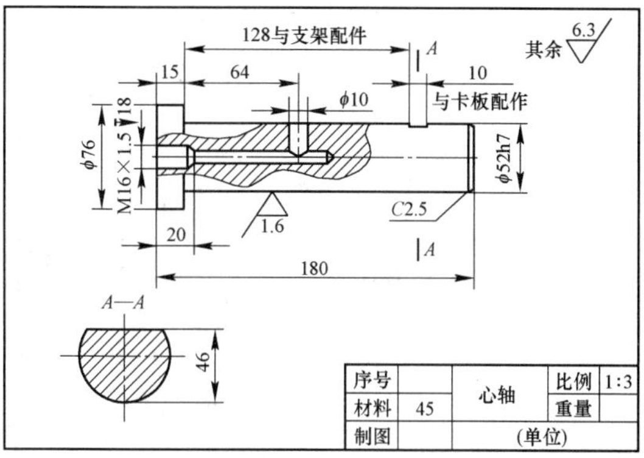

(d)

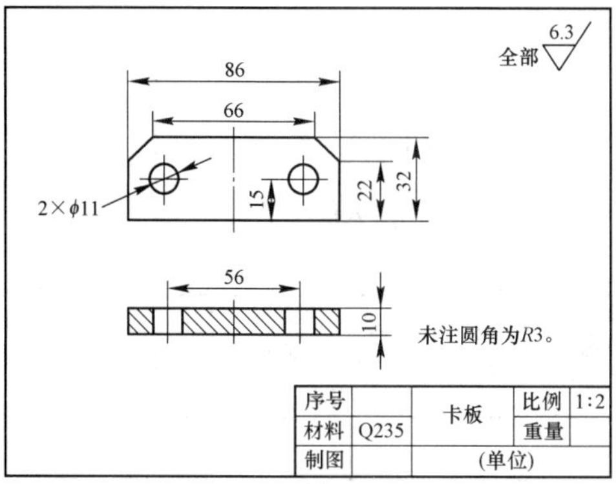

(e)

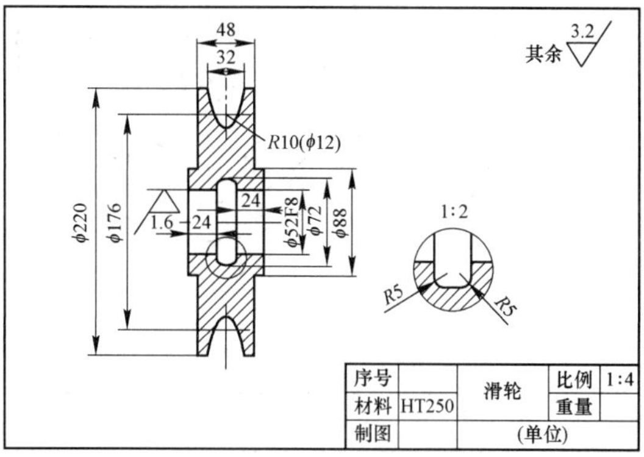

(f)

图 4-91　练习 1

(a) 装配体；(b) 支架；(c) 旋塞油杯；(d) 心轴；(e) 卡板；(f) 滑轮

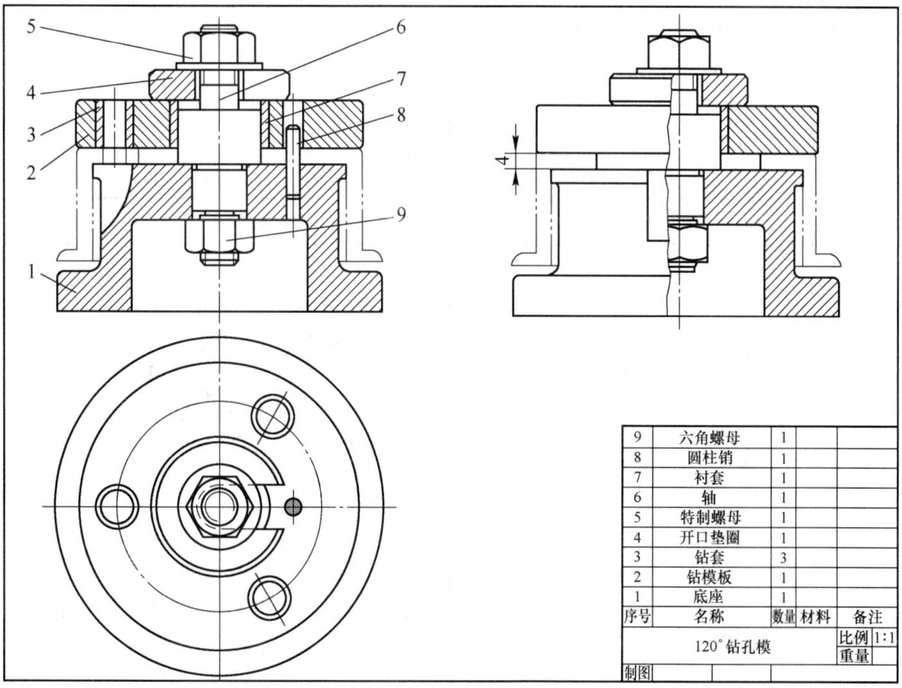

(a)

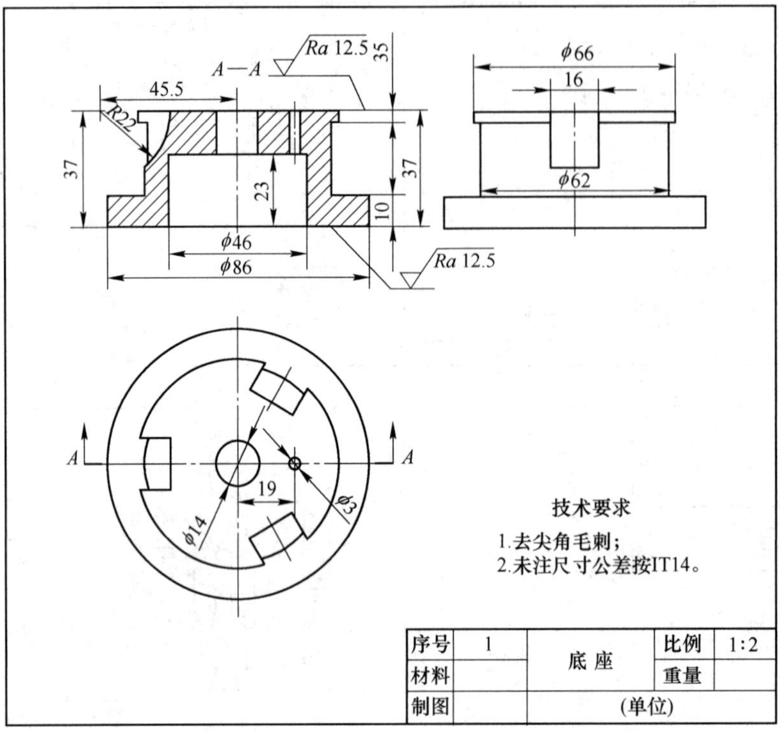
A—A
Ra 12.5
35
45.5
R22
37
23
37
10
φ46
φ86
Ra 12.5
φ66
16
φ62
A
A
19
φ3
φ14
技术要求
1.去尖角毛刺;
2.未注尺寸公差按IT14。
序号 1
底 座
比例 1:2
材料
重量
制图
(单位)

(b)

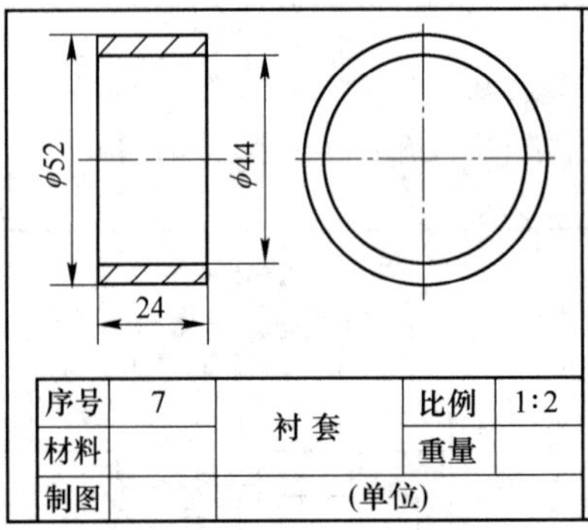
φ52
φ44
24
序号 7
衬 套
比例 1:2
材料
重量
制图
(单位)

(c)

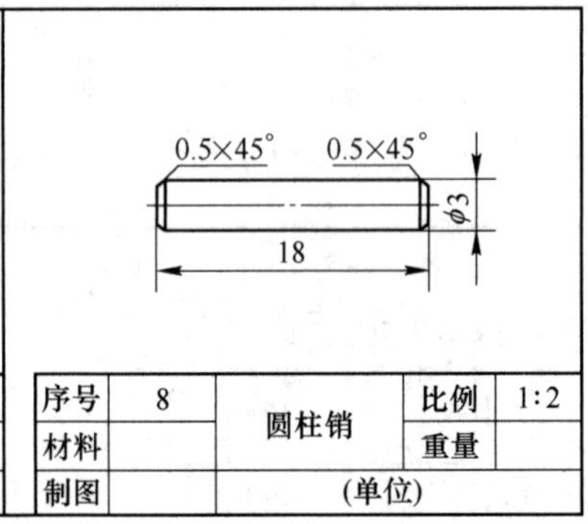
0.5×45°
0.5×45°
φ3
18
序号 8
圆柱销
比例 1:2
材料
重量
制图
(单位)

(d)

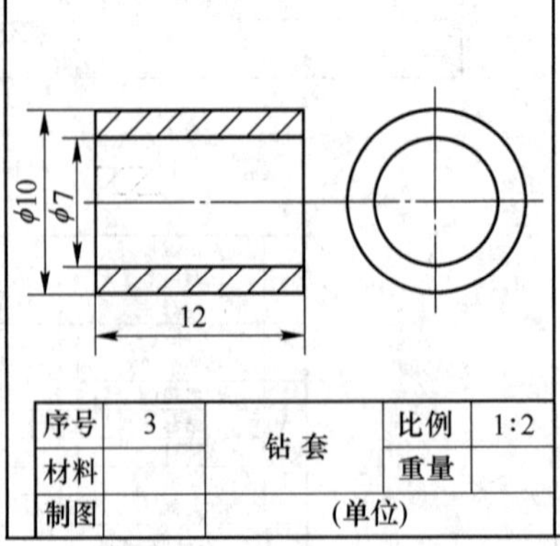
φ10
φ7
12
序号 3
钻 套
比例 1:2
材料
重量
制图
(单位)

(e)

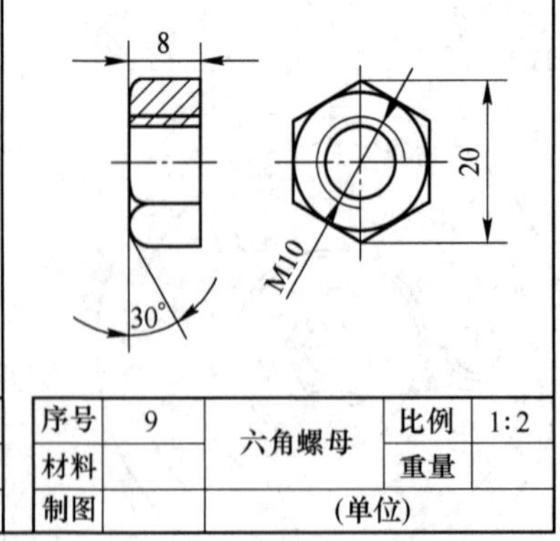
8
20
M10
30°
序号 9
六角螺母
比例 1:2
材料
重量
制图
(单位)

(f)

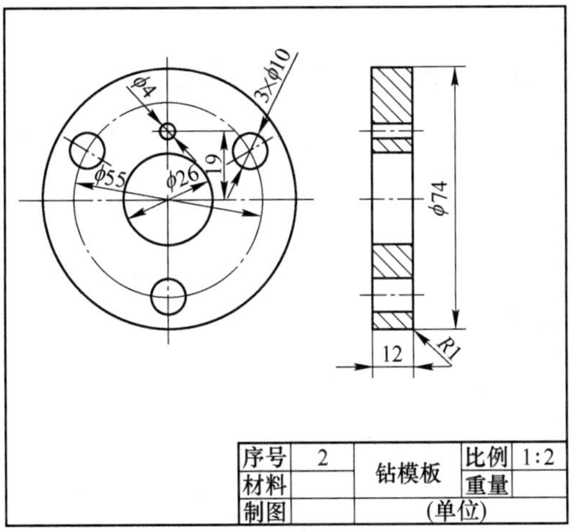

(g)

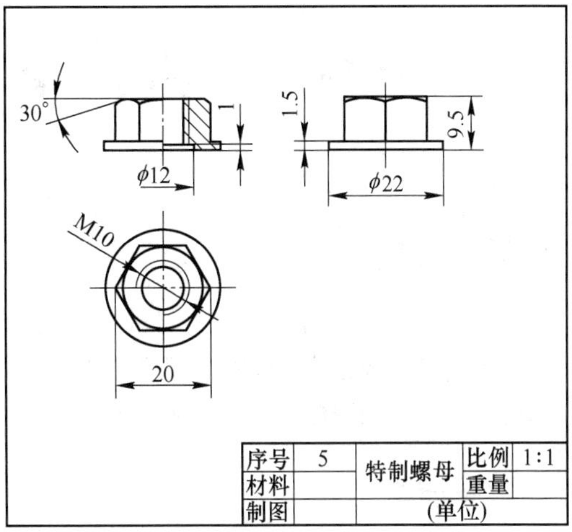

(h)

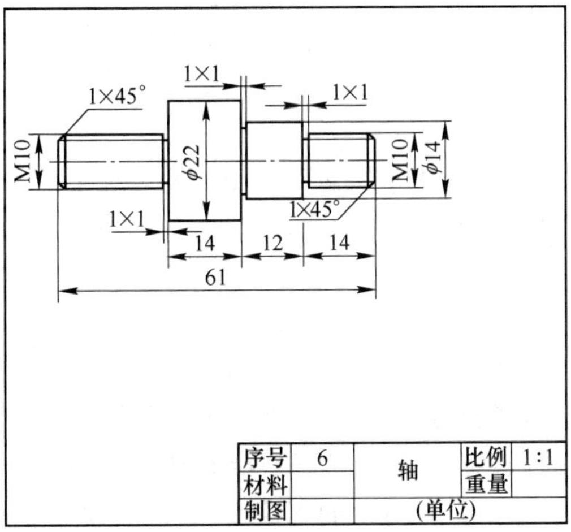

(i)

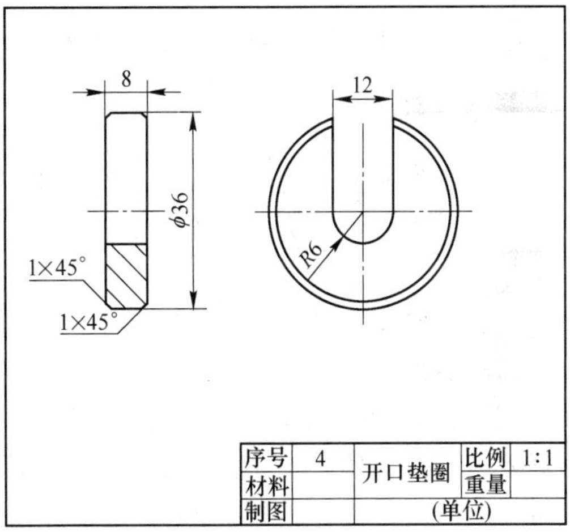

(j)

图 4-92　练习 2

(a) 装配体；(b) 底座；(c) 衬套；(d) 圆柱销；(e) 钻套；(f) 六角螺母；(g) 钻模板；(h) 特制螺母；(i) 轴；(j) 开口垫圈

项目 5 SolidWorks 工程图案例

知识目标

（1）掌握工程图图纸、比例及基本视图的投影。
（2）掌握工程图剖视图、断面图的表示方法。
（3）掌握工程图一般尺寸的标注。

技能目标

（1）能够灵活进行零件的工程图视图的选择和布局。
（2）掌握工程图特殊视图的表达以及标注。
（3）掌握工程图视图尺寸标注的设置及标注方式，掌握形位公差的标注。

思政目标

（1）踏实敬业的精神，具有追求真理、实事求是、勇于探索和实践的科学精神。
（2）培养严谨踏实、一丝不苟、讲究实效的科学精神。

思政案例引入

案例 5-1

“我最大的梦想就是用古老的中医药，促进人类健康，让全世界的人们都能分享到它的好处。自己一辈子想的，就是老老实实把科研做好，把课题做好，希望把青蒿素的研究做得更深入，开发出更多药物来，造福更多人，这也是我自己的兴趣所在。”被授予“共和国勋章”后，中国中医科学院终身研究员兼首席研究员屠呦呦这样说。

作为中国中医科学院终身研究员、国家最高科学技术奖获得者，60 多年来屠呦呦从未停止中医药研究实践，青蒿素、双氢青蒿素、复方蒿甲醚、双氢青蒿素哌喹片……在抗疟临床得到广泛应用并走出国门，最终影响世界。

任务 5.1 轴的工程图案例

案例引入

案例 5-2 完成图 5-1 所示轴工程图的绘制。轴的放大图如图 5-2 所示，标题栏尺寸如图 5-3 所示。

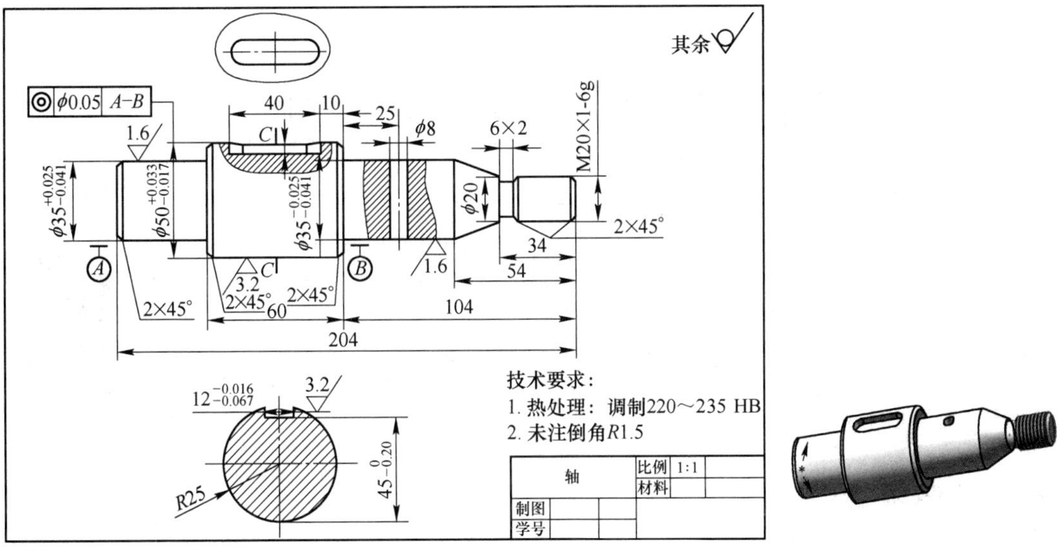

图 5-1　轴工程图

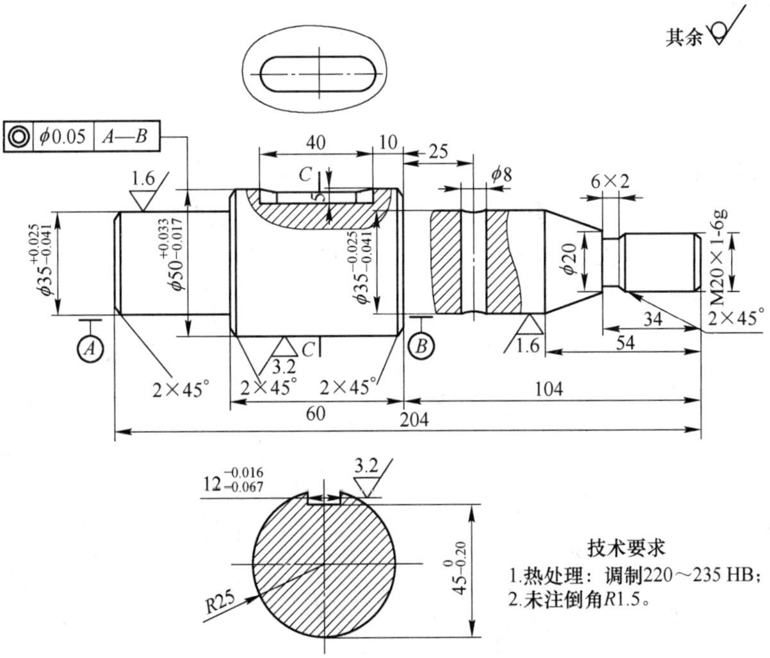

图 5-2　轴放大图

任务描述

（1）完成轴的基本图纸的识读。

（2）完成轴零件模型主视图、局部剖视图与断面视图的标注。

（3）在 SolidWorks 中完成轴工程图的尺寸标注。

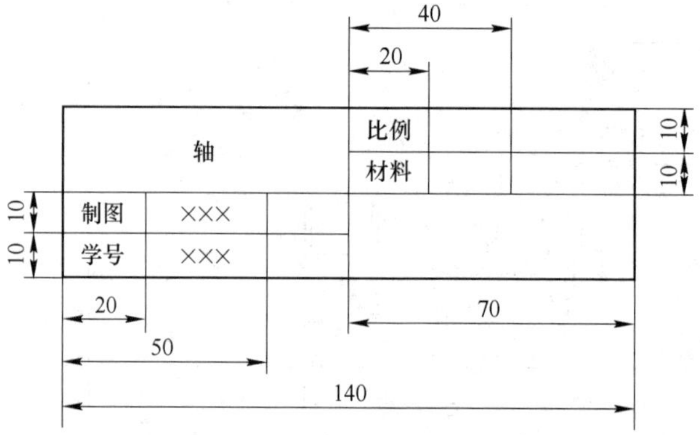

图 5-3　标题栏

视频　轴工程图绘制

任务分析

（1）识读工程图的大小与比例，设置对应主视图的投影视图，选择相应的比例。

（2）完成主体视图的投影之后，加上图纸中对应的中心线及补充部分，利用断开的剖视图以及断面视图绘制图形的其他特征。

（3）分析图纸各个部分的尺寸关系并进行标注。

操作步骤

（1）图形绘制。

1）新建工程文件中，选择图纸规格为 A3 图纸，进入编辑图纸格式模块下，删除图纸已有的格式，同时新建图纸样式。右键点击“图纸—编辑图纸格式”，可以对图纸进行编辑，如图 5-4 所示。

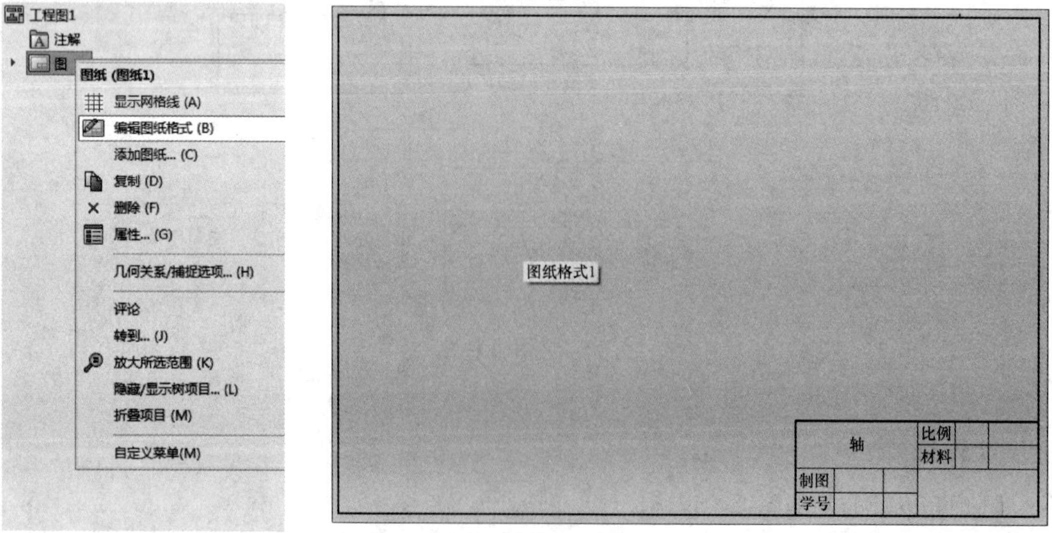

图 5-4　图纸编辑

2）在草绘中，可以按照规定的要求对图纸样式进行设置，按照指定的尺寸大小设置相应的标题栏的格式，如图 5-4 所示。

3）在输入字体模块，选择“注解—注释”，可以在图纸的相应位置输入字体，如图 5-5 所示。在草图模块可以输入相应的线段设置对应的标题栏的大小，如图 5-6 所示。

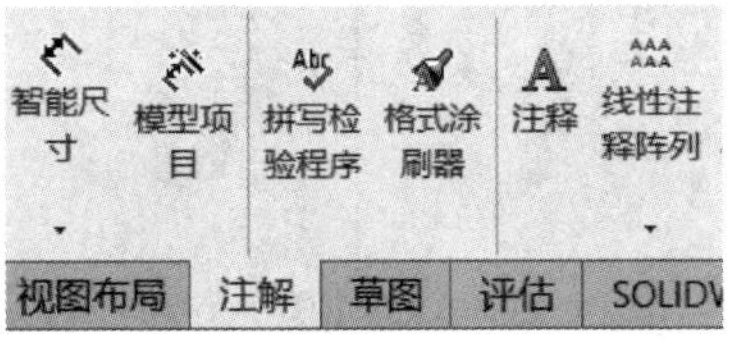

图 5-5　注解

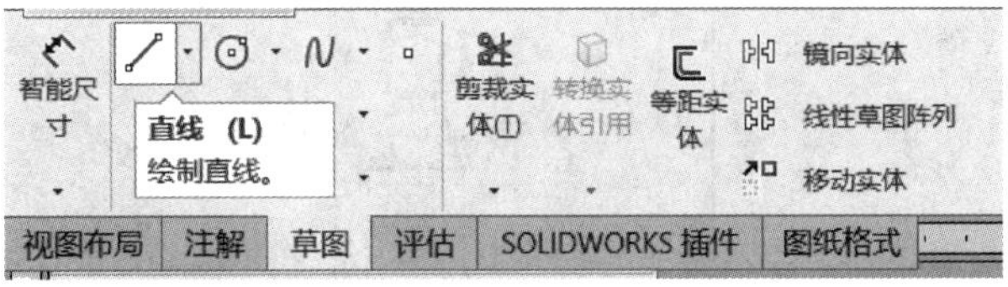

图 5-6　直线命令

4）点击“插入—工程图视图—模型”，导入轴向主要零部件，如图 5-7 所示。

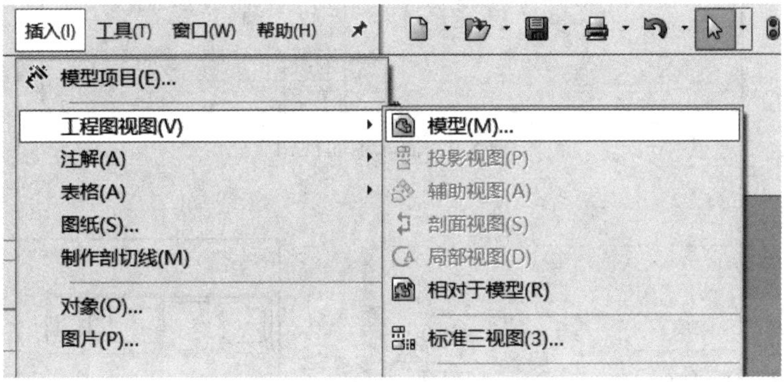

图 5-7　插入工程图视图

5）在模型视图窗口选择对应的基本视图，同时勾选“预览”选项，在绘图窗口就会显示相应的视图，同时设置视图的比例为自定义比例，为 1∶1，如图 5-8 所示。

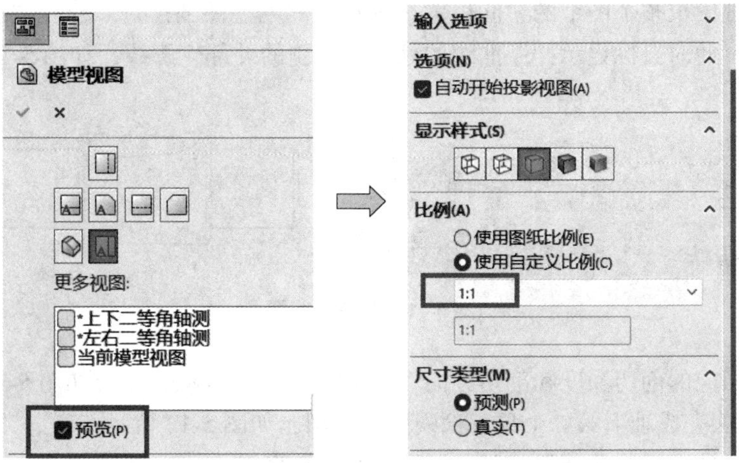

图 5-8　设置视图比例

6）选中视图，右击选择“缩放/平移/旋转”，出现旋转工程视图窗口，如图 5-9 所示，对视图进行旋转。视图旋转时以逆时针方向为正，顺时针方向为负，对图 5-9 所示视图顺时针旋转 90°，结果如图 5-10 所示。

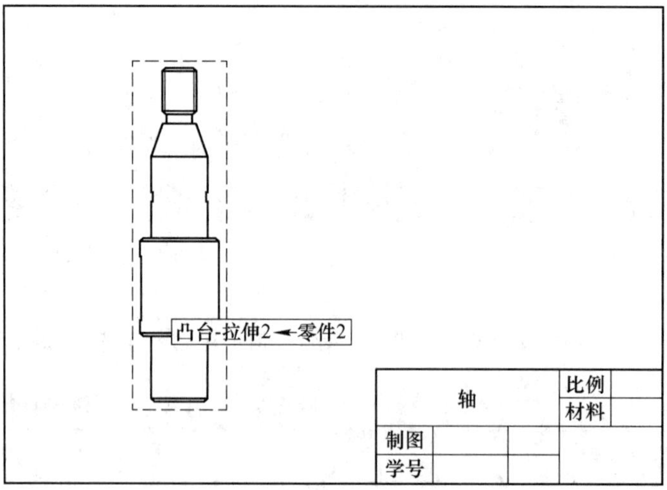

图 5-9　插入轴向视图

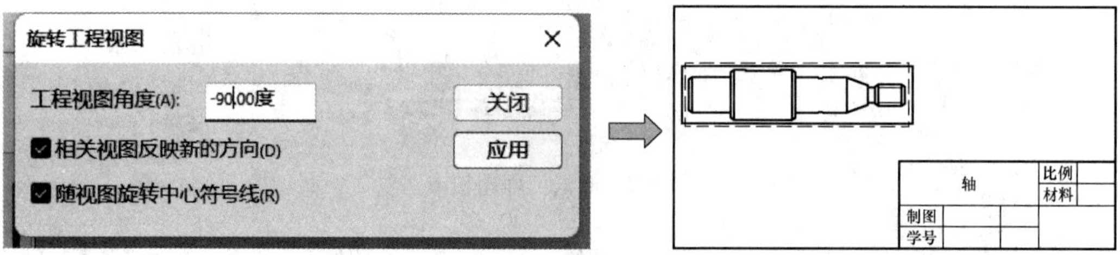

图 5-10　旋转图

7）移动视图至整个图纸的中间位置，进行局部剖视图的绘制。点击“视图布局—断开的剖视图”，此时鼠标显示样条曲线的标识，绘制的外部轮廓线，如图 5-11 所示。

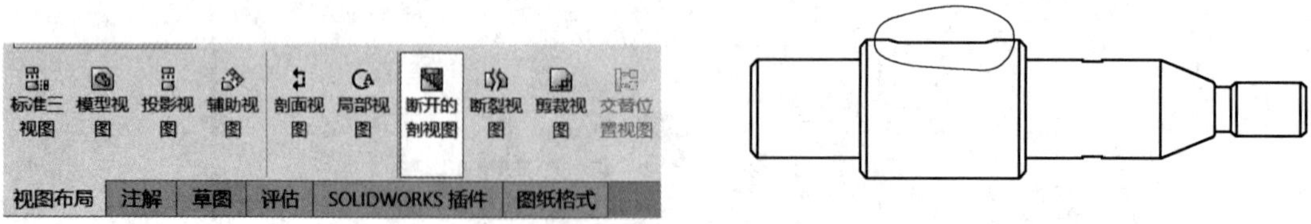

图 5-11　样条曲线图

8）设置相应的剖切深度和剖切方向，勾选“预览”选项，图形如图 5-12 所示。

同样的方法完成轴上第二个局部剖视图的绘制，如图 5-13 所示。

9）点击“注解—中心线”，选择上下两条线并将中心线向两边拉伸，完成轴上中心线的绘制，如图 5-14 所示。

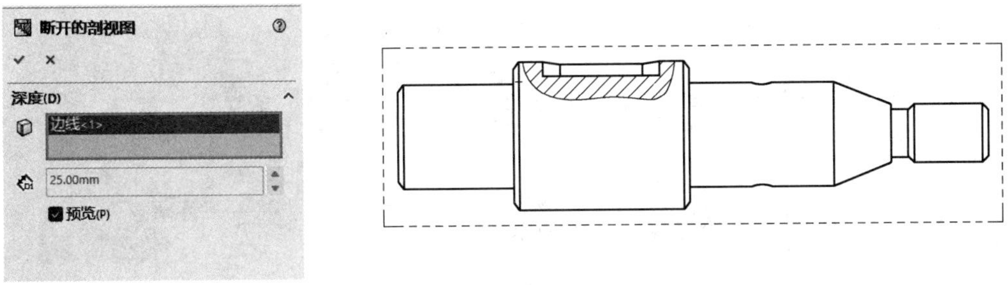

图 5-12　局部剖视图

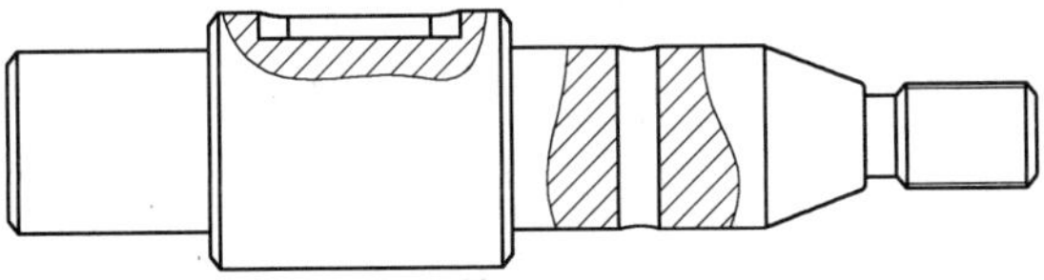

图 5-13　第二个局部剖视图

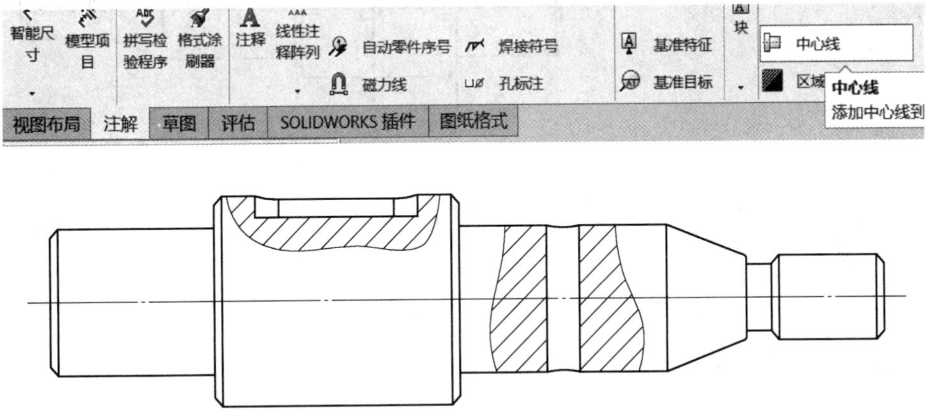

图 5-14　中心线的绘制

10）点击“视图布局—剖面视图”［见图 5-15（a）］，出现剖面视图辅助对话框，选择剖面视图中的第一种切割线［见图 5-15（b）］，并且在图 5-15（c）中左键点击设置相应的剖面位置。点击之后会出现如图 5-16 所示窗口，对于断面图，务必在断面视图中勾选横截剖面。

选中断面图，右击选择“视图对齐—解除对齐关系”，此时可以将断面图移动到任意位置，如图 5-17 所示。

11）选中轴向视图，右击“投影视图”得到整个视图，右击得到的视图，解除对齐关系并把视图放置到上方，如图 5-18 所示。

点击草图中的样条曲线命令，在相应的位置绘制样条曲线，如图 5-19 所示。

点击视图布局中的“剪裁视图”，视图显示如图 5-20 所示。

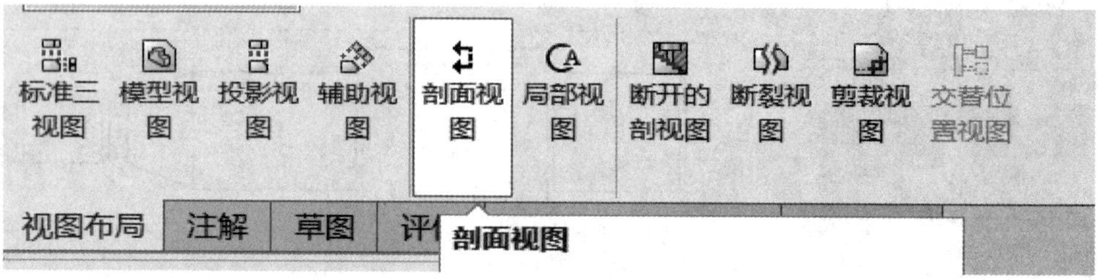

(a)

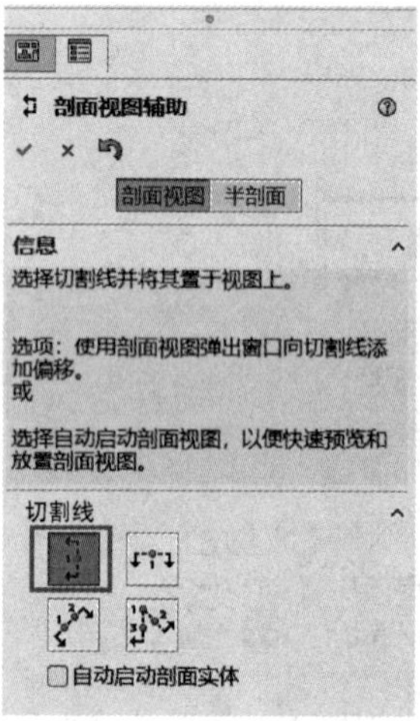

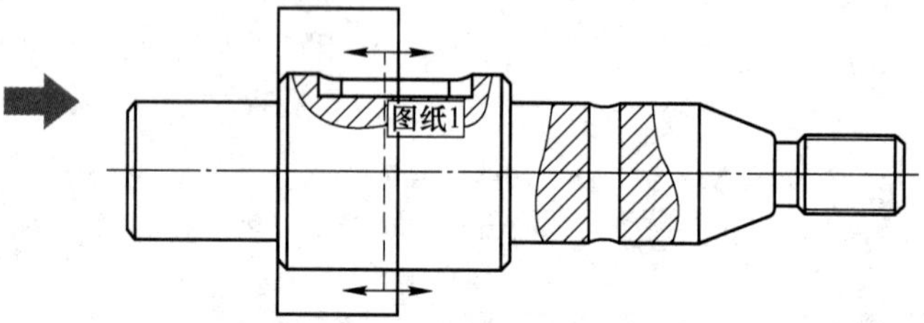

(b)　　(c)

图 5-15　断面图的位置确定

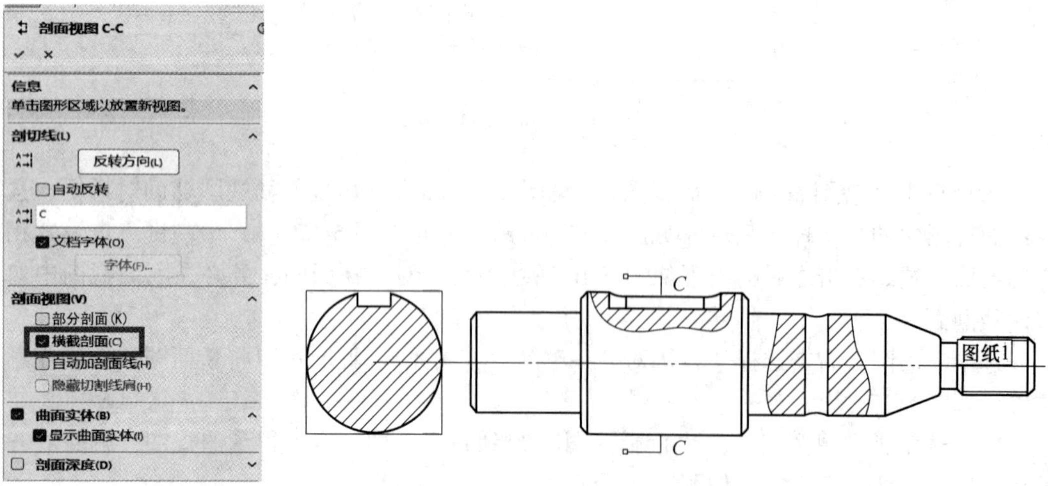

图 5-16　断面图

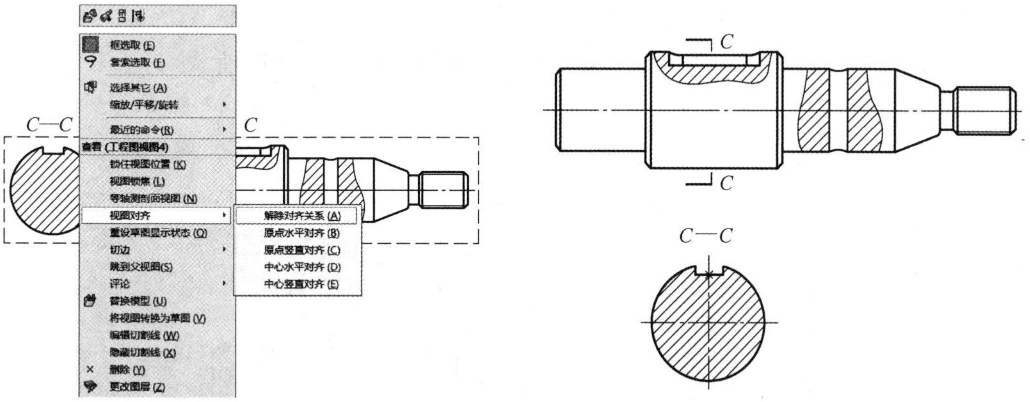

图 5-17　解除对齐关系

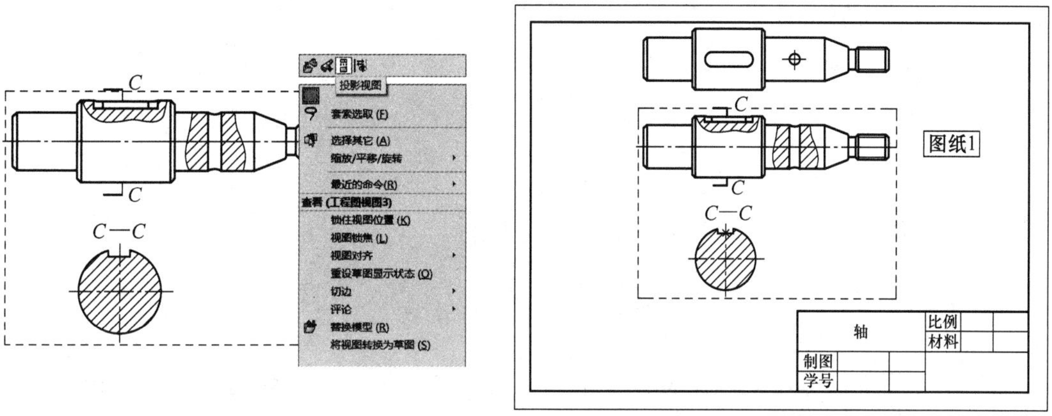

图 5-18　投影视图

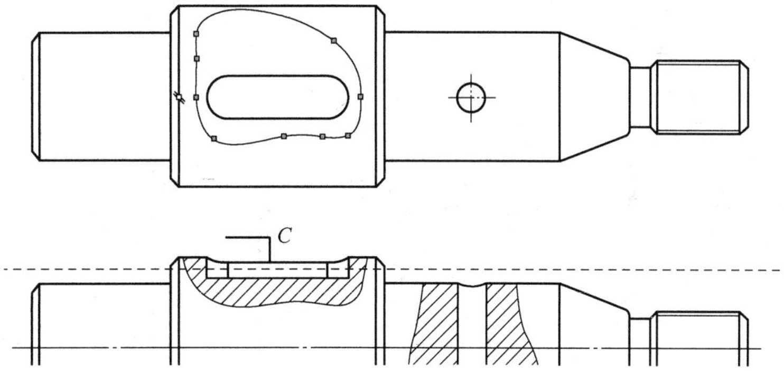

图 5-19　绘制样条曲线

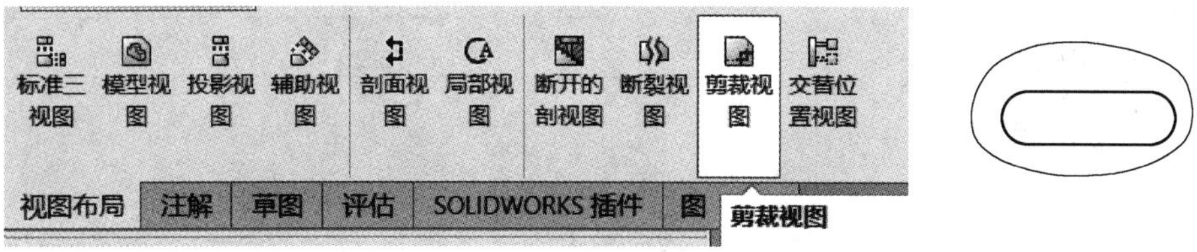

图 5-20　裁剪

（2）尺寸标注。

1）点击“草图—智能尺寸”，完成基本尺寸的标注，如图 5-21 所示。

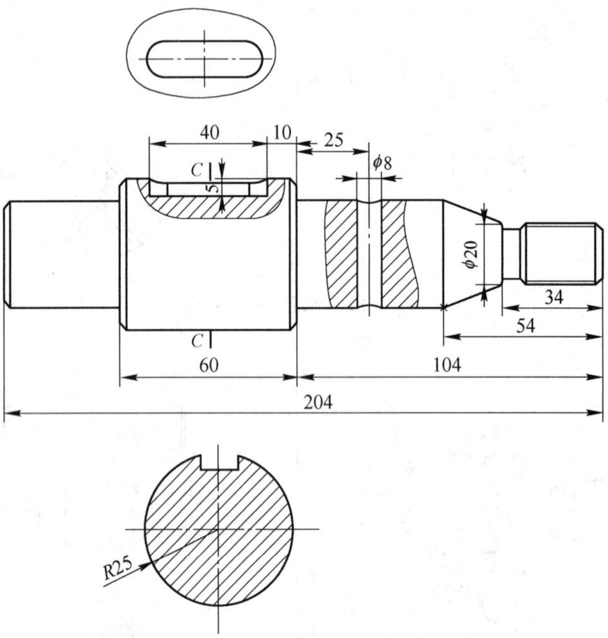

图 5-21　基本尺寸的标注

2）对于智能尺寸不能直接标注的尺寸，需要在标注尺寸位置这一栏输入相应的尺寸。例如，退刀槽和螺纹的尺寸标注如图 5-22 和图 5-23 所示。

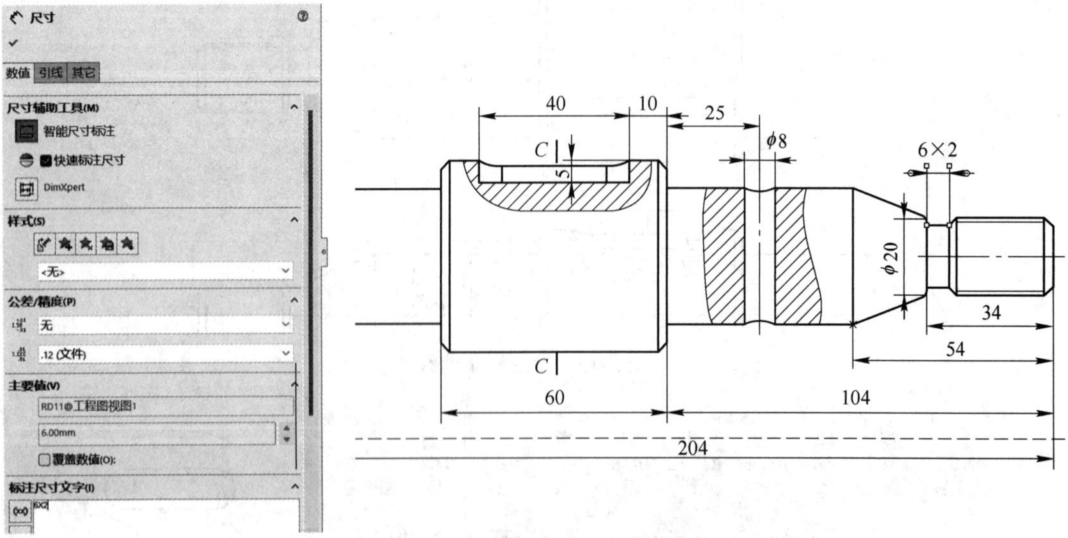

图 5-22　退刀槽的尺寸标注

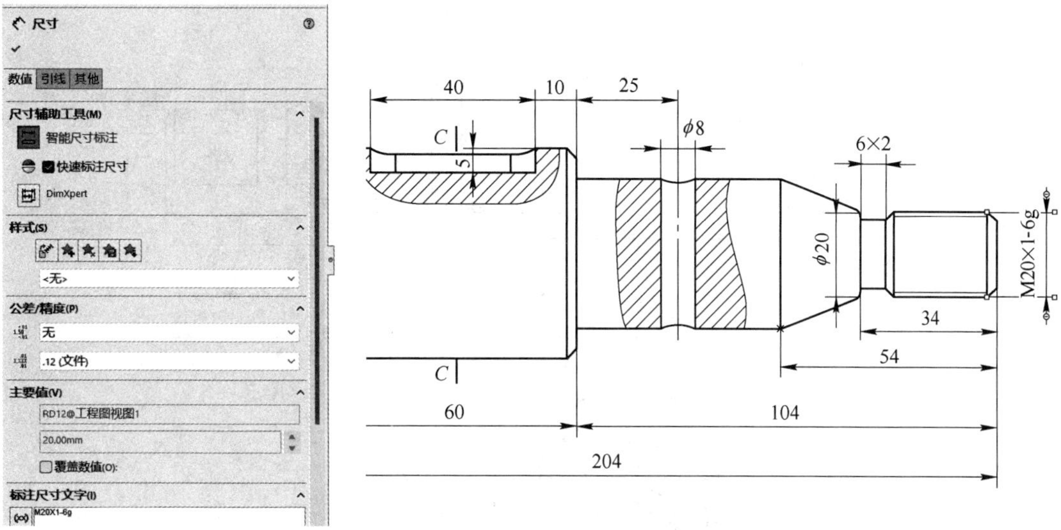

图 5-23　螺纹的尺寸标注

3）带有上下偏差的尺寸标注。点击“尺寸标注”，在“尺寸”对话框中的“公差/精度”选择“双边”，分别输入上下偏差的值，小数点后保留 3 位，即选择“. 123,”如图 5-24 所示。

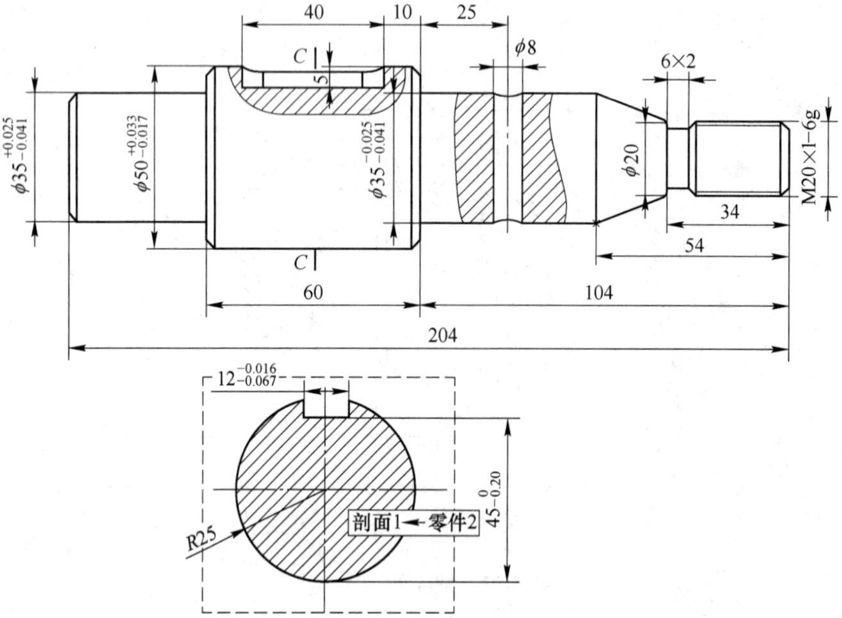

图 5-24　上下偏差的尺寸标注

4）倒角的标注。点击“注释”命令，选择需要放置的位置单击，输入相应的倒角标识，如图 5-25 所示。

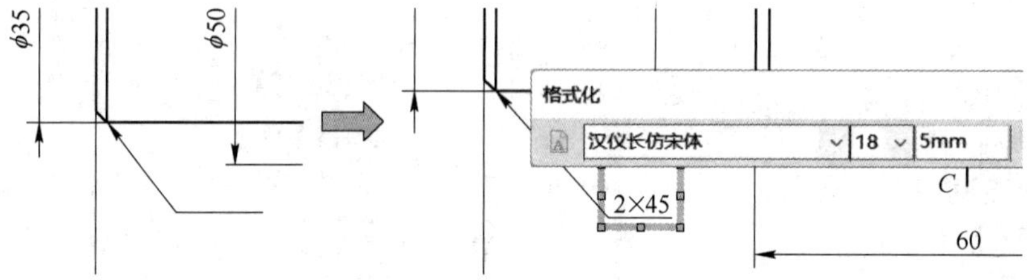

图 5-25　倒角的尺寸标注

对于度数符号，在左侧注释窗口中选择度符号，在图中完成倒角相关尺寸的标注，如图 5-26 所示。

5）粗糙度的标注。点击“注解模块—表面粗糙度符号”（见图 5-27），出现如图 5-28（a）所示“表面粗糙度”对话框。在“表面粗糙度”对话框中选择相应的表面粗糙度符号，并在“符号布局”中输入相应的值，这里的大小值为 1.6，如图 5-28（b）所示。完成图上其他位置表面粗糙度的绘制。粗糙度符号会随着设置的面的方向不同进行自动调整。

粗糙度标注完成如图 5-29 所示。

6）形位公差的标注。轴工程图上有一处形位公差，为同轴度形位公差。点击“注解-形位公差”，出现形位公差“属性”对话框，在“符号”中选择同轴度符号，公差中输入对应的数值，如图 5-30 所示。

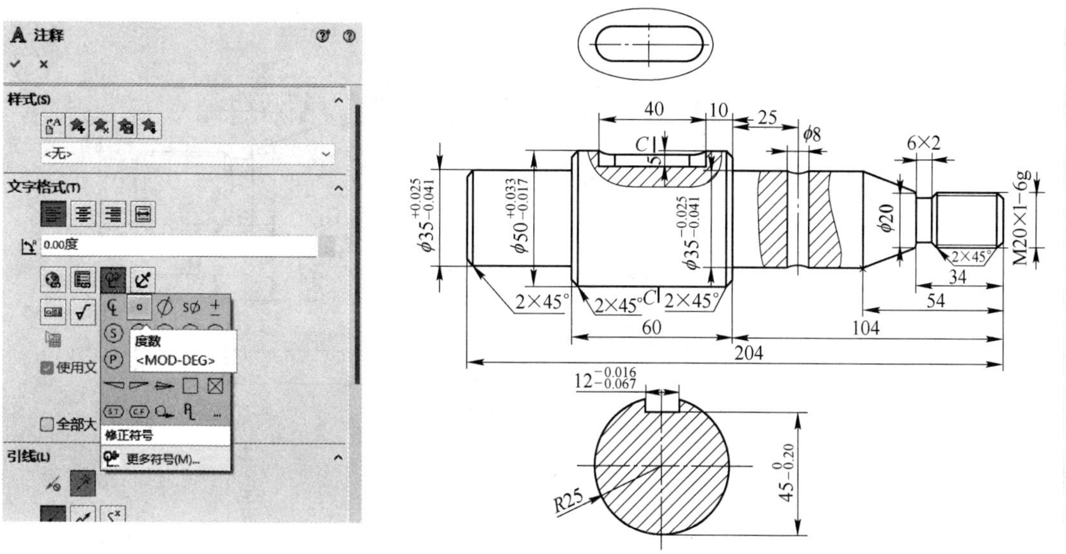

图 5-26　度数的尺寸标注

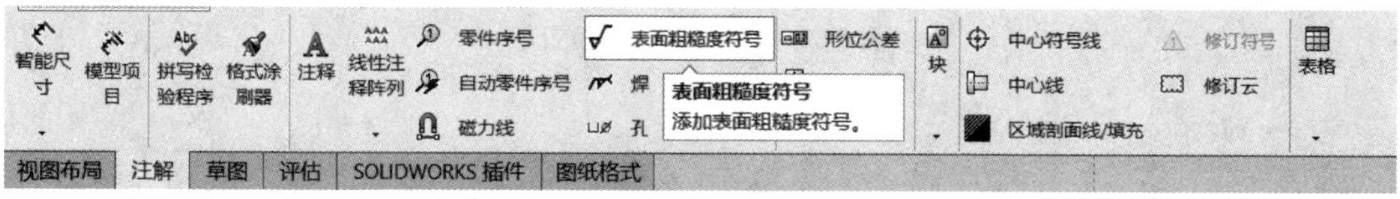

图 5-27　粗糙度窗口

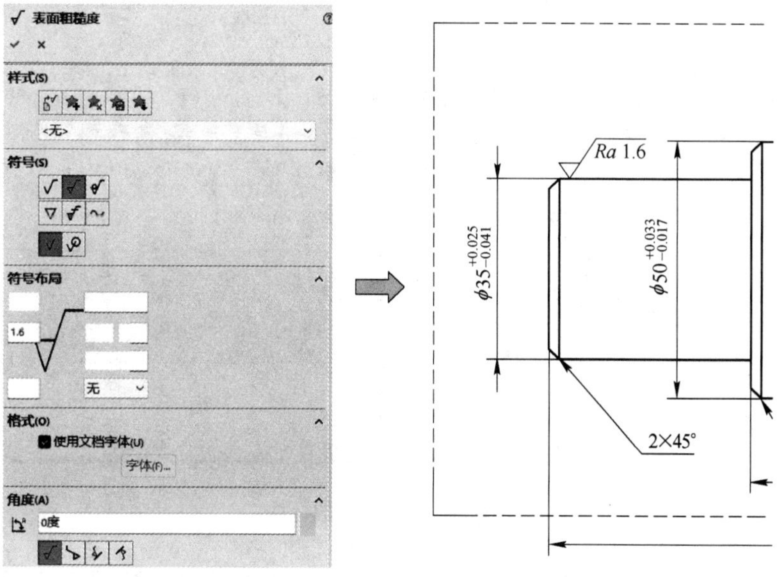

(a)　　　　(b)

图 5-28　粗糙度的尺寸标注

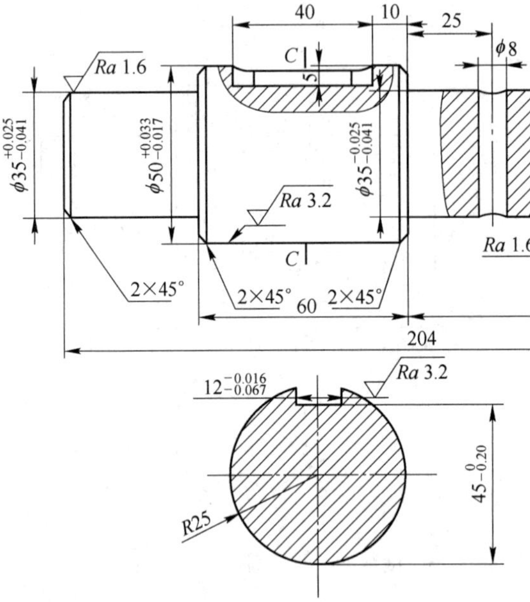

图 5-29　粗糙度标注完成图

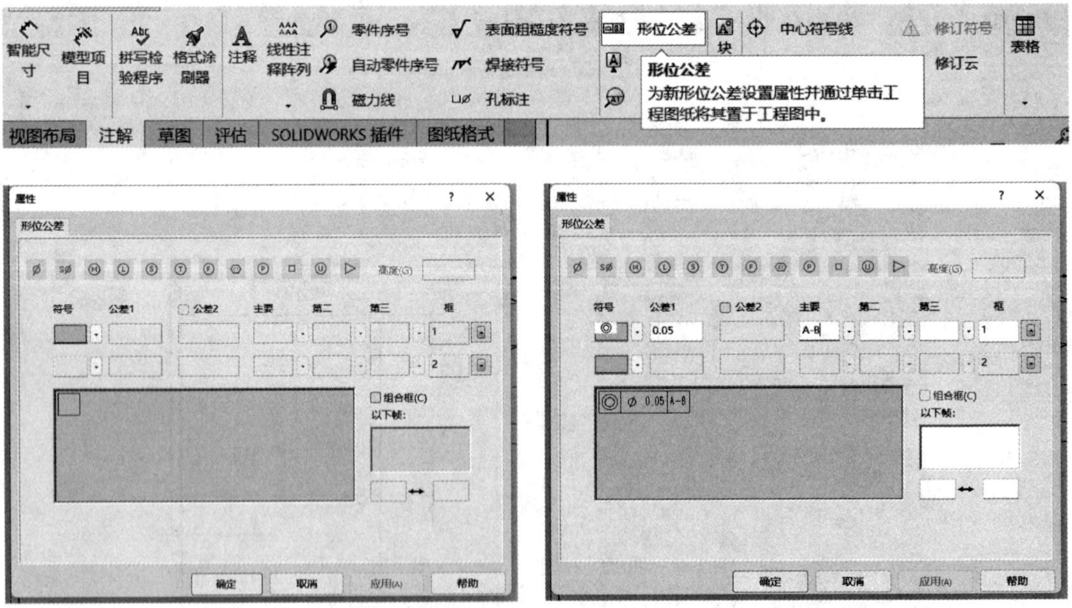

图 5-30　形位公差的标注

点击“确定”，图纸中出现形位公差标识，补上相应的引线，如图 5-31 所示。

点击“注解—基准特征”，按照 A—B—C 的次序标注尺寸基准，如图 5-32 所示。

最后检查，调整尺寸图。完成的工程图如图 5-33 所示。

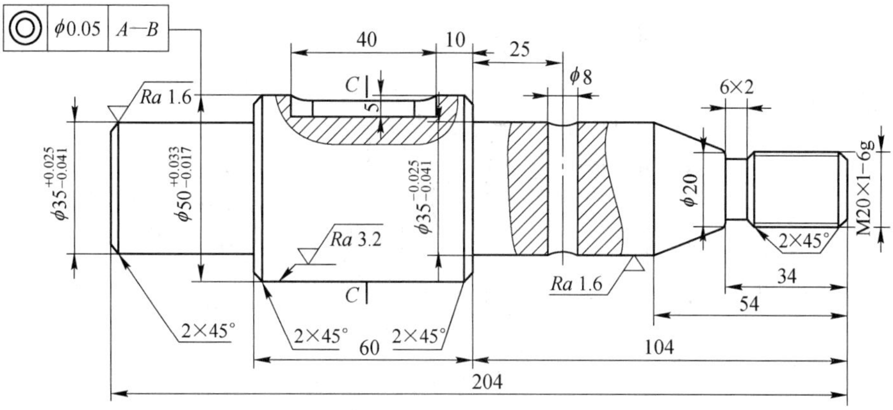

图 5-31　形位公差标注完成图

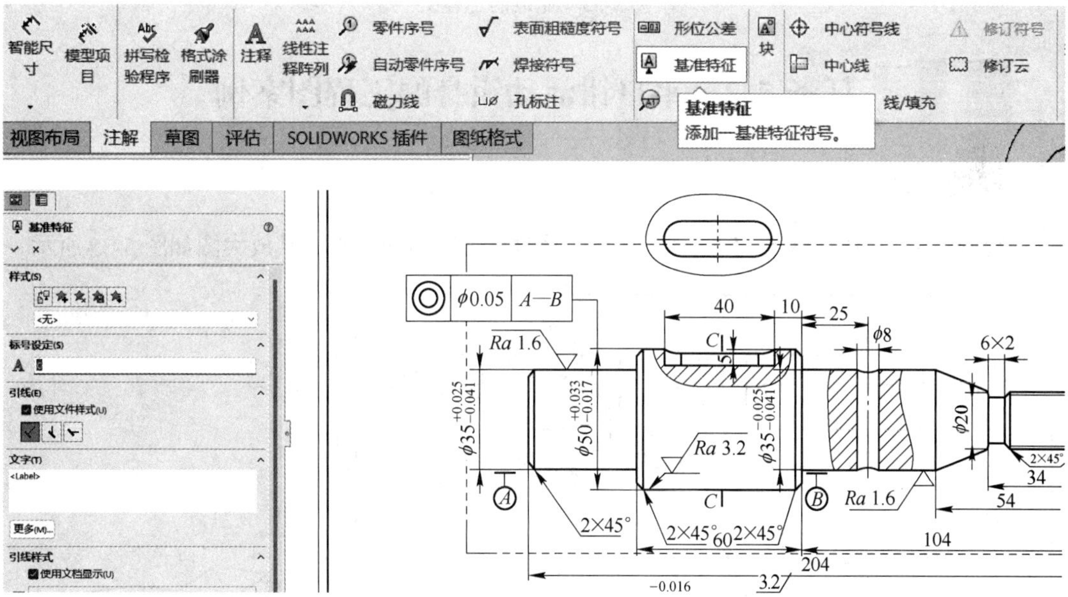

图 5-32　尺寸基准的标注

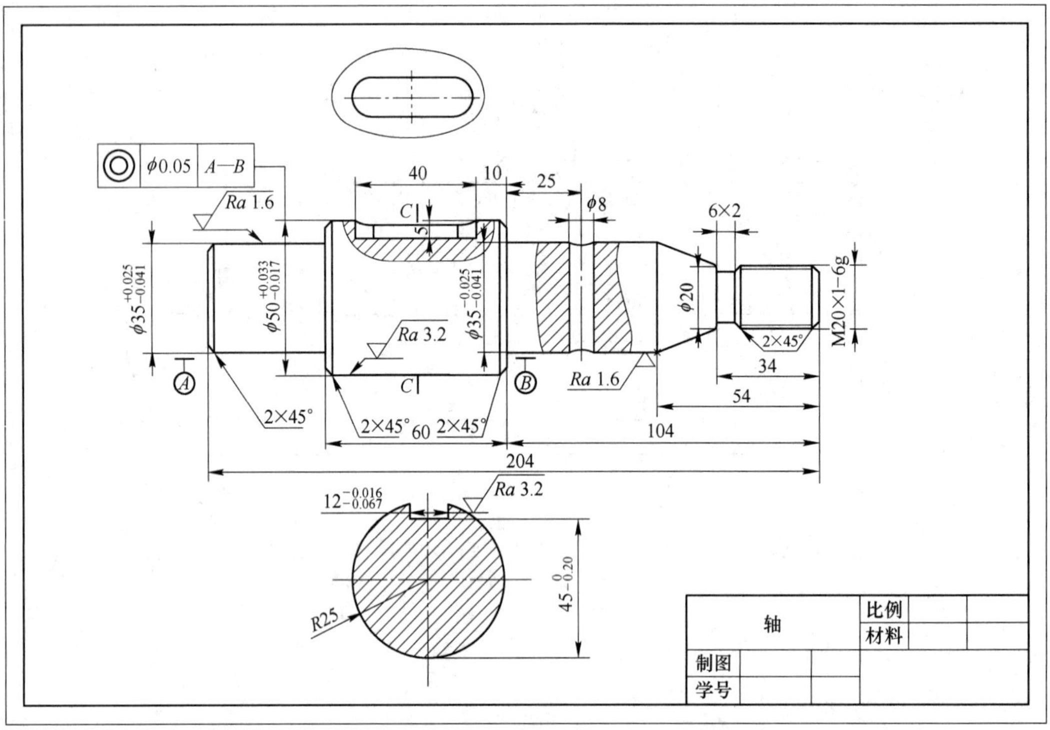

图 5-33　完成的工程图

任务 5.2　平口钳活动钳身的工程图案例

案例引入

案例 5-3　完成如图 5-34 所示平口钳活动钳身工程图的绘制。其放大图如图 5-35 所示。

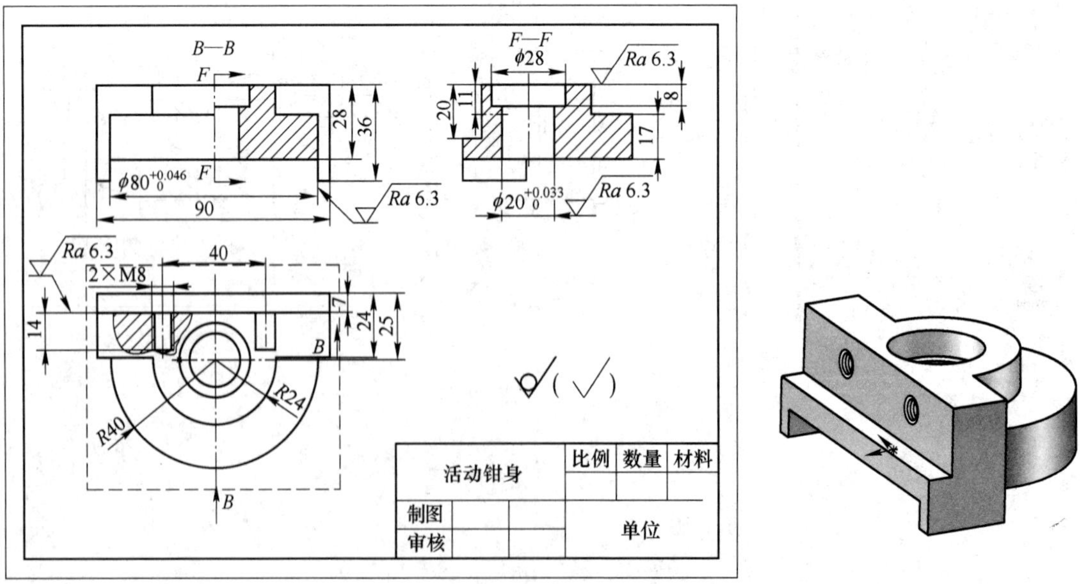

图 5-34　活动钳身工程图

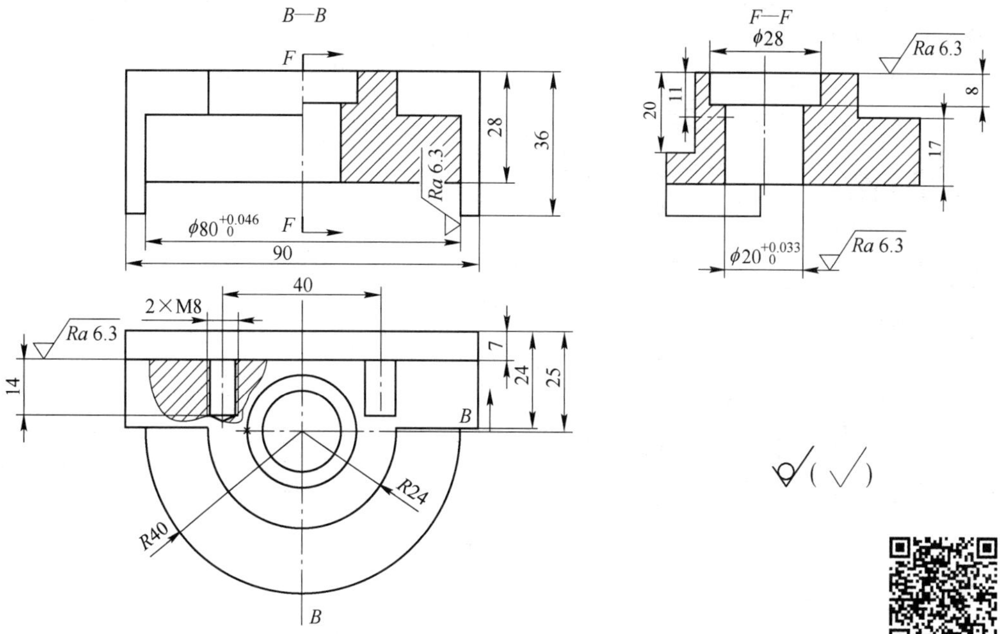

图 5-35　活动钳身放大图

视频　活动钳身工程图绘制

任务描述

（1）完成活动钳身基本图纸的识读以及图纸比例的选择，完成图纸标题栏的绘制。

（2）完成平口钳身主视图、俯视图、左视图的投影。

（3）完成工程图中投影图形局部剖的绘制，以及尺寸与粗糙度等的标注。

任务分析

（1）识读工程图的大小与比例，选择相应的比例，完成图纸标题栏的绘制。

（2）完成三视图的投影，加上图纸中对应的中心线及补充部分，利用断开的剖视图完成局部剖的绘制，绘制图形的其他特征。

（3）分析图纸各个部分的尺寸关系并进行标注。

操作步骤

（1）新建工程图文件，根据零件尺寸大小及需要设置的比例选择图纸的大小为 A4，在默认的模板的基础上进行图纸样式的修改，如图 5-36 所示。

（2）退出图纸编辑模式，点击“插入—工程图视图—模型”，导入视图如图 5-37 所示。

根据图纸选择俯视图如图 5-38 所示，因为该图形的主视图采用半剖、左视图采用全剖的表达方式，所以这里选择投影俯视图。

（3）点击“视图布局—剖面视图”，在“半剖面”里面选择最后一种形式，选择圆心，如图 5-39 所示，得到主视图的半剖视图，放到相应的位置，如图 5-40 所示。

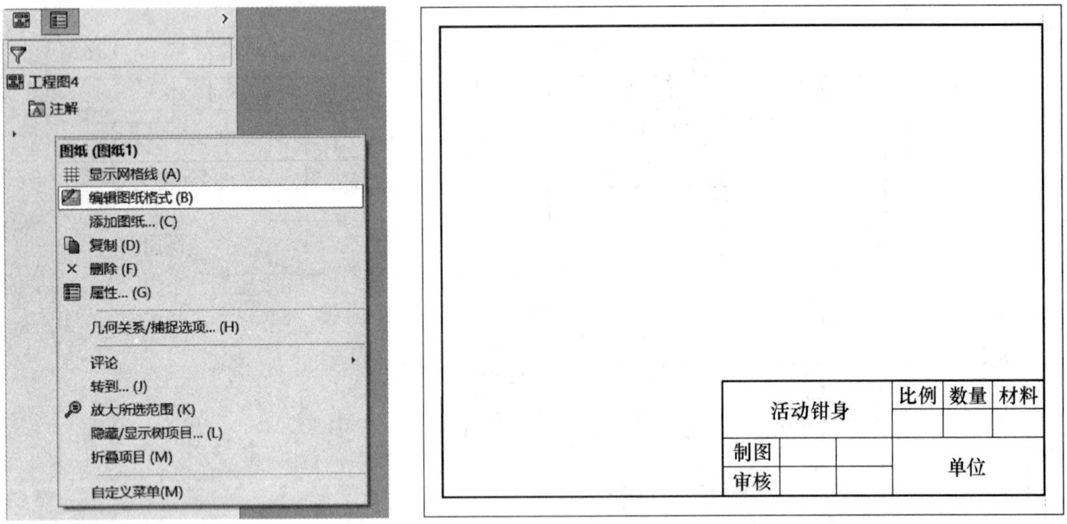

图 5-36　工程图模板

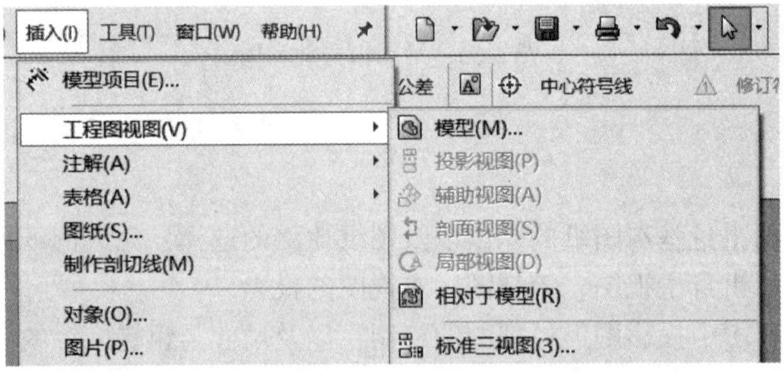

图 5-37　插入模型

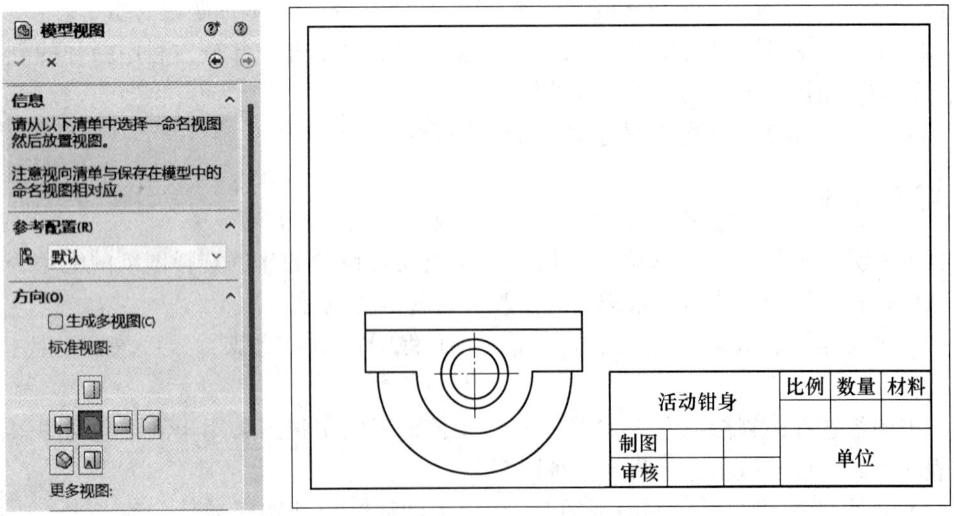

图 5-38　投影视图

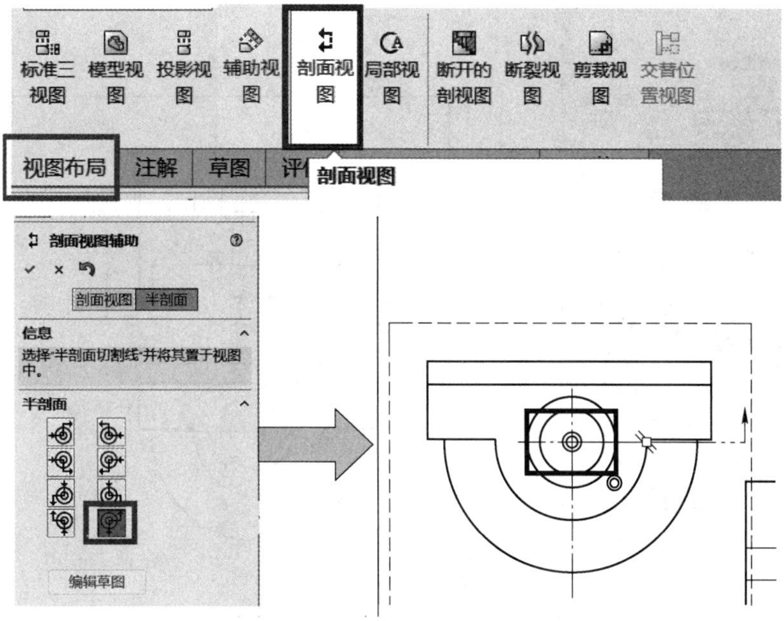

图 5-39　剖面视图辅助线

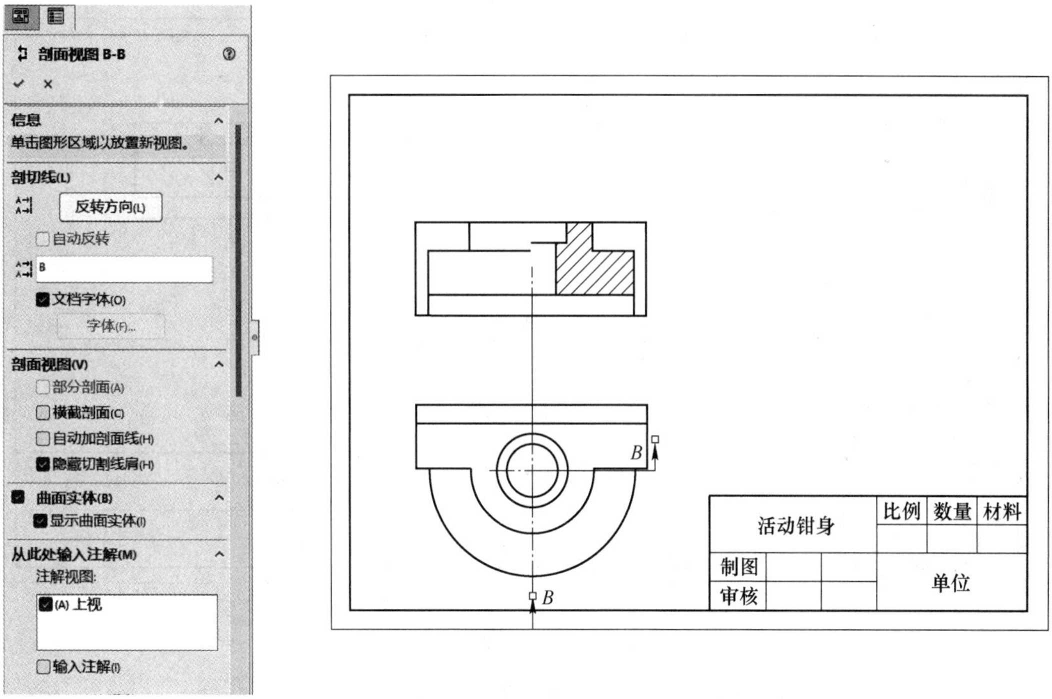

图 5-40　剖面视图

（4）点击“视图布局—剖面视图辅助—剖面视图”，在“切割线”中选择第一种形式，如图 5-41 所示，完成左视图的全剖。

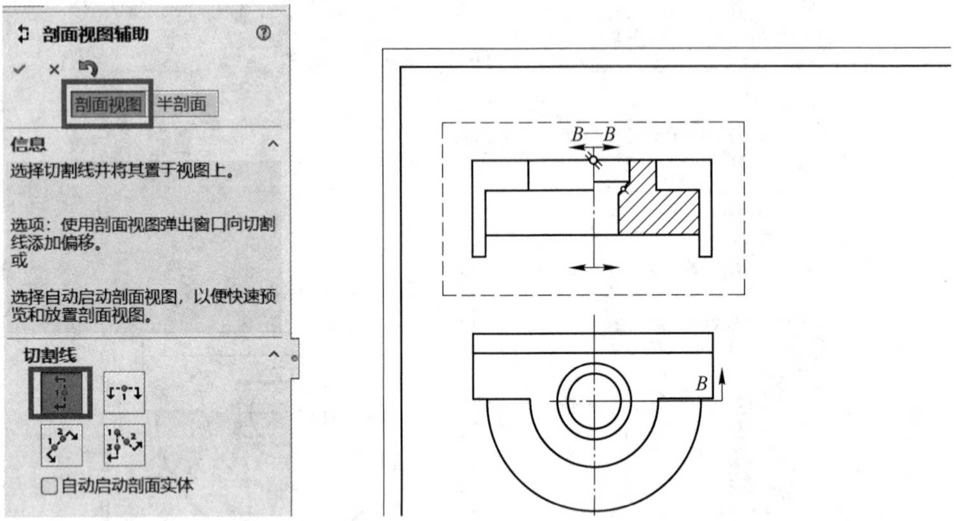

图 5-41　全剖辅助线

选择圆心，往右移动并点击左键选择相应的左视图放置位置，如图 5-42 所示。

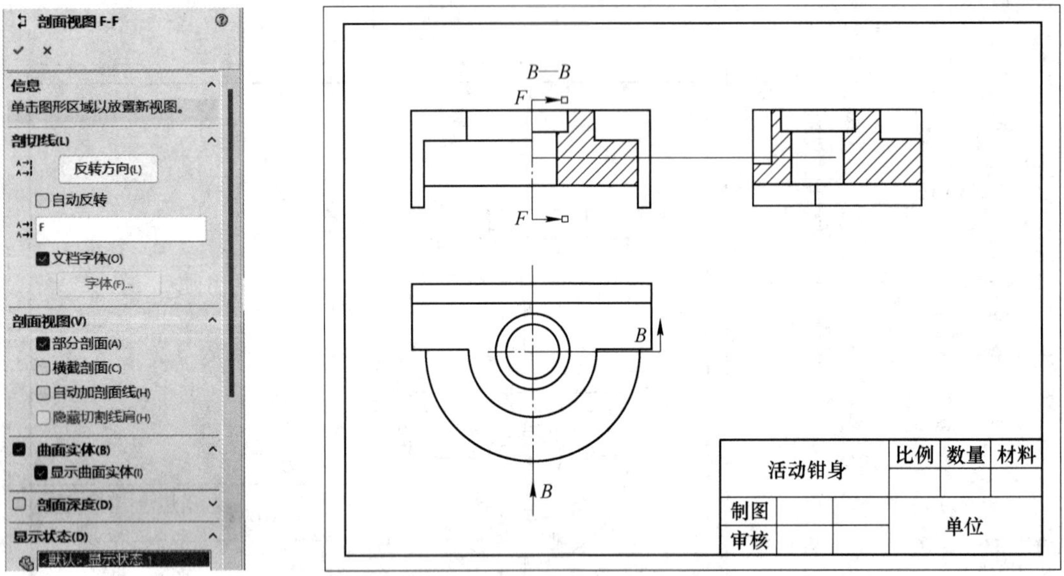

图 5-42　左视图的全剖

（5）点击“断开的剖视图”，在深度中输入 10，勾选“预览”，如图 5-43 所示，完成局部剖视图的绘制。

点击“注解—中心线”，完成图形中心线的绘制，如图 5-44 所示。

（6）完成尺寸的标注，如图 5-45 所示。

（7）点击“注解—表面粗糙度符号”，完成粗糙度的标注。如图 5-46 所示。

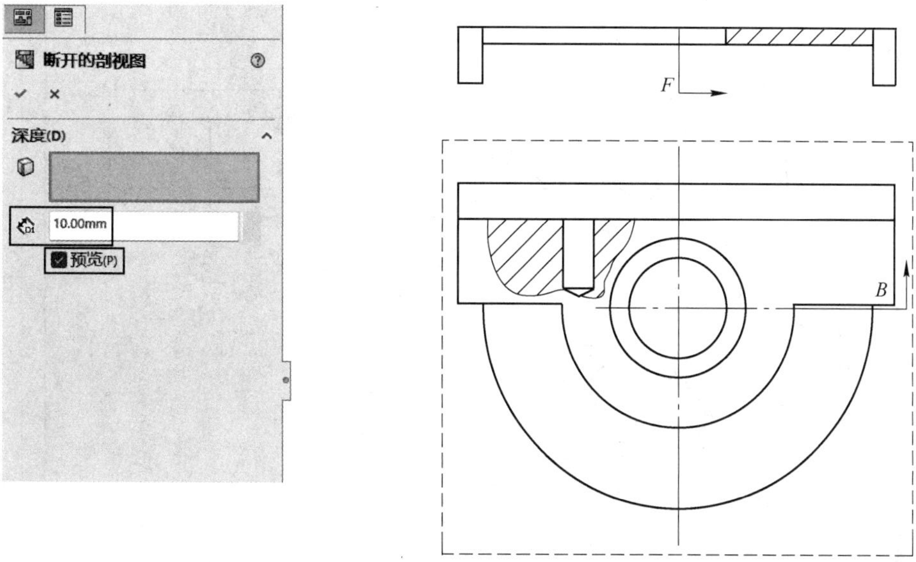

图 5-43　局部剖的绘制

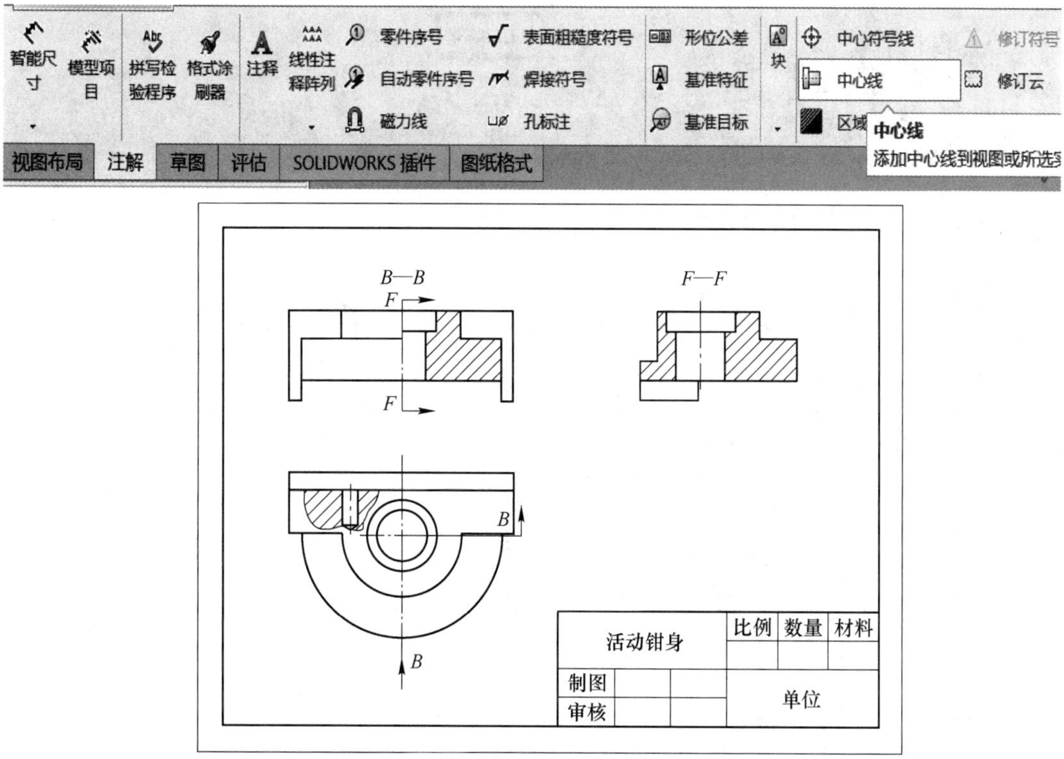

图 5-44　中心线绘制

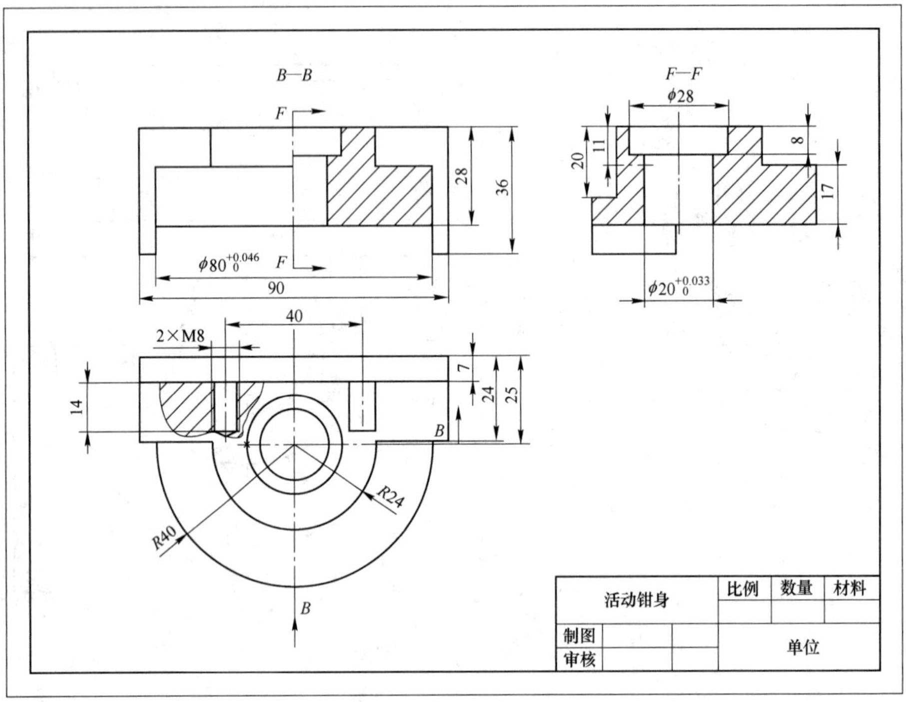

图 5-45　标注尺寸

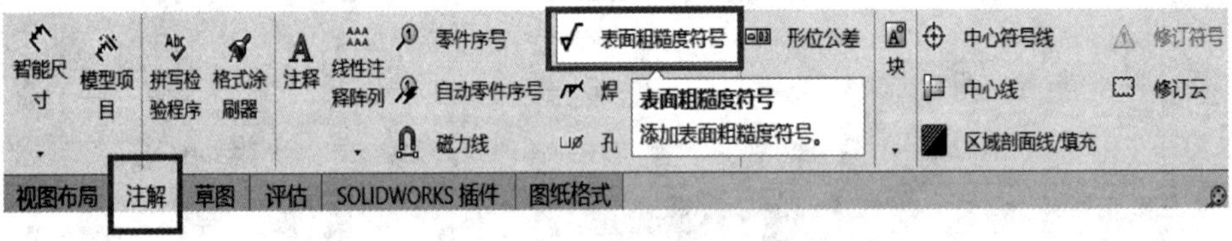

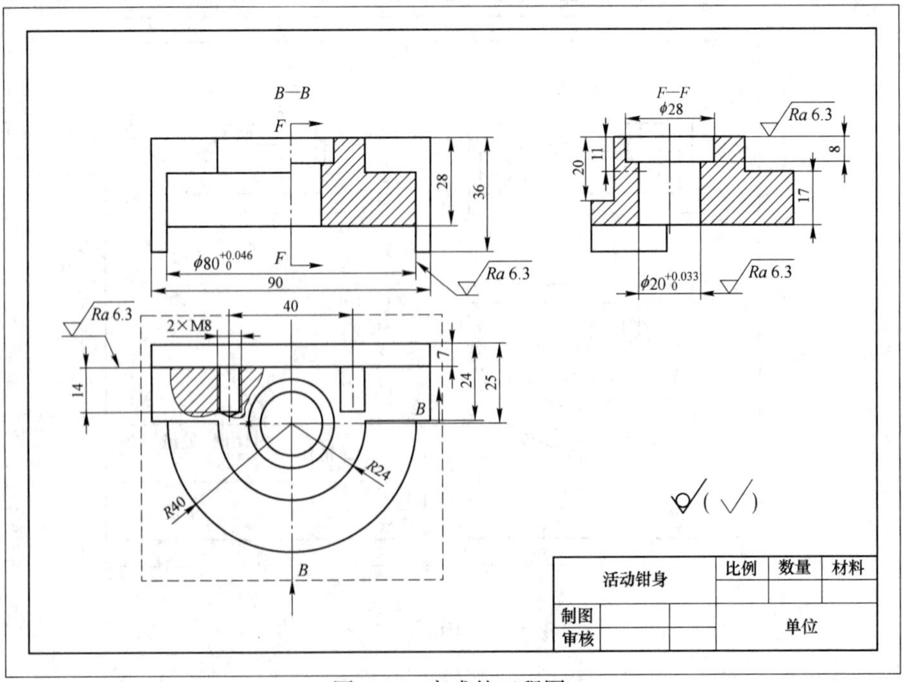

图 5-46　完成的工程图

任务 5.3　支座的工程图案例

案例引入

案例 5-4　完成如图 5-47 所示支座工程图的绘制。

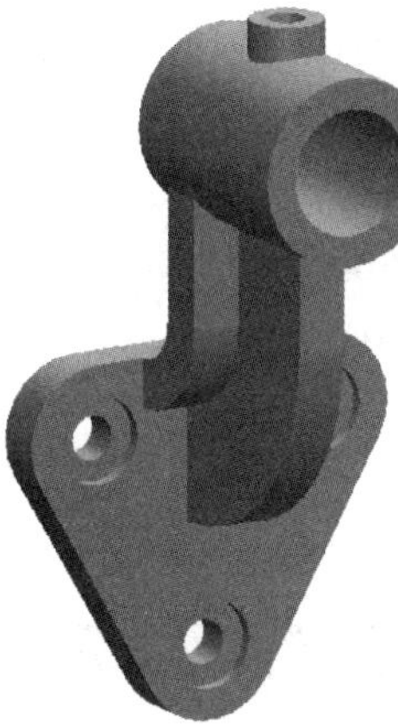

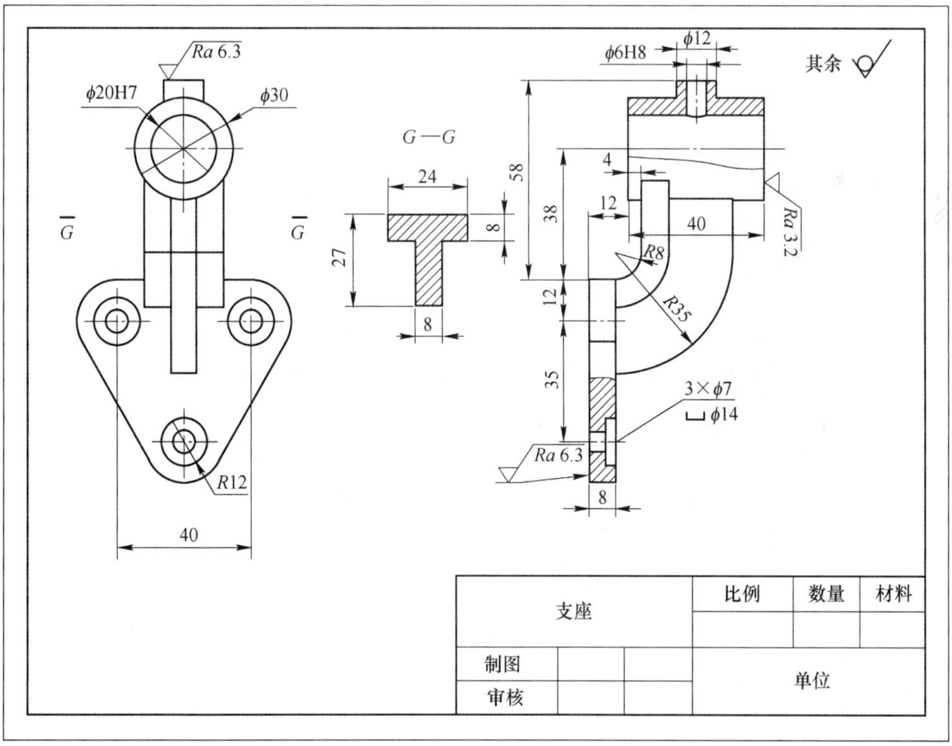

图 5-47　支座工程图

视频　支座工程图绘制

任务描述

（1）完成支座基本图纸的识读以及图纸比例的选择，完成图纸标题栏的绘制。

（2）完成支座主视图、左视图的投影。

（3）完成工程图中断面图的投影，完成零件尺寸与粗糙度等的标注。

（4）完成图纸的 PDF 格式的导出。

任务分析

（1）识读工程图的大小与比例，选择相应的比例，完成图纸标题栏的绘制。

（2）完成两个视图的投影，加上图纸中对应的中心线及补充部分，利用断开的剖视图完成局部剖的绘制，绘制图形的其他特征。

（3）分析图纸各个部分的尺寸关系并进行标注。

（4）对图纸进行打印输出，导出为 PDF 格式并保存。

操作步骤

（1）点击“文件—新建”，如图 5-48 所示。

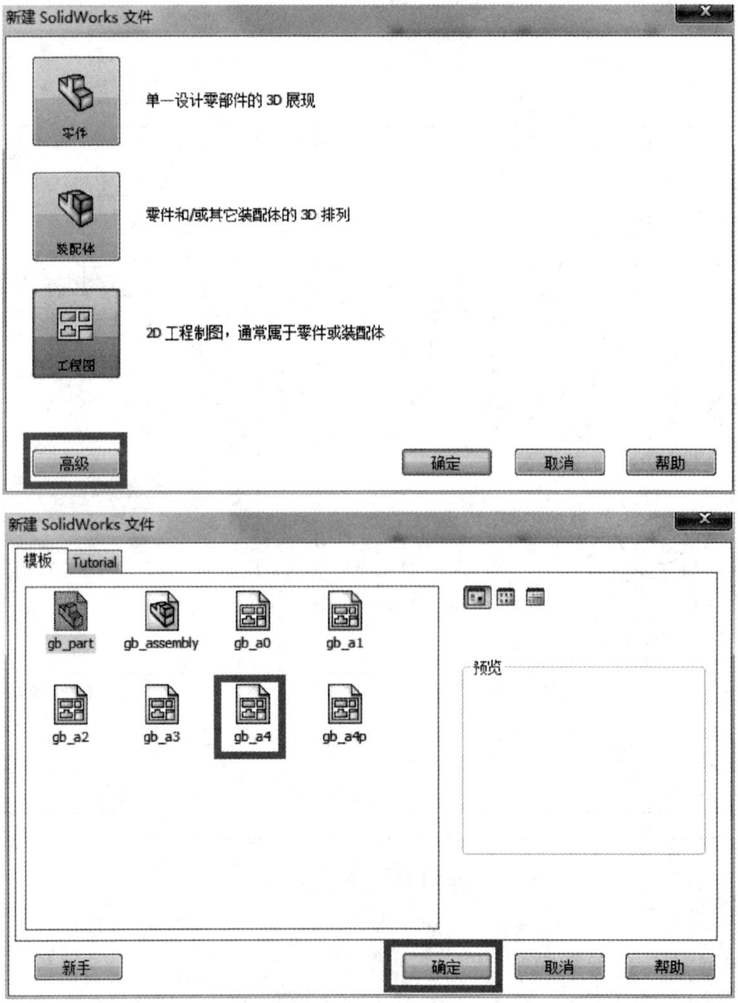

图 5-48　新建文件

（2）点击“高级”，选择图纸对应尺寸的大小，这里选择 A4 图纸，点击“确定”。在左侧模型树“图纸 1”中右击选择“编辑图纸格式”，可以利用草图编辑命令（如修剪、删除等）对图纸格式进行修改，或对图 5-49 所示标题栏文字进行修改。

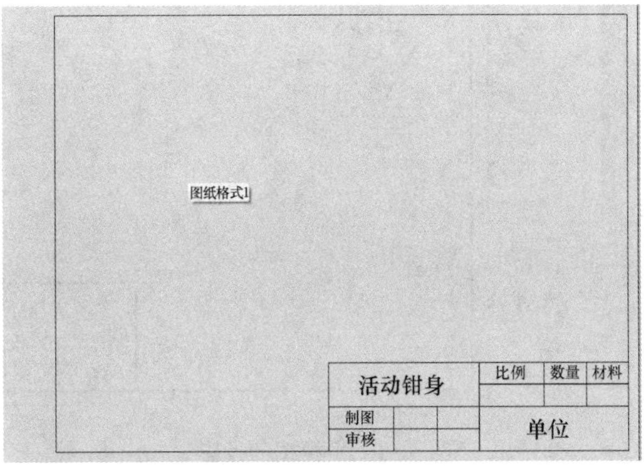

图 5-49　边框和标题栏

（3）完成图纸标题栏的绘制之后，点击“插入—工程图视图—模型”，如图 5-50 所示，出现模型视图对话框，双击打开支架三维模型。

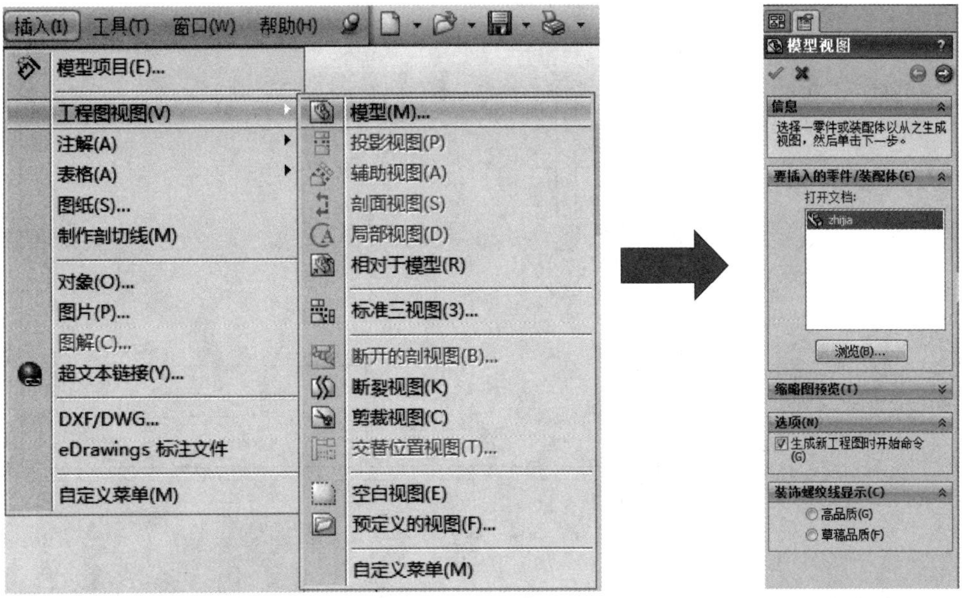

图 5-50　插入模型

（4）出现模型预览对话框，勾选“预览”，在 6 个基本视图中选择特征最多的为主视图的投影，如图 5-51 所示。

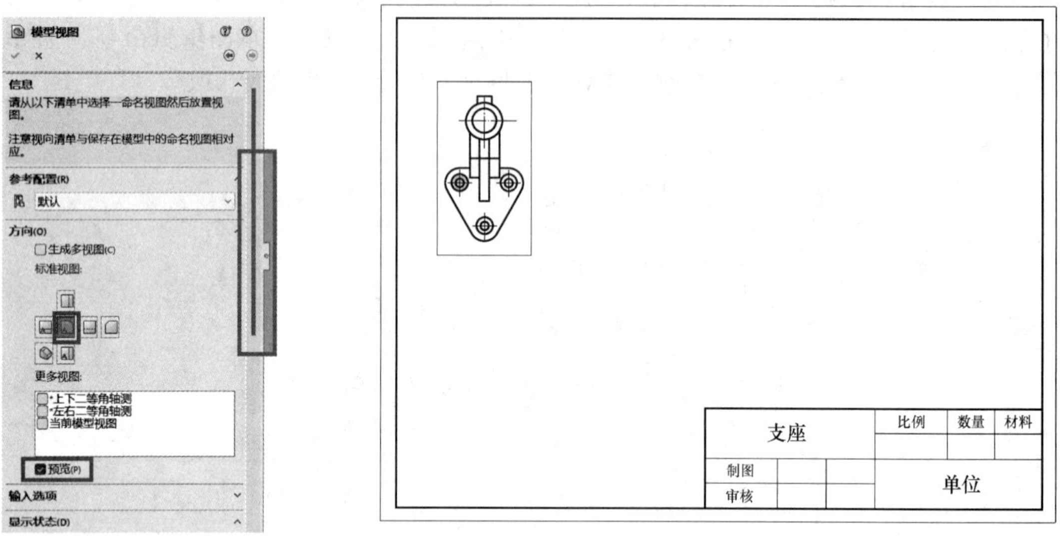

图 5-51　主视图的投影

（5）完成第一个视图的放置以后，在左侧对话框下拉找到“比例”这一栏，点击“使用自定义比例”，比例大小设置为 1 : 1。视图放大了以后如图 5-52 所示。

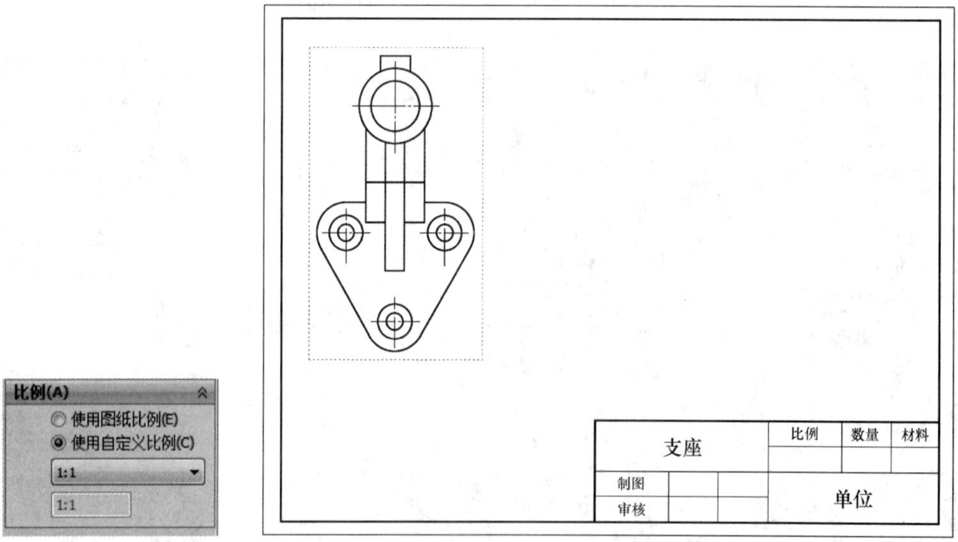

图 5-52　放大比例

（6）在主视图上右击，出现如图 5-53（a）所示对话框，点击，出现如图 5-53（b）所示投影的左视图。

（7）点击“视图布局—断开的剖视图”，在局部剖部位绘制样条曲线，出现如图 5-54 对话框，在“深度”选项框选择主视图大圆边线。

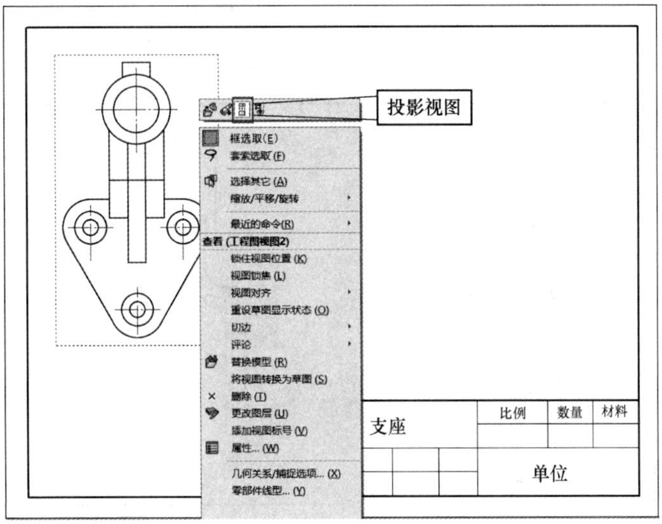

(a)

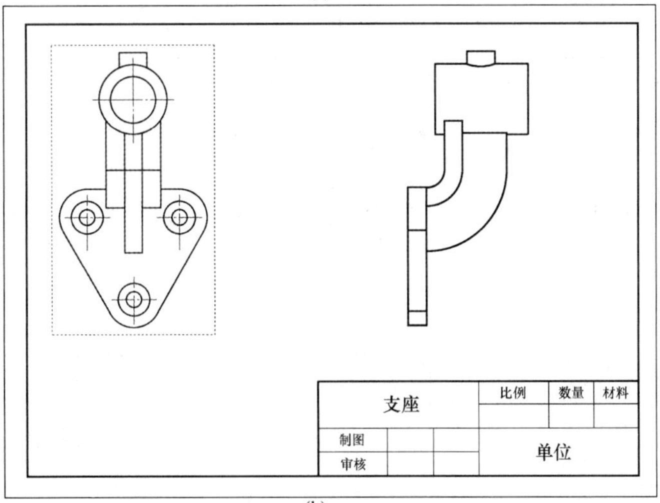

(b)

图 5-53　左视图的投影示意图

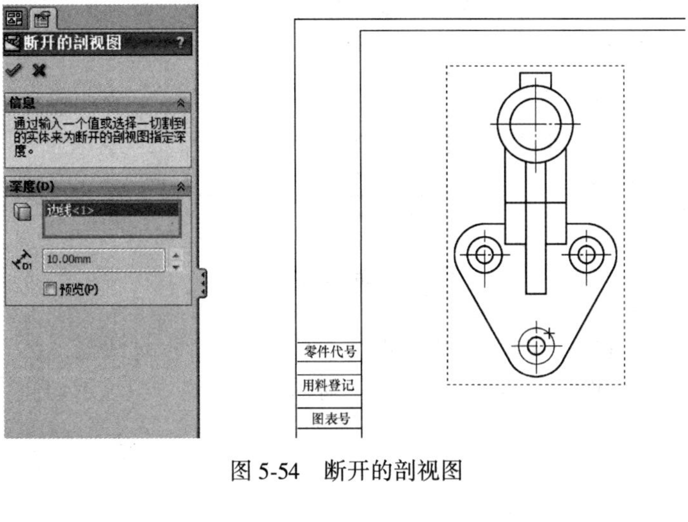

图 5-54　断开的剖视图

（8）点击“确定”，得到如图 5-55 所示的局部剖视图。

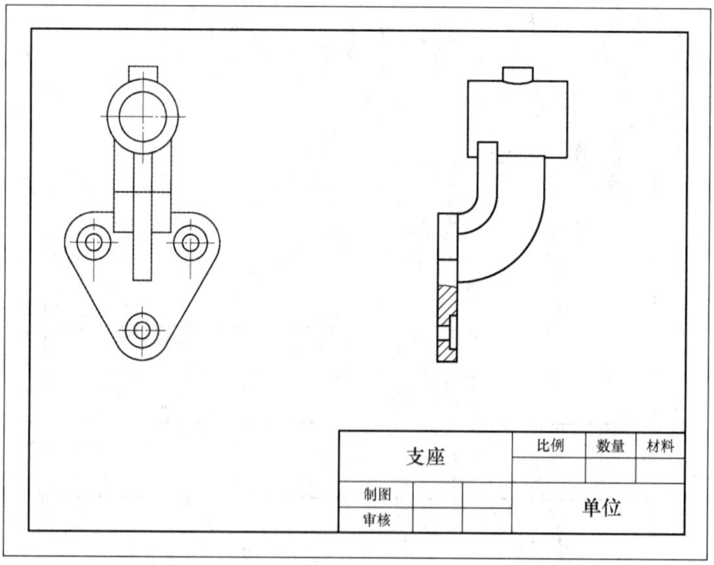

图 5-55　局部剖视图

（9）同理，对左视图的另一个局部剖进行同样操作，结果如图 5-56 所示。

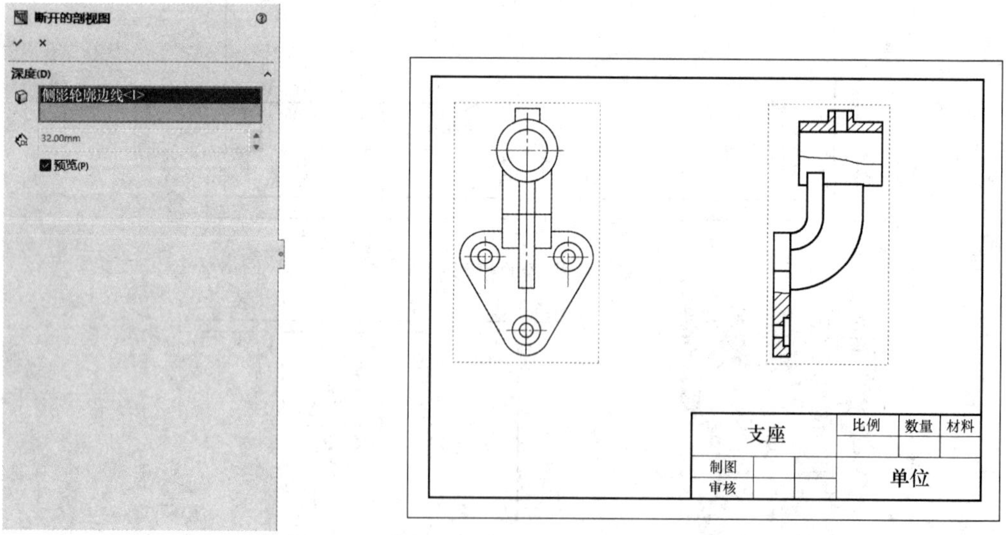

图 5-56　局部剖的绘制

点击“视图布局—剖面视图”，出现如图 5-57（a）所示对话框，在“切割线”中选择第二种剖切方式。出现如图 5-57（b）所示对话框，勾选“只显示切面”，出现如图 5-58 所示断面图。

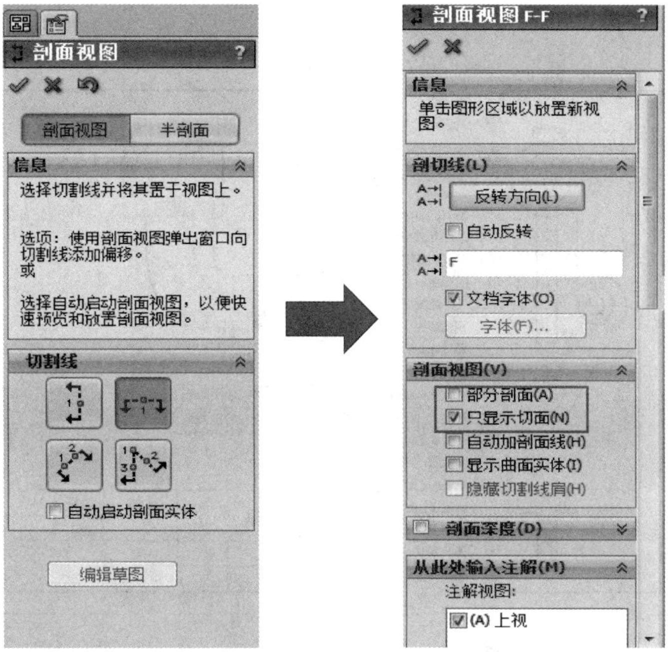

(a)　　　　(b)

图 5-57　剖面视图对话框

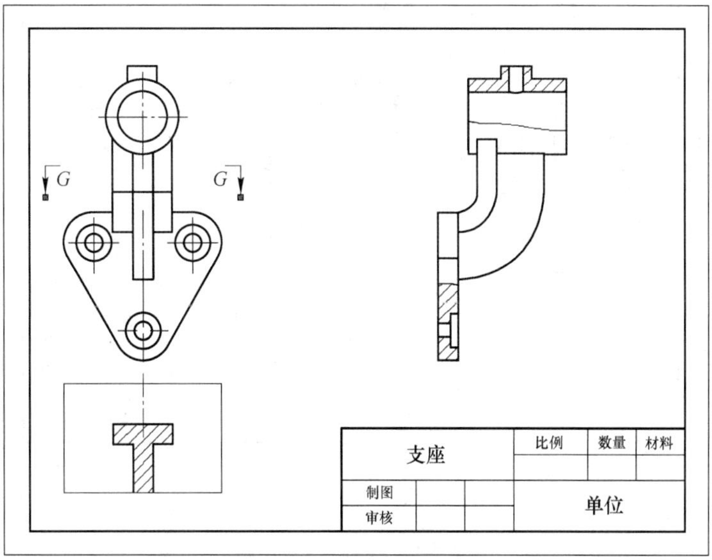

图 5-58　断面图投影

(10) 选中断面视图，右击选择“视图对齐—解除对齐关系”，将断面图移动到合适的位置。如图 5-59 所示。

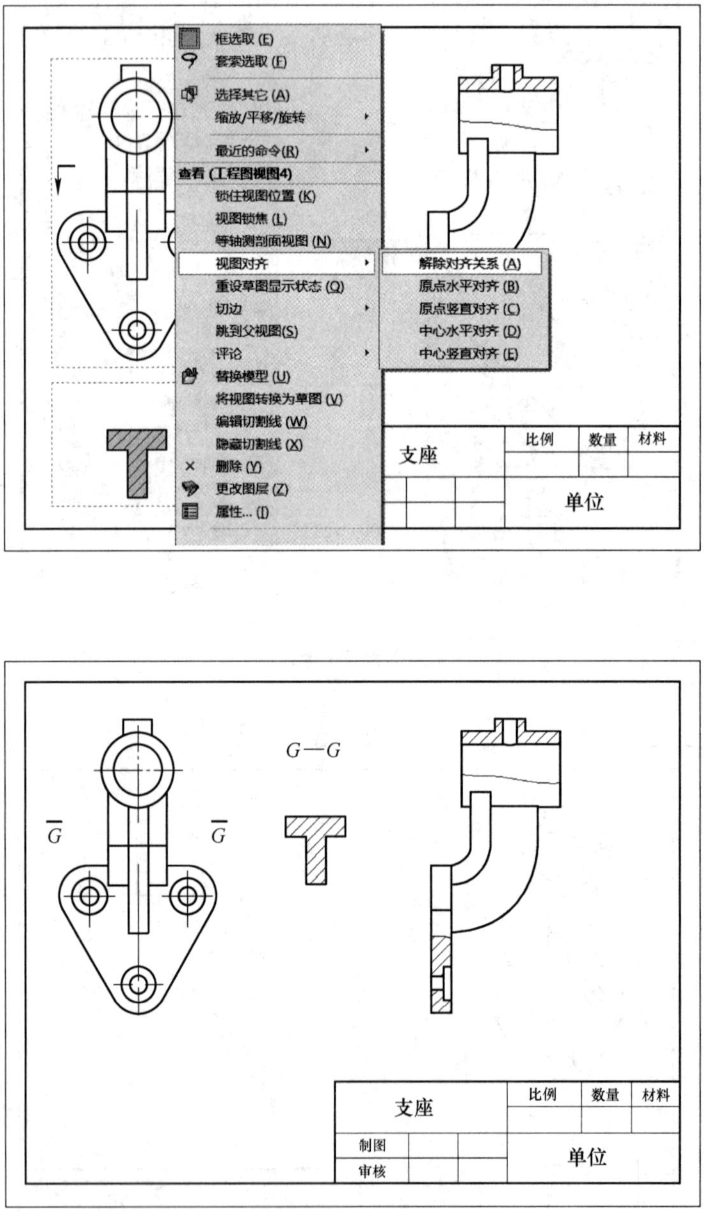

图 5-59 断面图的投影

(11) 点击“工具—选项—文档属性—线型”，将实线设置为 0.5 mm，如图 5-60 所示；点击“工具—选项—视图标号—剖面视图”，将样式中的箭头改成直线，同时线宽设置为 0.5 mm，如图 5-61 所示。

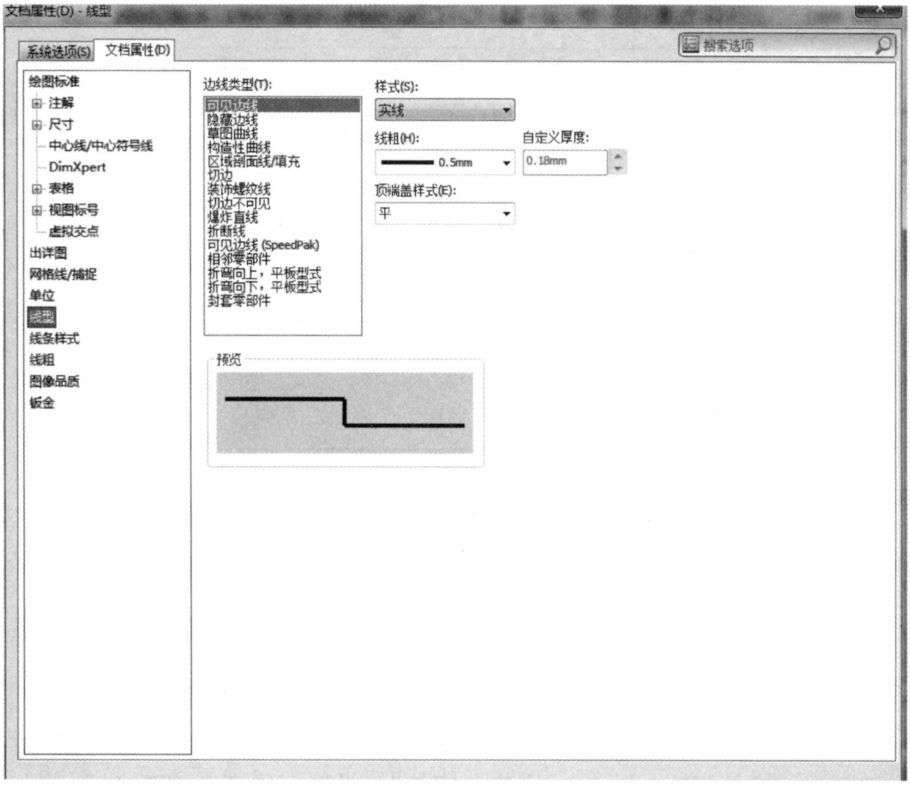

图 5-60 线宽设置窗口

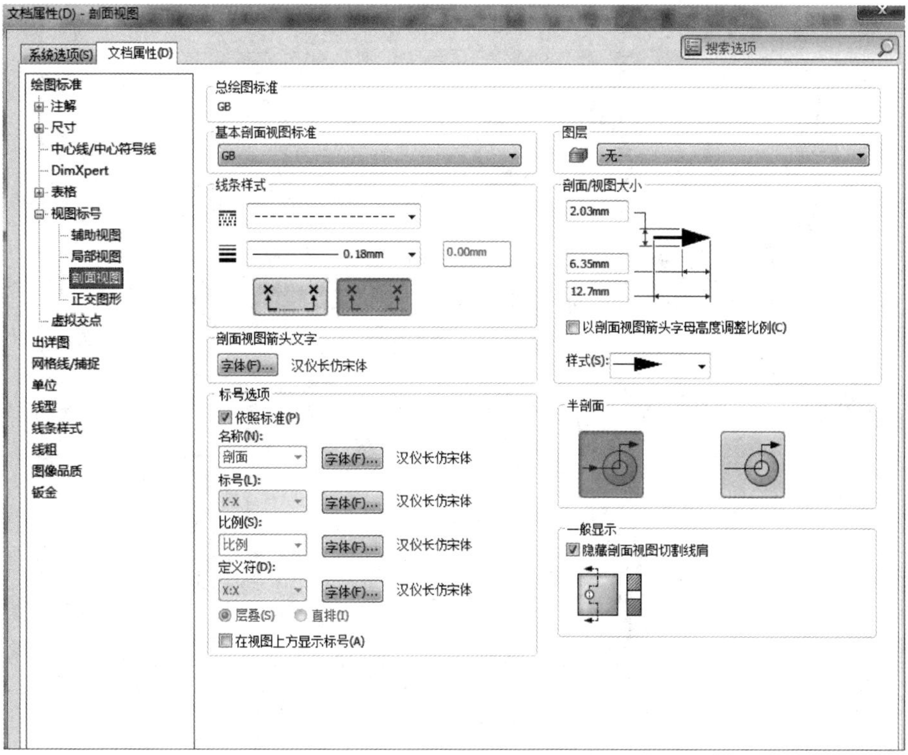

图 5-61 箭头设置窗口

（12）设置完成的图纸如图 5-62 所示。

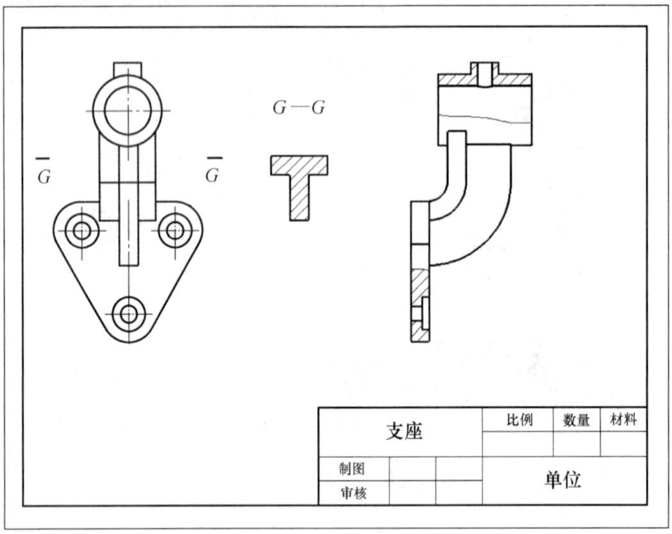

图 5-62　投影完成图

（13）主要的尺寸标注方式有智能尺寸、水平尺寸和竖直尺寸，这里点击“智能尺寸”命令完成尺寸的标注。但在尺寸标注之前先完成尺寸中心线的绘制，并设置尺寸字体大小。点击“选项—文档属性—尺寸”，点击“字体”，设置字体高度为 5.00 mm，如图 5-63 所示。

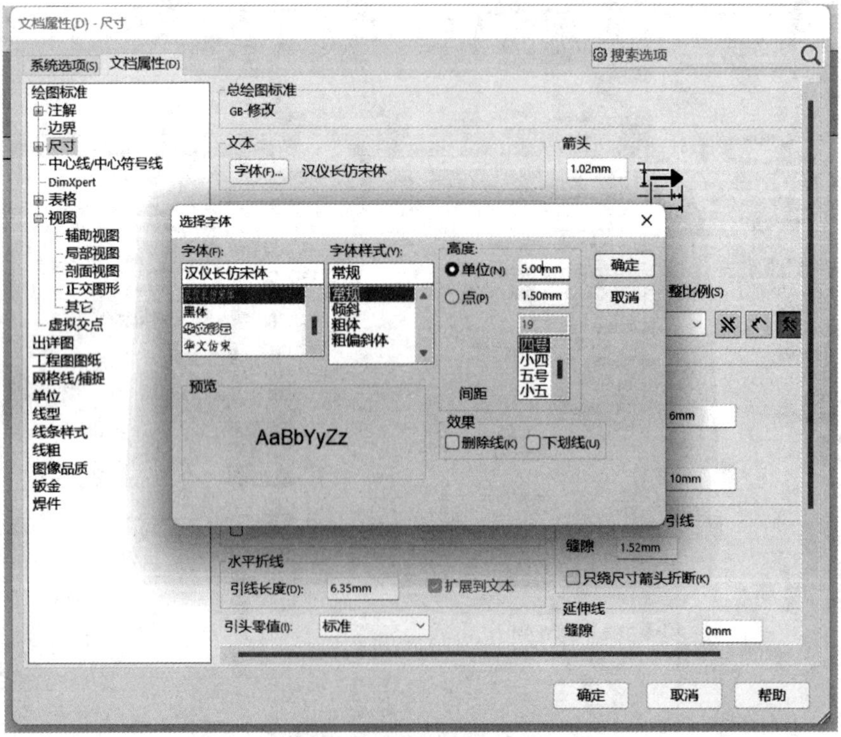

图 5-63　设置字体高度对话框

在标注尺寸时，例如直径为 30 的圆，若想把直径尺寸水平放置，可以点击引线，窗口的最后位置勾选“自定义文字位置”并选择第二种文字样式，如图 5-64 所示。

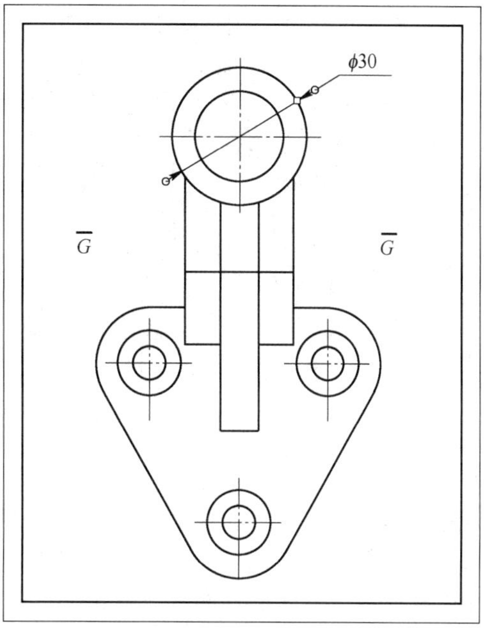

图 5-64　引线设置

基本尺寸标注完成后如图 5-65 所示。

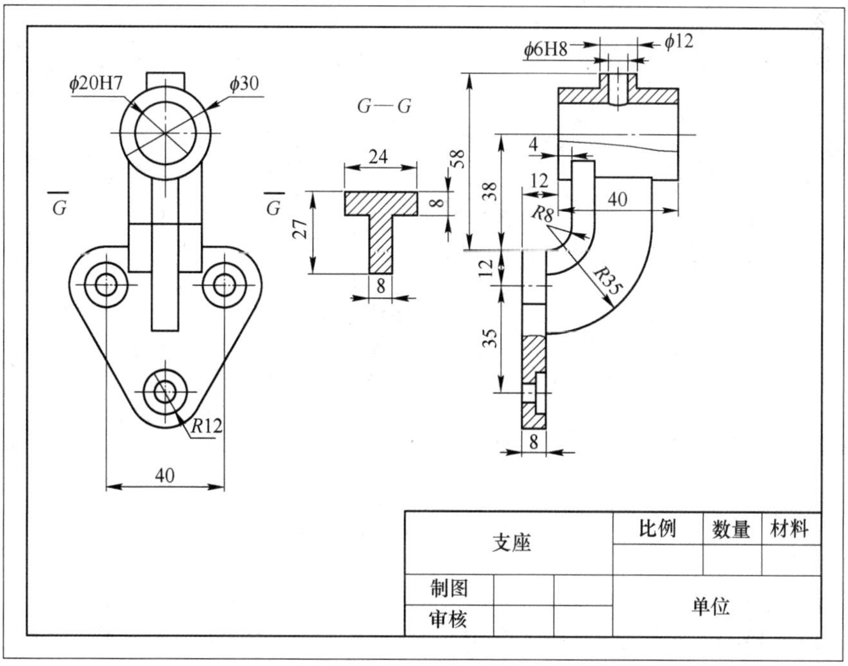

图 5-65　完成基本尺寸的视图

（14）点击“注解—注释”，在需要标注尺寸的阶梯孔拉出引线，如图 5-66 所示。

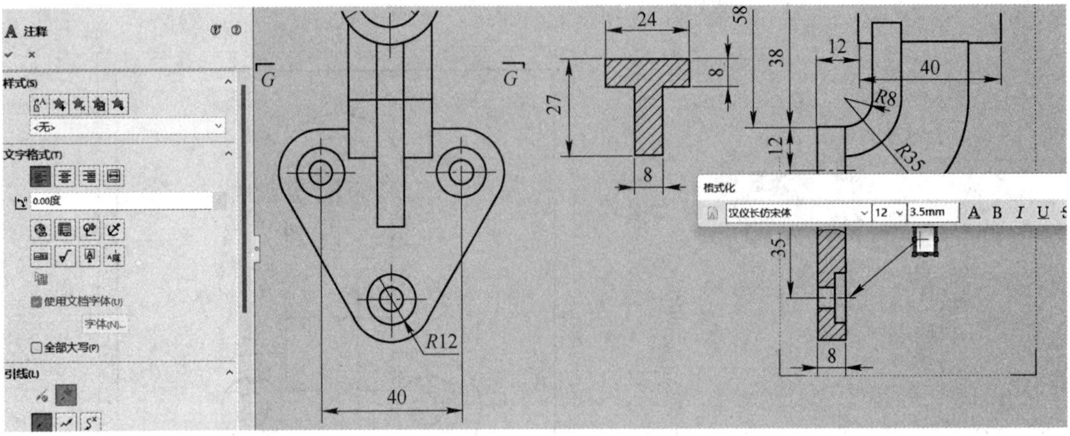

图 5-66　引线的标注

在引线下拉菜单列表中选择不带箭头的引线，在引线上方输入上方尺寸。点击“注释”里面“文字格式”下拉中的“更多符号”，出现符号图库窗口，点击“孔符号”，选择相应的孔符号，在引线下方插入注释文字，如图 5-67 和图 5-68 所示。

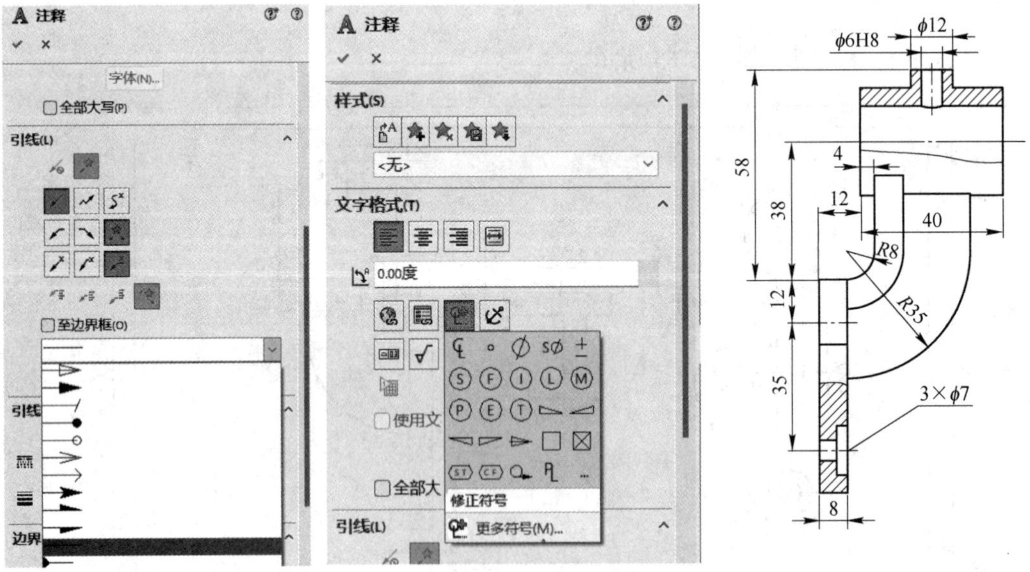

图 5-67　阶梯孔尺寸的标注

完成的标注图如图 5-69 所示。

（15）设置相应的粗糙度样式和字体样式进行粗糙度的标注，如图 5-70 所示。

完成的工程图如图 5-71 所示。

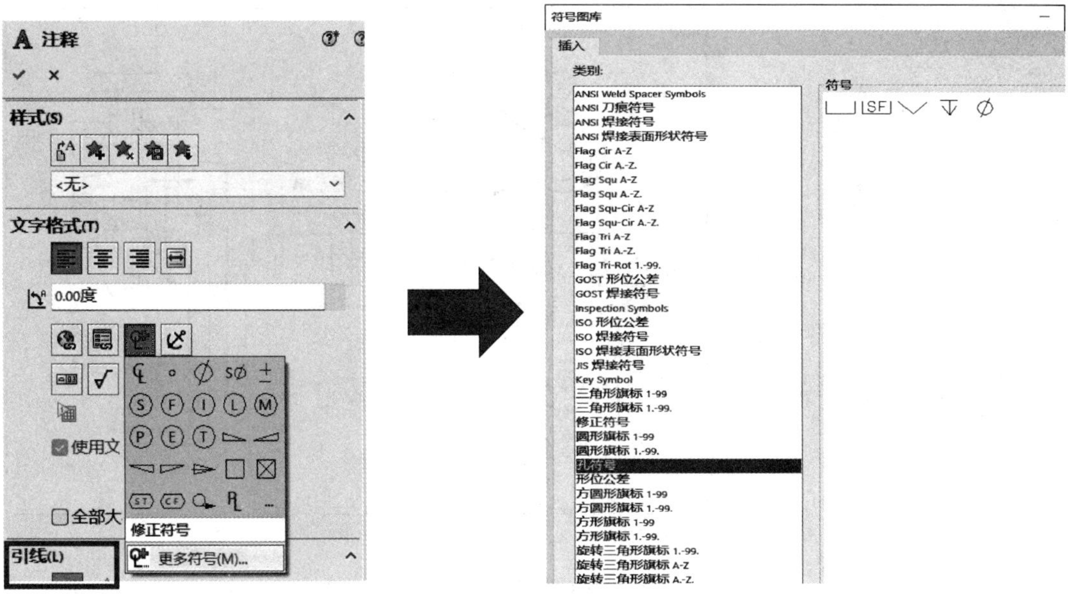

图 5-68　阶梯孔符号的标注

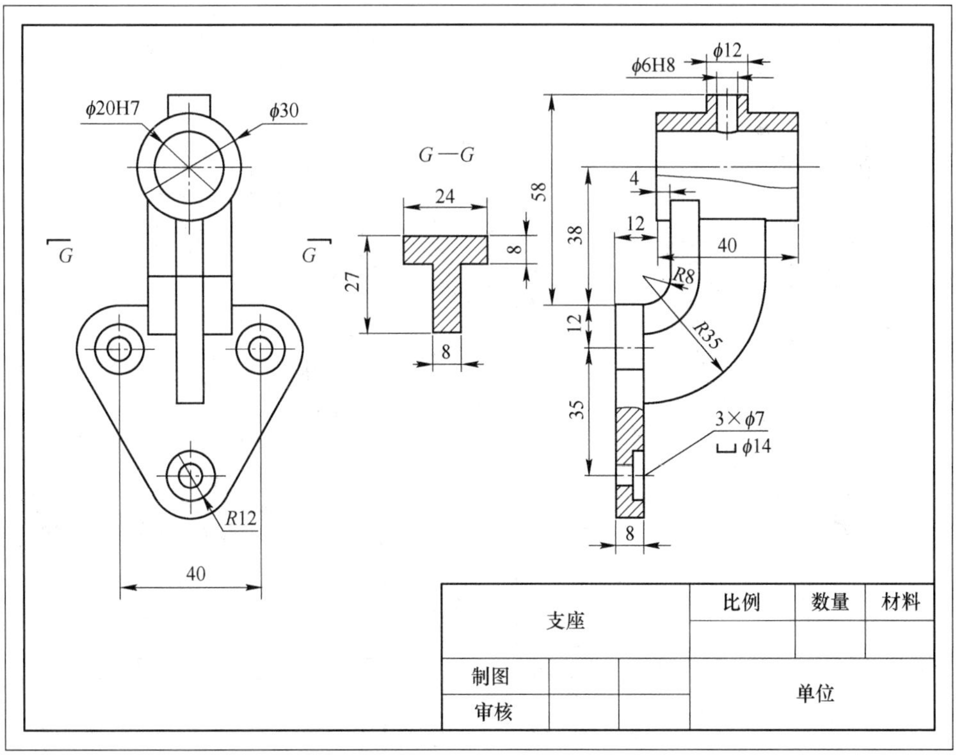

图 5-69　尺寸标注的视图

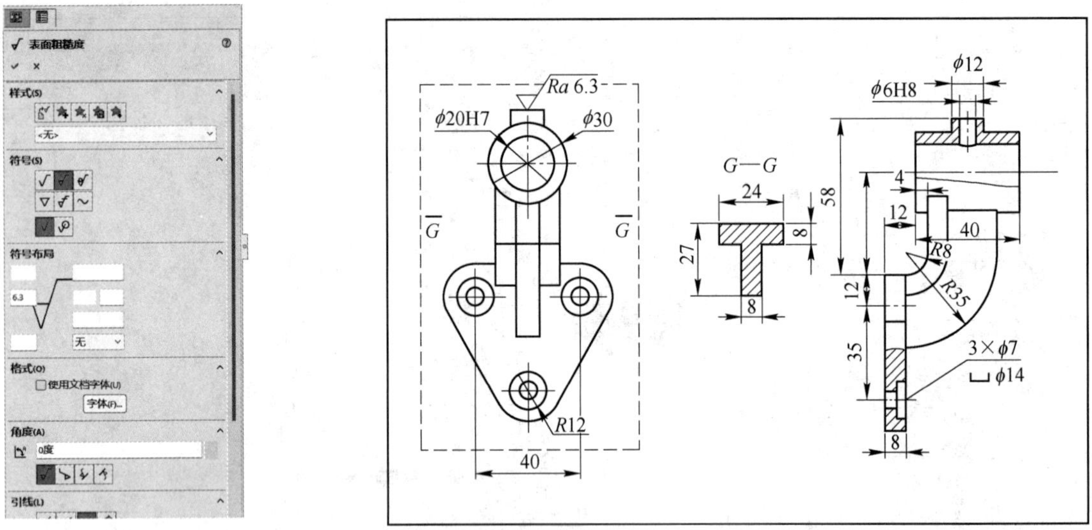

图 5-70　粗糙度的标注

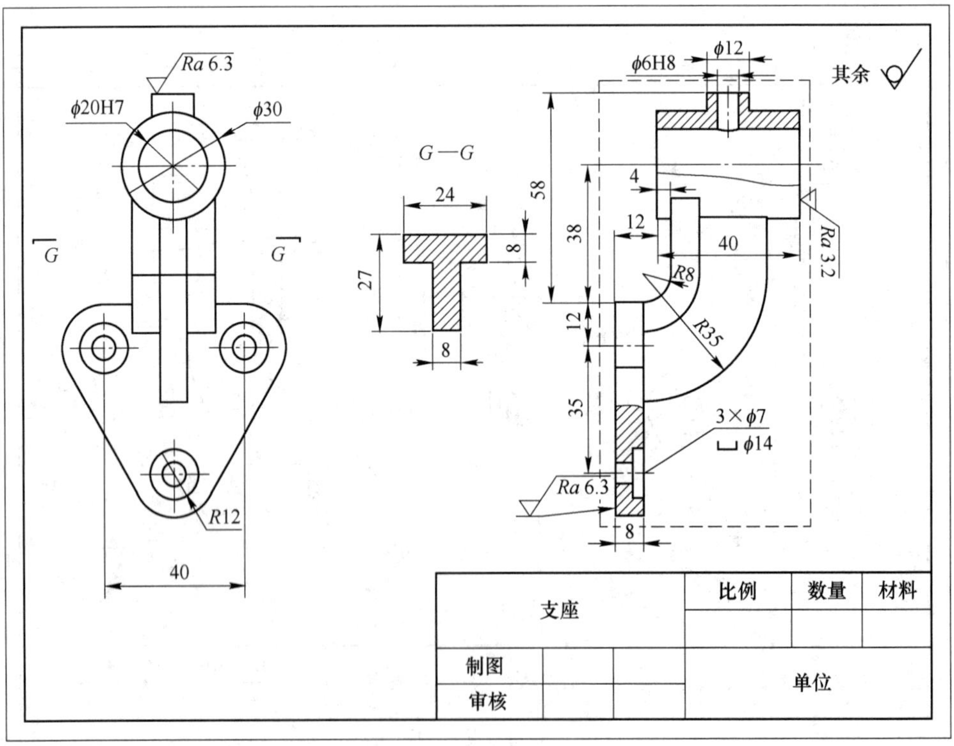

图 5-71　完成的图纸

（16）点击“文件—打印”，出现如图 5-72 所示对话框，点击“页面设置”，在其中设置打印的 PDF 的页面方向。单向“确定”，弹出窗口，对 PDF 文档进行命名并保存。

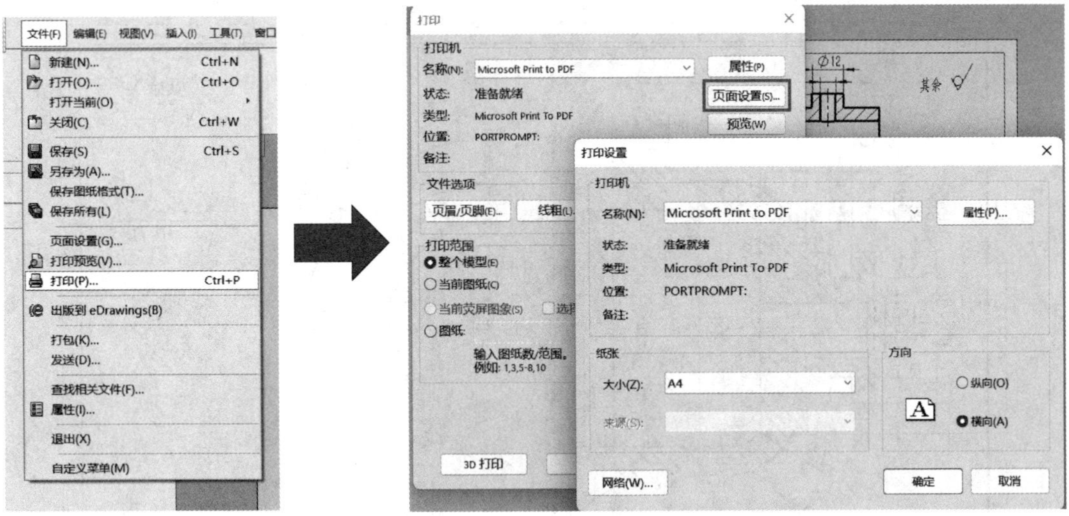

图 5-72　打印保存

练　习

完成图 5-73～图 5-76 所示工程图的绘制。

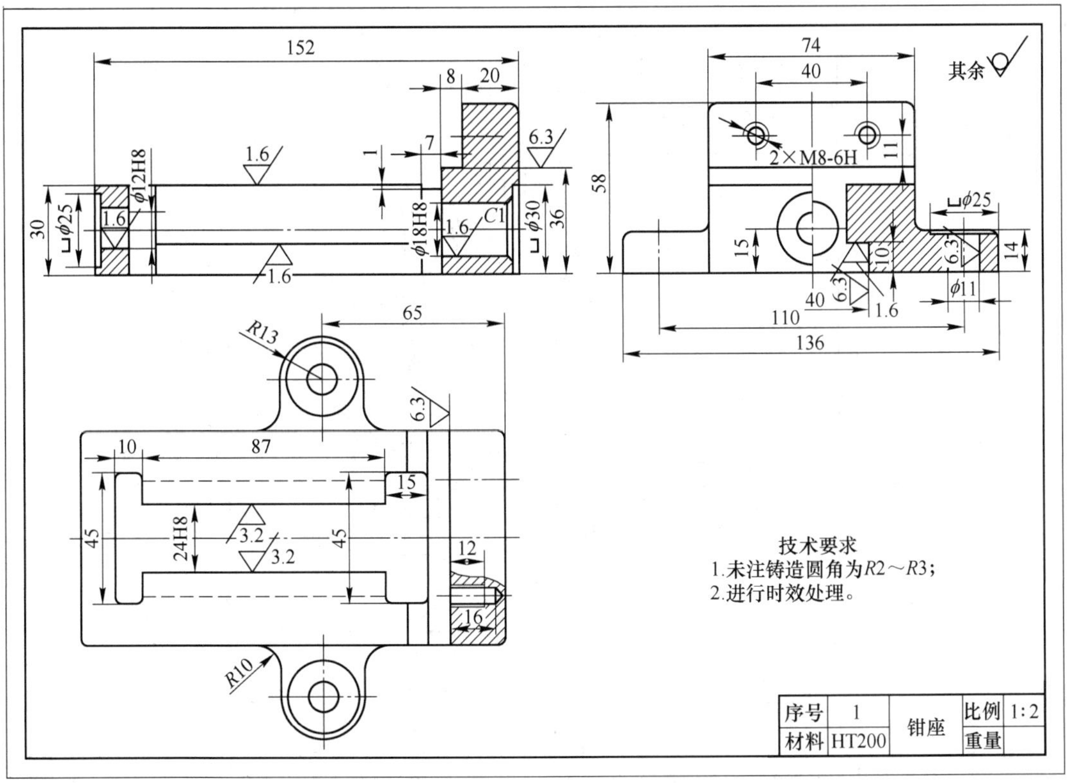

图 5-73　练习 1

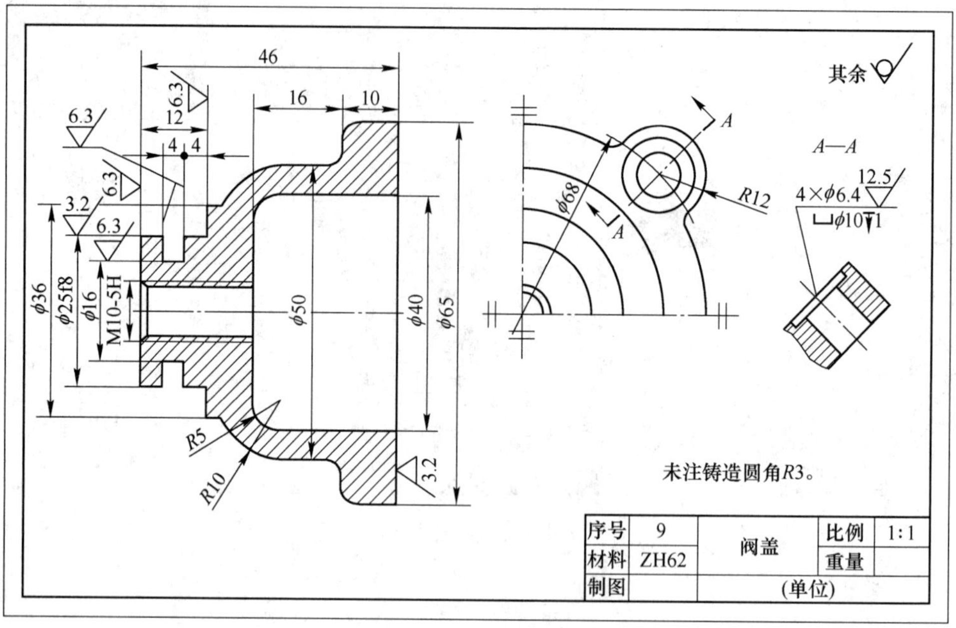

图 5-74　练习 2

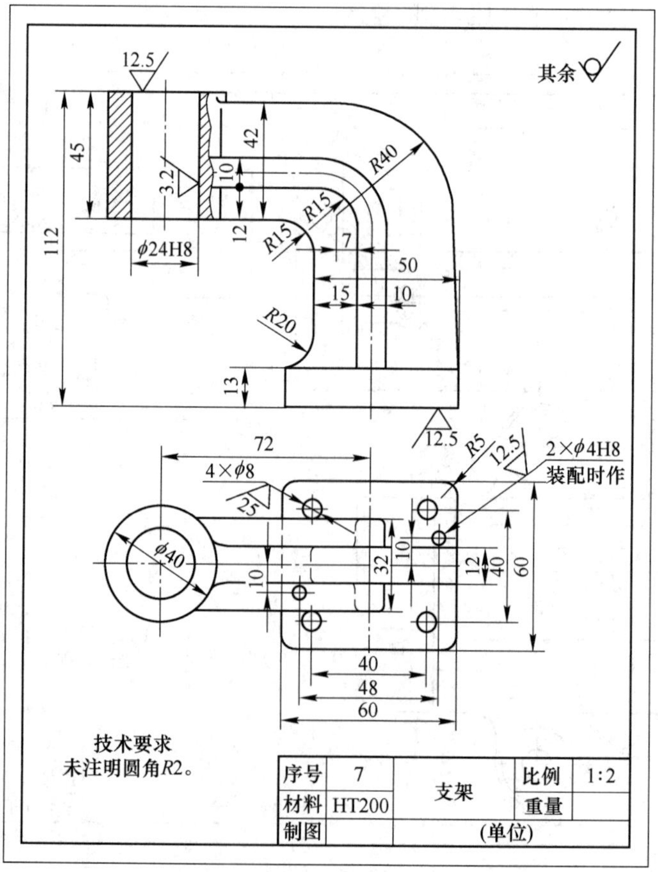

图 5-75　练习 3

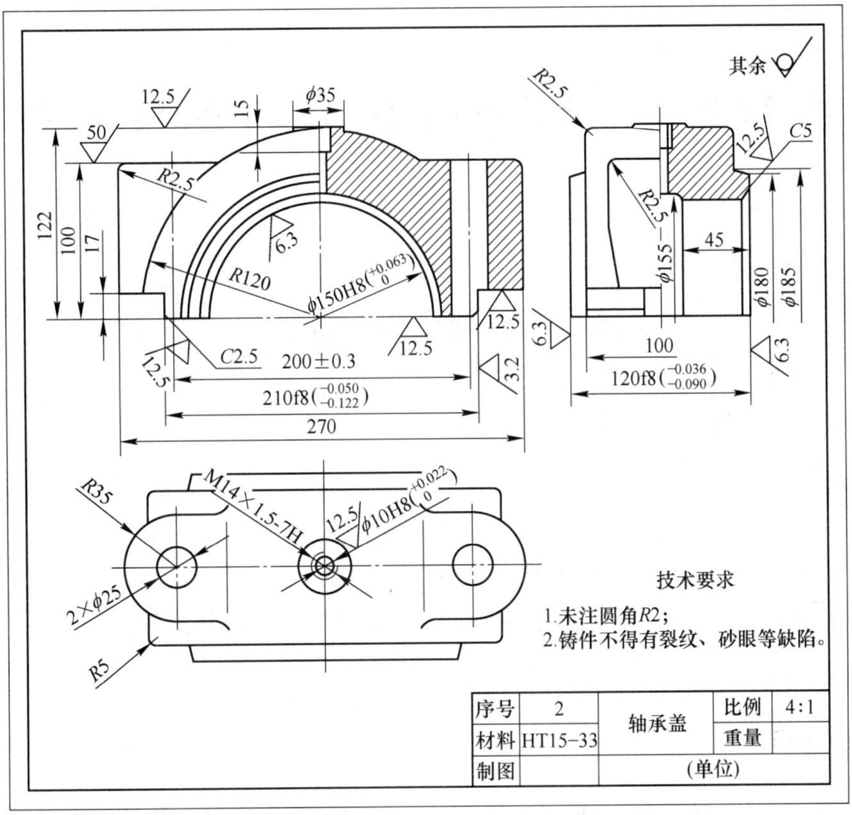
其余
12.5
50
15
ϕ35
R2.5
122
100
17
R120
6.3
ϕ150H8($^{+0.063}_{0}$)
12.5
C2.5
200±0.3
210f8($^{-0.050}_{-0.122}$)
270
3.2
R2.5
12.5
C5
R2.5
ϕ155
45
ϕ180
ϕ185
6.3
100
120f8($^{-0.036}_{-0.090}$)
R35
M14×1.5-7H
ϕ10H8($^{+0.022}_{0}$)
2×ϕ25
R5
技术要求
1.未注圆角R2;
2.铸件不得有裂纹、砂眼等缺陷。
序号
2
轴承盖
比例
4:1
材料
HT15-33
重量
制图
(单位)

图 5-76　练习 4

项目 6　SolidWorks 曲面设计案例

知识目标

（1）掌握曲面投影的绘制，曲面的拉伸、旋转与剪裁、缝合加厚等操作。

（2）掌握曲面分割和填充的相关操作步骤。

（3）熟悉曲面结构渲染的相关操作步骤。

技能目标

（1）掌握工程图图纸、比例及基本视图的投影。

（2）掌握曲面结构的绘制步骤，掌握曲面形状的拉伸与剪裁操作。

（3）掌握曲面的填充操作。

思政目标

（1）创新精神：培养学生具有能够综合运用已有的知识，提出新设计的勇气与智慧。

（2）探索精神：引导学生不怕困难，主动探索，勇于探索，在不断探索中掌握知识。

思政案例引入

案例 6-1

黄海森，上汽大众汽车有限公司宁波分公司维修机工，浙江省五一劳动奖章获得者、浙江省职工技能大赛工具钳工第一名、全国五一劳动奖章获得者。

2012 年 7 月，黄海森进入公司，开始与冲压车间的钢铁打起了交道。“传统方式搭建新模具的机器搭手 tooling，只能在压机内完成全部搭建工作，现场测量、切割、安装支杆、吸盘、排布气管，不仅精度差、容易返工，而且占用了大量的试模时间和人力。”为了提速，黄海森和他的工作室团队花了半年时间，创新研发出一套模具吊具，大大提升了生产速度。“利用机械仿真软件技术，根据每套模具和零件的不同工艺造型，计算最佳的抓取位置，模拟出线下预搭数据。我们还自己焊了搭手支架，使得预搭好的 tooling 可以一次性安装在机械手上，只需微调就行。”黄海森的这个创新，使得整套零件的搭建时间节约了整整 3 个班次，每年节约成本 30 万元。

创新精神是一个国家和民族发展的不竭动力，科技的进步在于创新，只有不断创新，个人才会不断进步，社会才会不断发展，国家才会不断强大。

任务 6.1　花瓶曲面设计案例

案例引入

案例 6-2　完成图 6-1 所示花瓶的曲面设计。

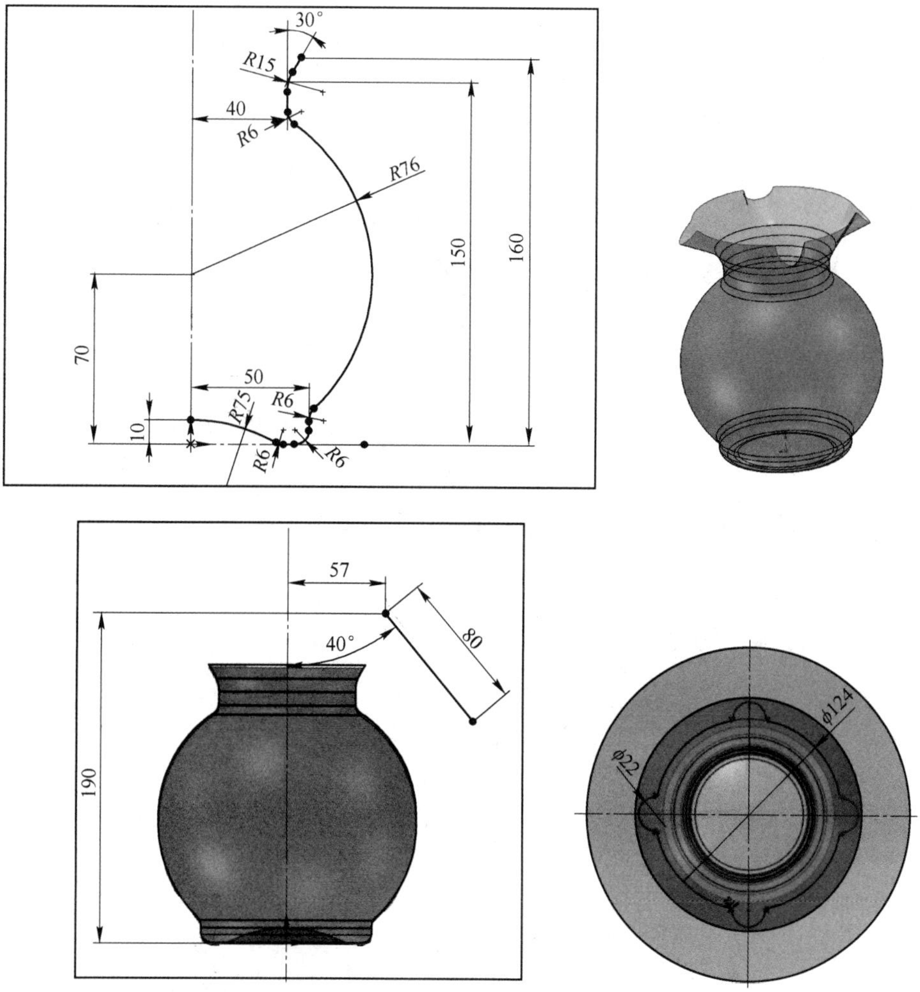

图 6-1　曲面设计——花瓶

任务描述

（1）完成花瓶的基本图纸的识读。

（2）掌握 SolidWorks 软件曲面设计模块的基本操作。

（3）在 SolidWorks 中完成花瓶的曲面设计。

操作步骤

（1）打开 SolidWorks 软件，新建零件，在上视基准面进行草图绘制，绘制的草图如图 6-2 所示。

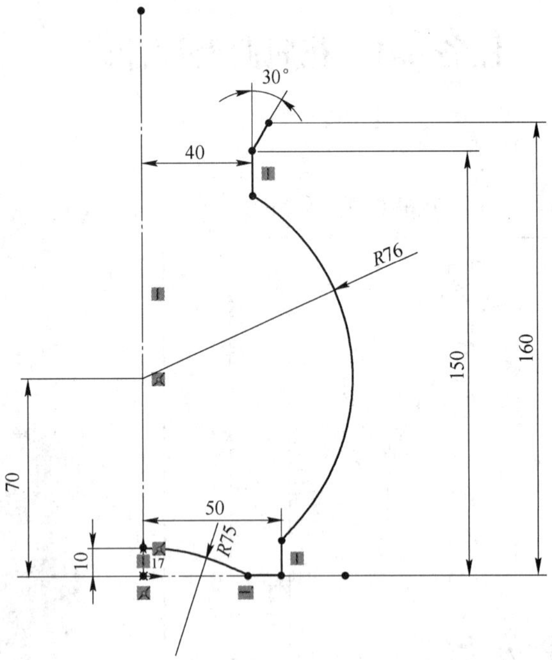

图 6-2　草图

（2）按照如图 6-3 所示要求进行倒圆角操作，完成草图的倒角。

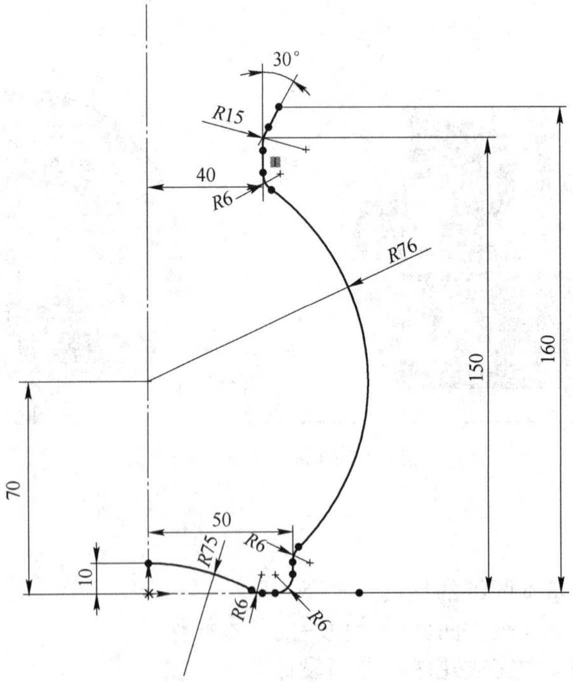

图 6-3　倒角

（3）单击“曲面—旋转曲面”，将草图围绕中心线进行曲面旋转，点击确定按钮，旋转后的图形如图 6-4 所示。

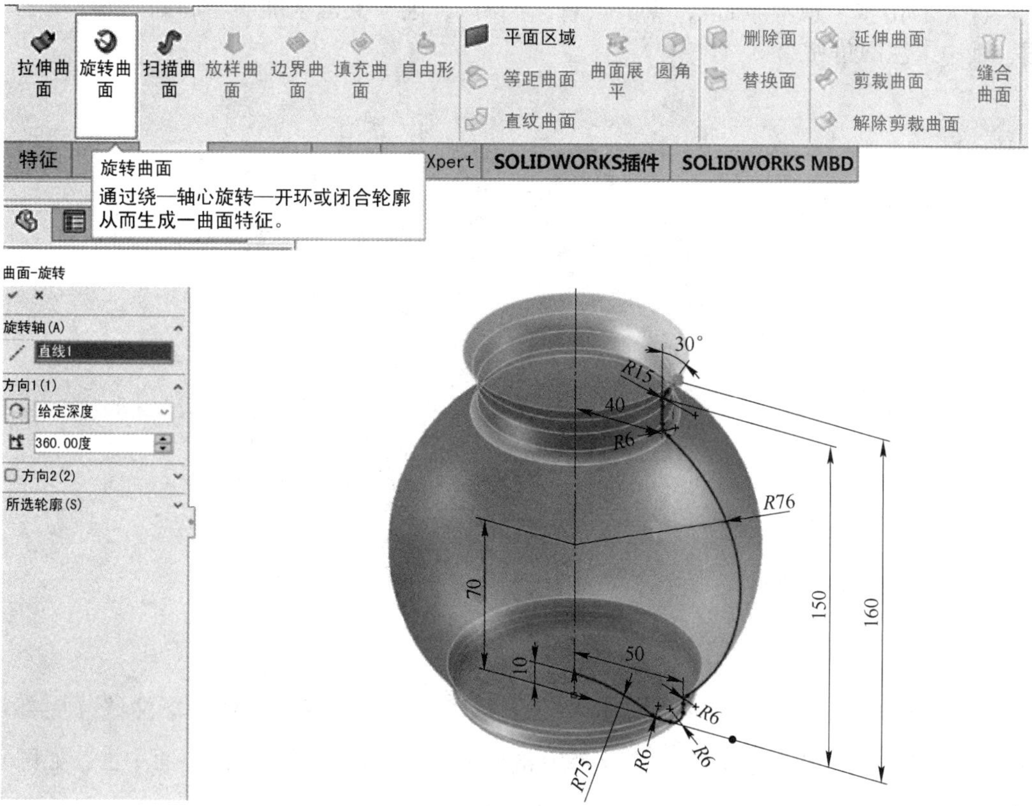

图 6-4　旋转草图

（4）点击前视基准面，绘制一条直线，如图 6-5 所示。

（5）单击“曲面-旋转曲面”，将该直线围绕中心线进行曲面旋转，如图 6-6 所示。

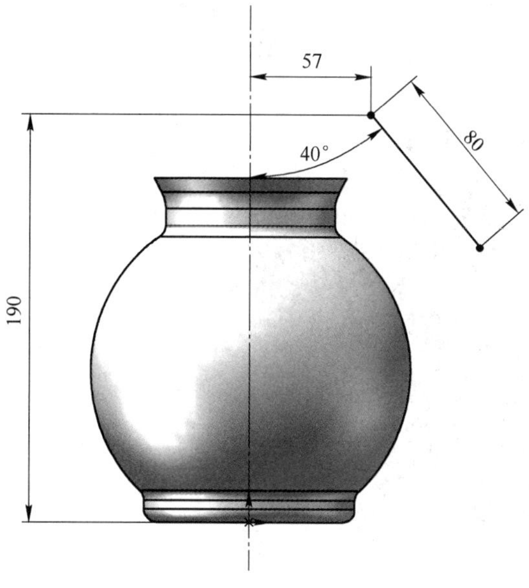

图 6-5　旋转后实体

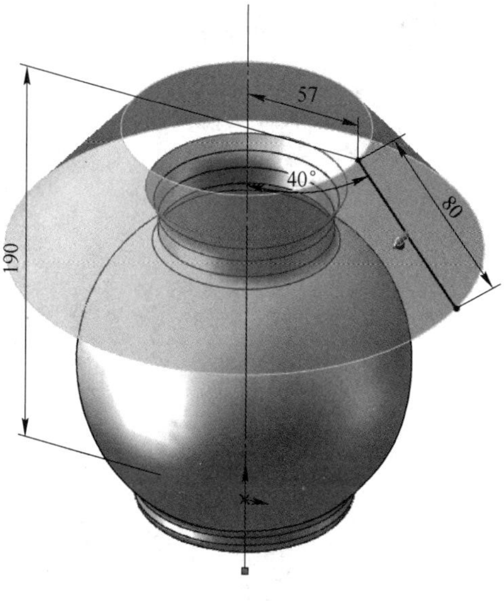

图 6-6　旋转曲面

（6）右击“上视基准面”，点击“草图绘制”，进入上视基准面绘制如图 6-7 所示草图，其中未注圆角 $R2$。

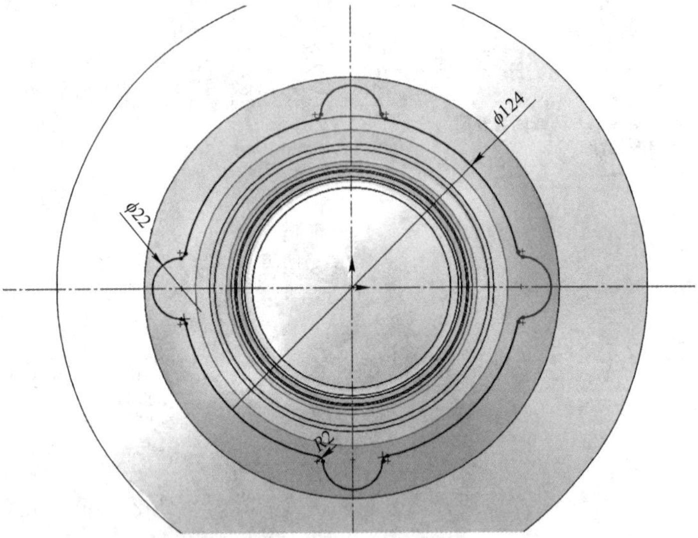

图 6-7　草图绘制

（7）点击“曲线—投影曲线”，选择面上草图，分别选择相应的投影曲线（底部草图）和投影面，点击确定按钮将上视基准面上的草图投影到上面的斜面中去，如图 6-8 所示。

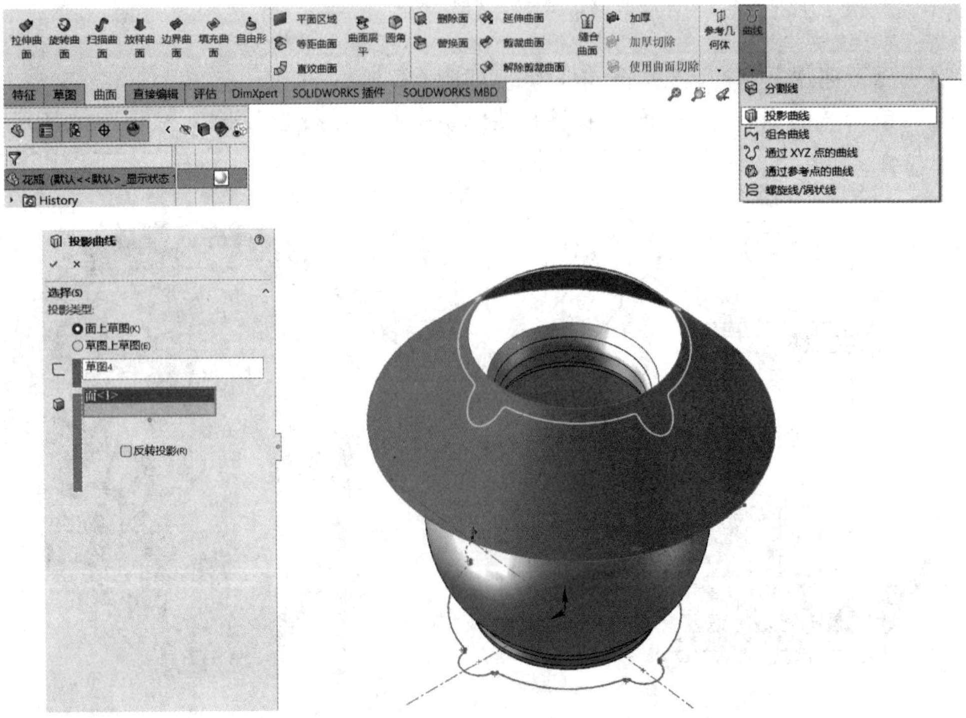

图 6-8　投影曲线

（8）点击“插入—特征—删除实体”，点击确定按钮 ，删除上述投影曲面，只留下投影曲线，如图 6-9 所示。

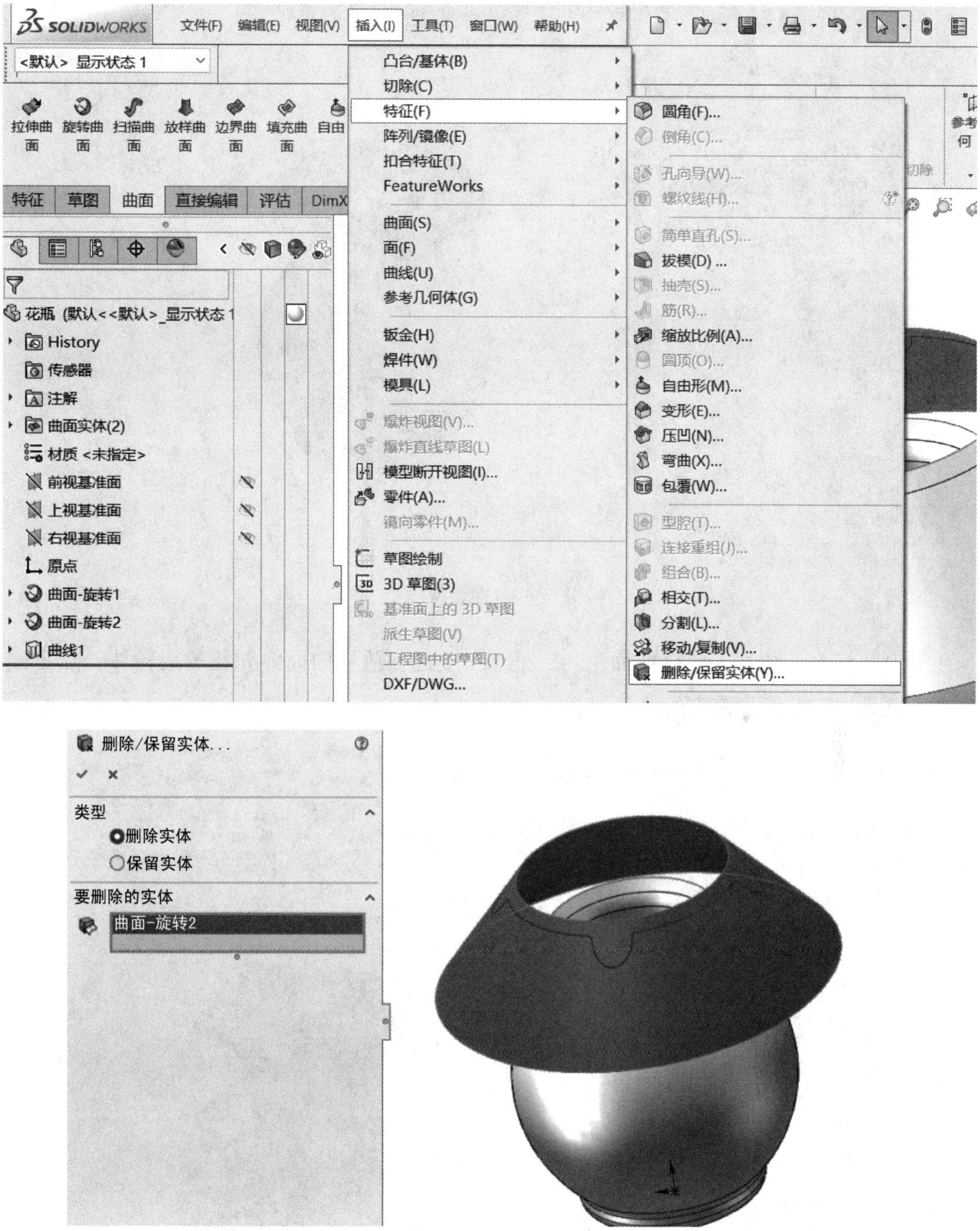

图 6-9　删除实体

（9）点击“曲面—放样曲面”，选择图 6-10 中的投影曲线和瓶口圆形边线，点击确定按钮 ，进行曲面的放样设计，完成花瓶瓶口的设计。

图 6-10　曲面放样

（10）点击“曲面—缝合曲面”，在图 6-11 中选择放样曲面体和花瓶旋转体，点击确定按钮，完成所建模型的曲面缝合。

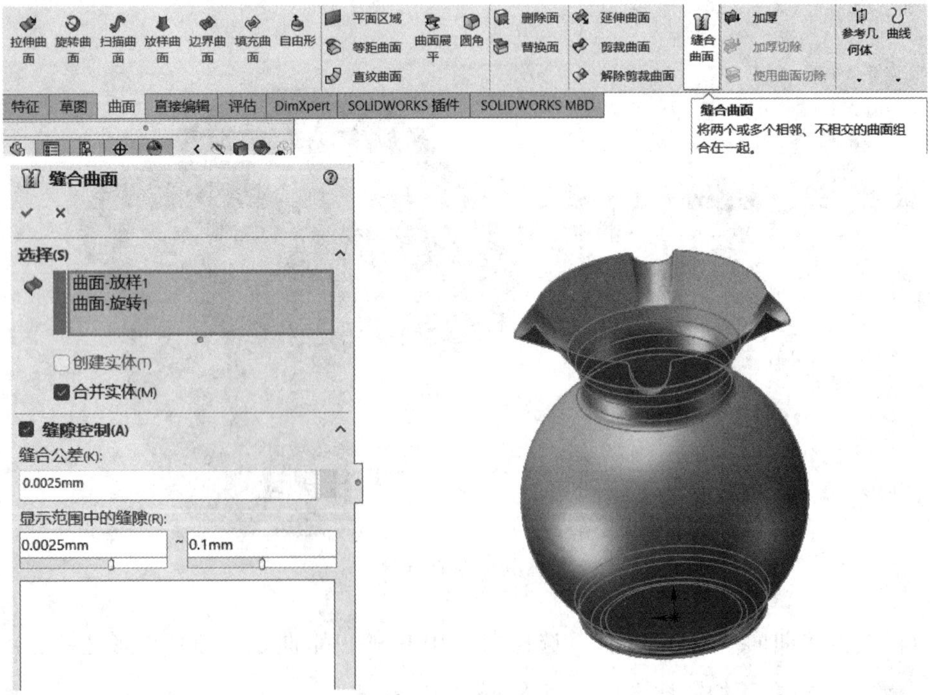

图 6-11　曲面缝合

（11）点击“曲面—加厚”，完成花瓶结构厚度的设定，如图 6-12 所示。最后可以进行一定程度的渲染。完成的模型如图 6-13 所示。

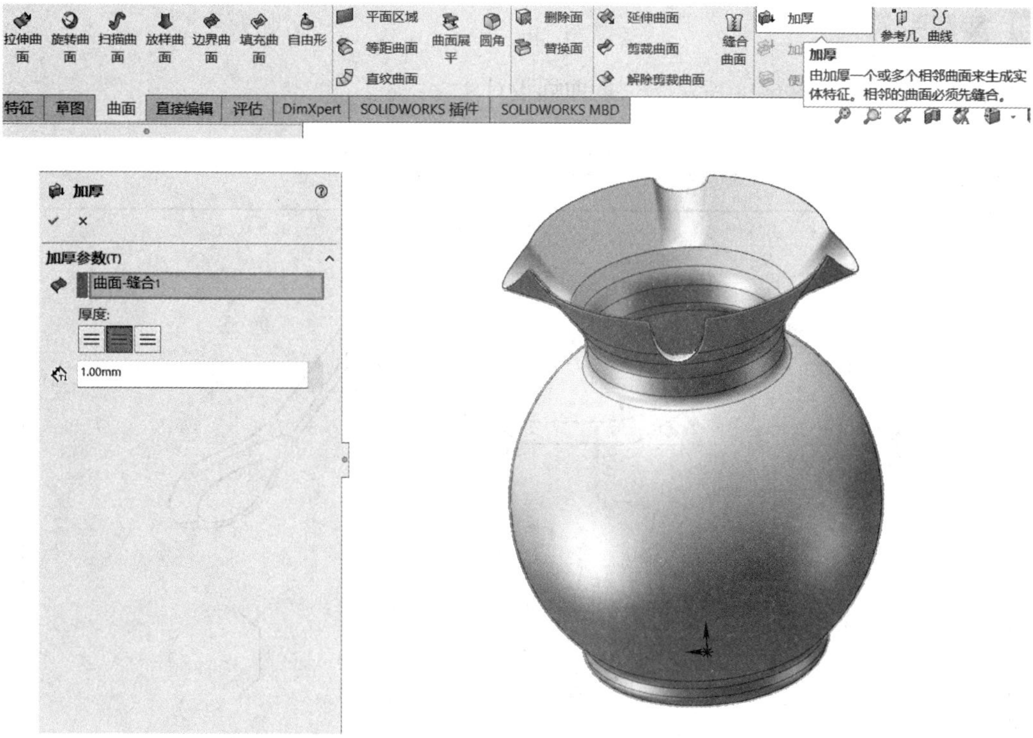

图 6-12　曲面加厚

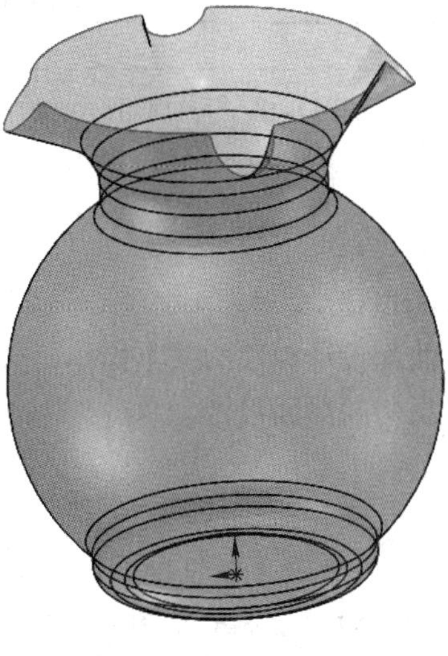

图 6-13　完成的模型

任务 6.2　汤勺曲面设计案例

案例引入

案例 6-3　完成图 6-14 所示汤勺的曲面设计。

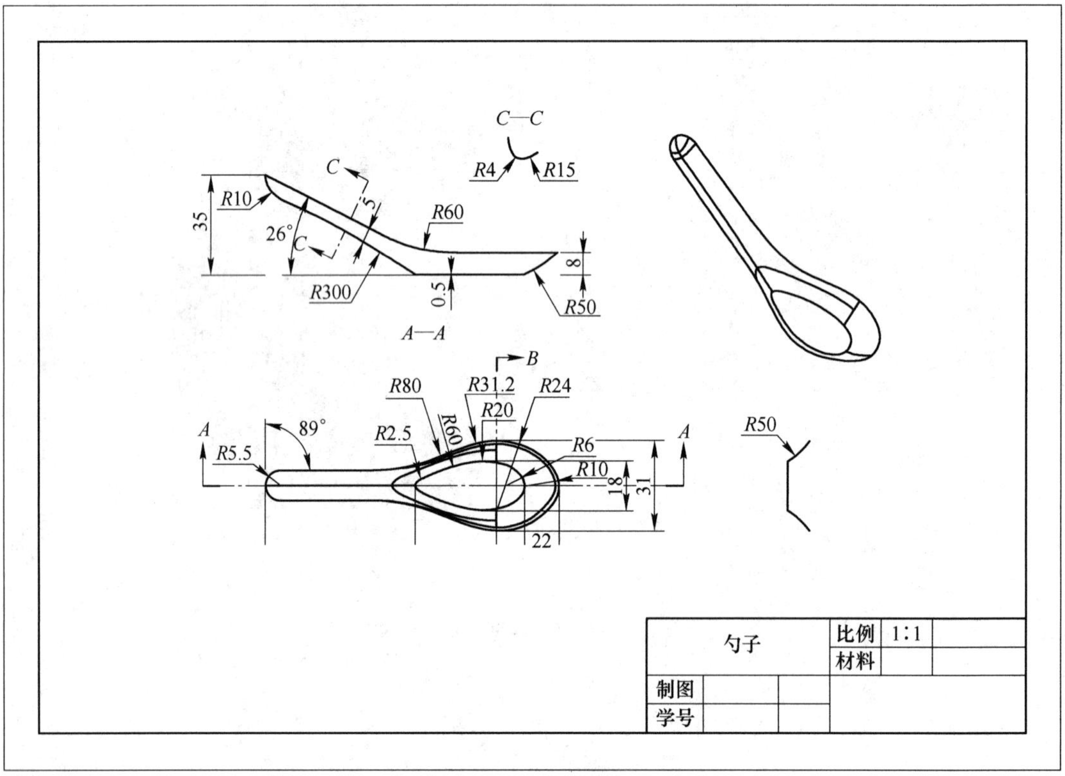

图 6-14　汤勺草图

任务描述

（1）完成汤勺的基本图纸的识读。

（2）熟悉 SolidWorks 软件曲面设计模块的基本操作。

（3）在 SolidWorks 中完成汤勺的曲面设计。

操作步骤

（1）打开 SolidWorks，新建零件，在上视基准面进行草图绘制（注意：四段圆弧分别相切，尺寸是 *R*6、*R*20、*R*60、*R*2.5），绘制的草图如图 6-15 和图 6-16 所示。

（2）保存上一步的草图。继续在上视基准面进行草图绘制，绘制的草图如图 6-17 所示（注意：五段圆弧尺寸 *R*5.5、*R*80、*R*31.2、*R*24、*R*10 全部相切）。

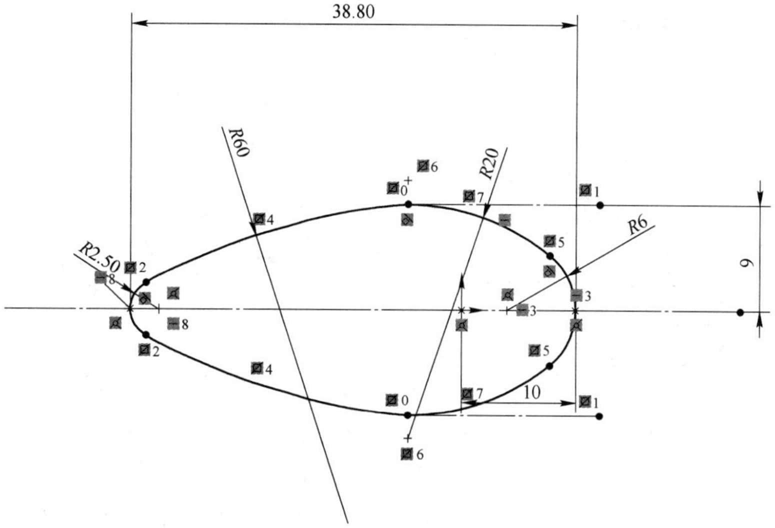

图 6-15　草图 1

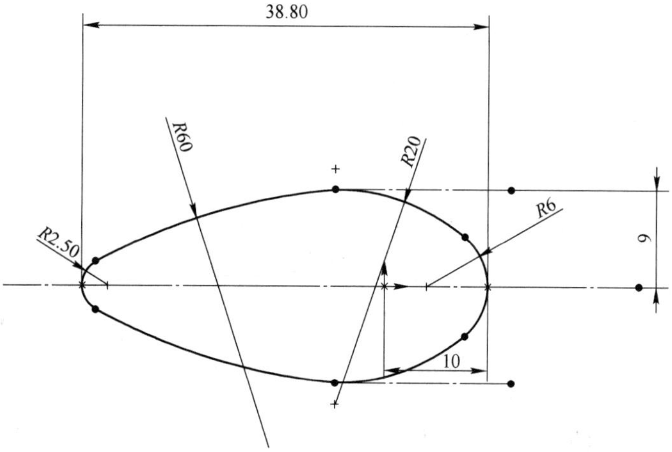

图 6-16　草图 2（去除约束关系）

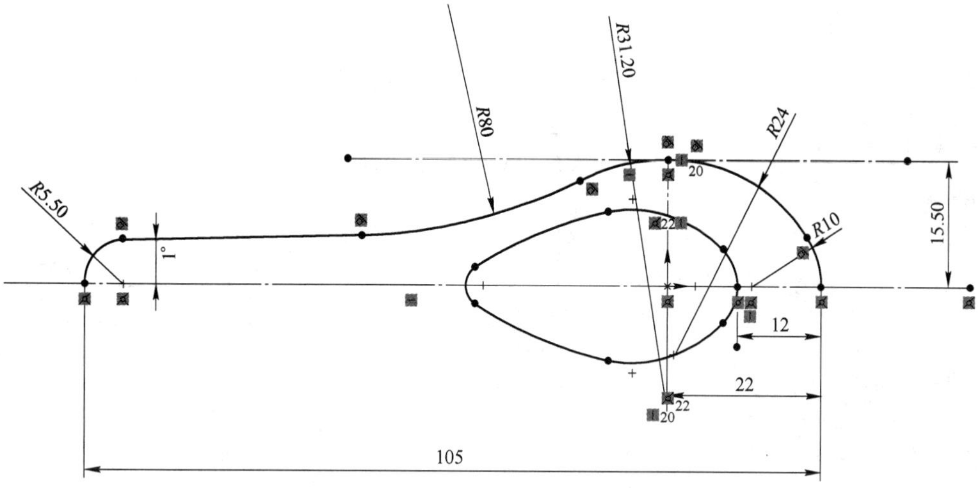

图 6-17　草图 3

镜向草图，如图 6-18 所示。

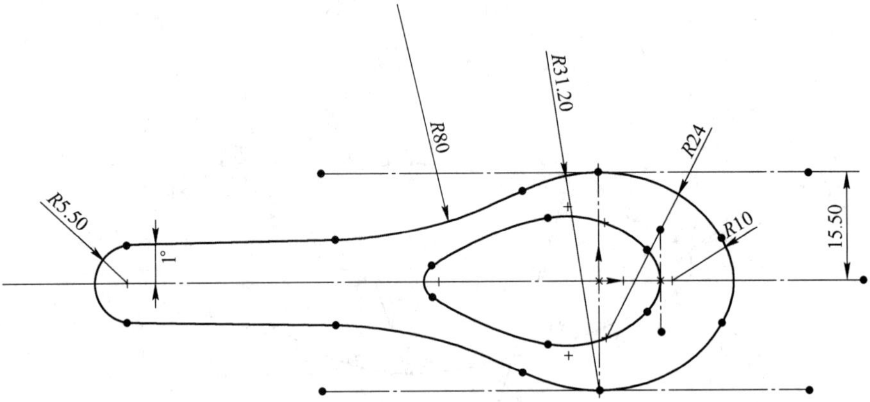

图 6-18　镜向草图

（3）保存上一步的草图，然后在前视基准面进行草图绘制，绘制的草图如图 6-19 所示。

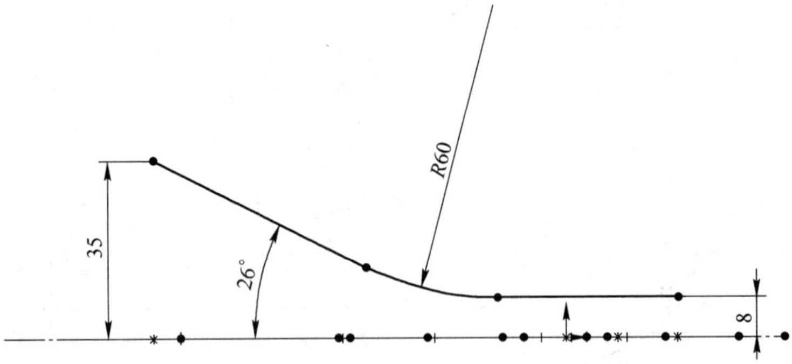

图 6-19　前视基准面草图

注意两个端点竖直的几何关系，如图 6-20 所示。

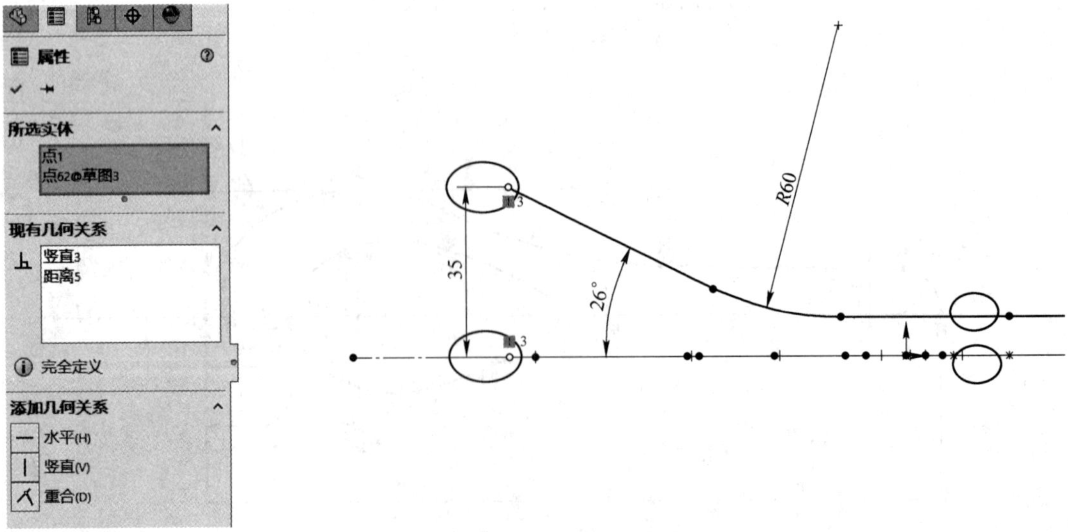

图 6-20　约束几何关系

（4）继续在前视基准面进行草图绘制，如图 6-21 所示。

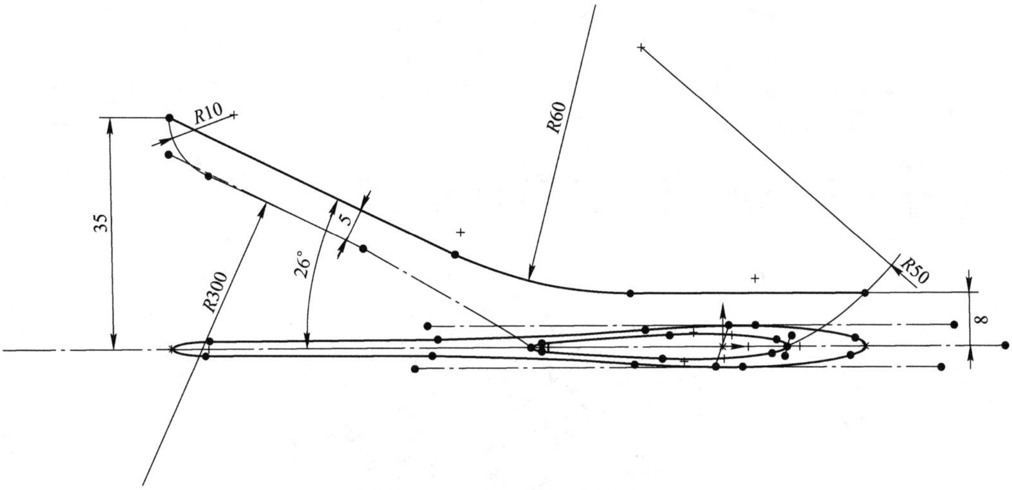

图 6-21　前视基准面草图

注意几个穿透的几何关系，如图 6-22 所示。

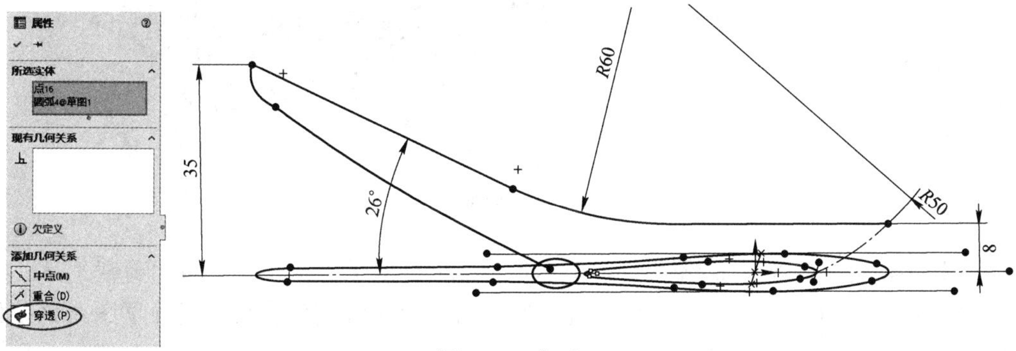

图 6-22　穿透

（5）调出曲面对话框，在选项卡中右击，点击“曲面”，进入曲面选项，如图 6-23 所示。

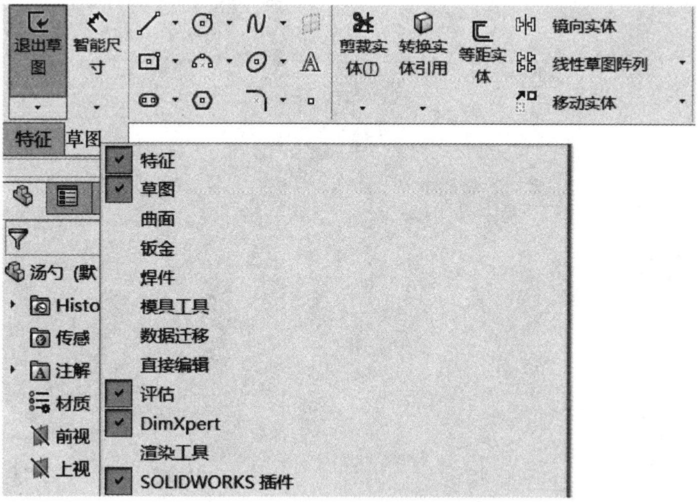

图 6-23　曲面对话框

选择草图，点击“曲面—拉伸曲面”，在出现的拉伸曲面对话框的“方向”中选择“两侧对称”，拉伸宽度尽量大一些，如图 6-24 所示。

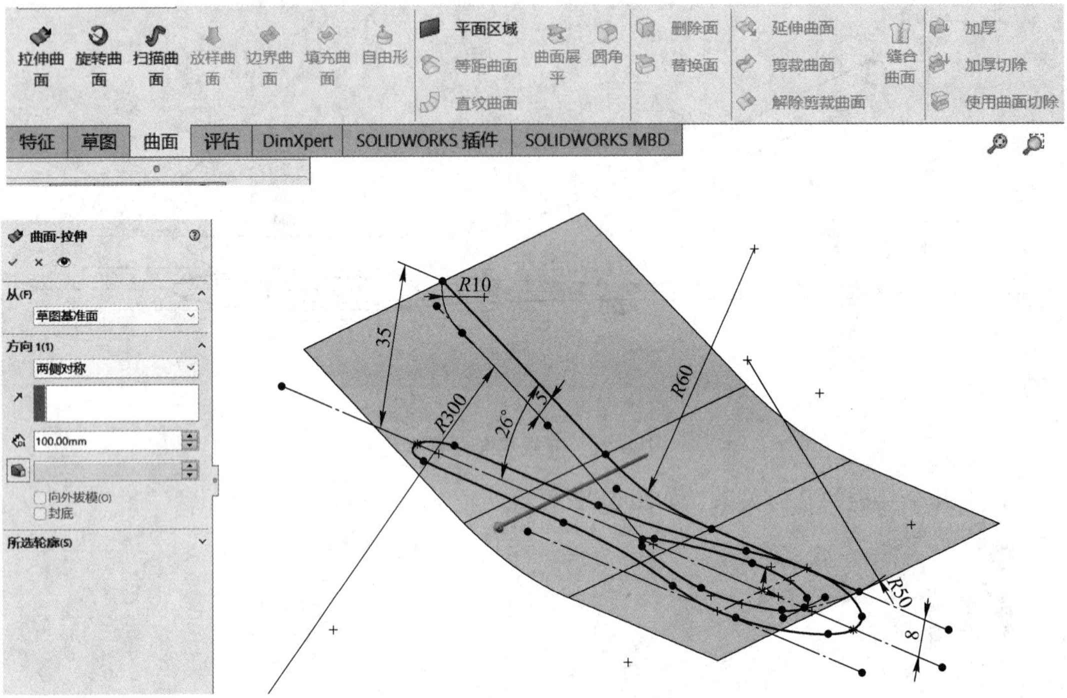

图 6-24　曲面拉伸

点击“曲面—剪裁曲面”，界面左侧出现剪裁曲面对话框，在其中的“剪裁工具”中选择“草图 3”，在曲面中选择中间曲面形状，利用标准剪裁功能及底面的草图对该拉伸曲面进行剪裁，如图 6-25 所示。

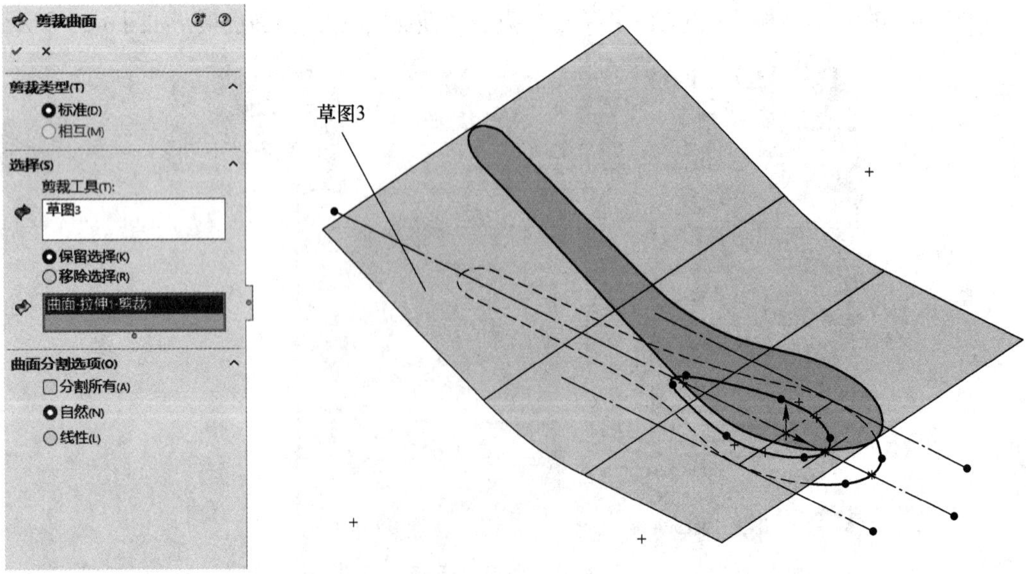

图 6-25　曲面裁剪

选中草图 1，点击曲面中的“平面区域”，完成底面的平面，如图 6-26 所示。

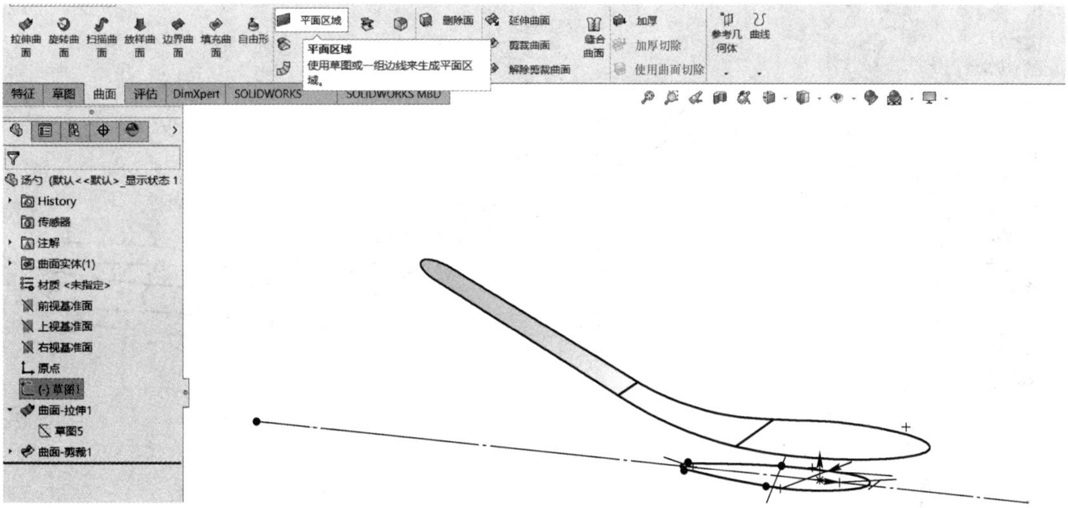

图 6-26　底面的平面

（6）对前视基准面的草图进行显示，如图 6-27 所示。

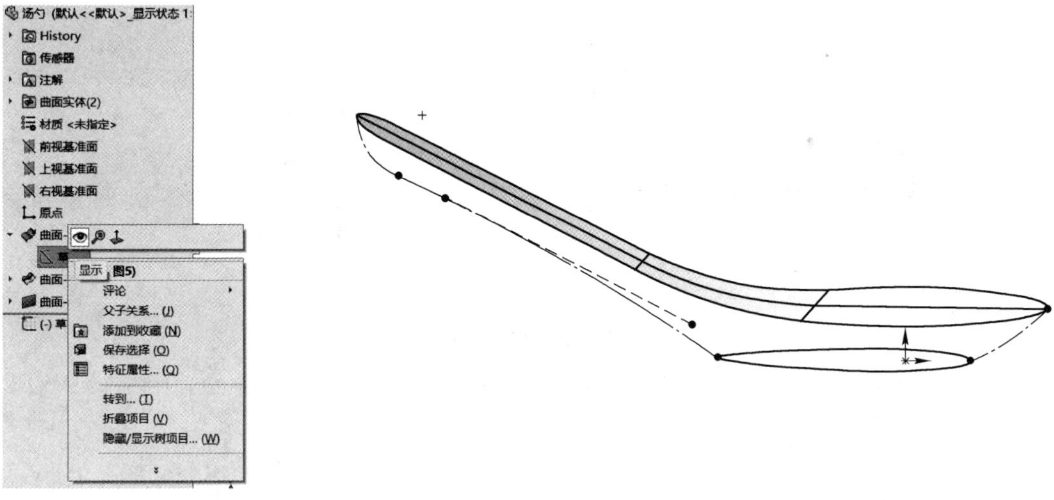

图 6-27　前视基准面

选择进入前视基准面，点击“草图—转换实体引用”，对两端构造线分别进行转换实体引用，新建两幅草图，如图 6-28 所示。

（7）在右视基准面进入到草图环境。点击“三点画圆弧”命令，完成半径为 50 的圆弧的绘制，如图 6-29 所示。约束相应的关系为穿透，如图 6-30 所示。

镜向刚绘制的草图，操作如图 6-31 所示。

（8）进入上视基准面，绘制经过原点的直线草图，如图 6-32 所示。绘制该线是为了在填充曲面之前对该结构进行分割。

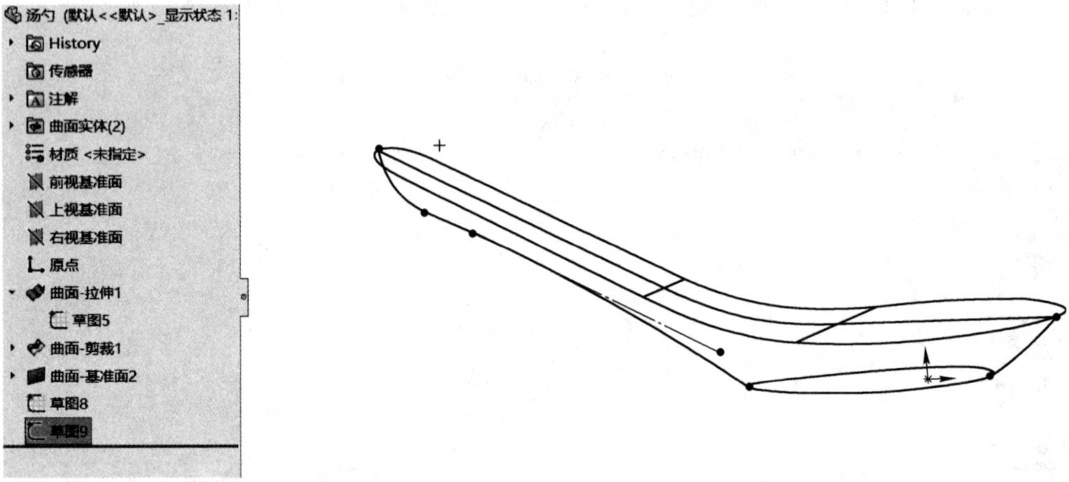

图 6-28　新建草图

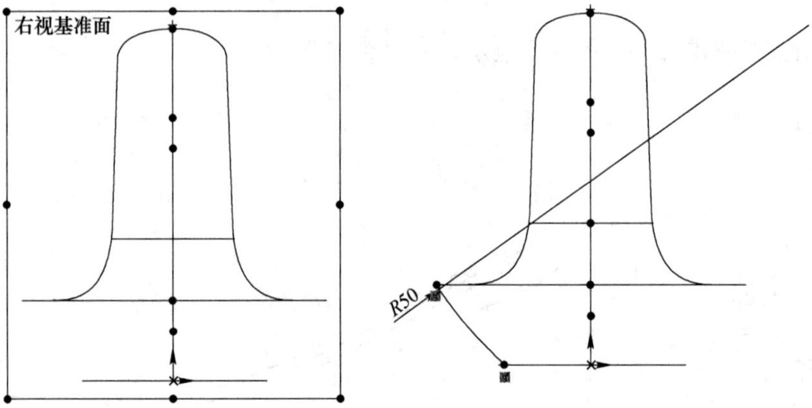

图 6-29　穿透约束

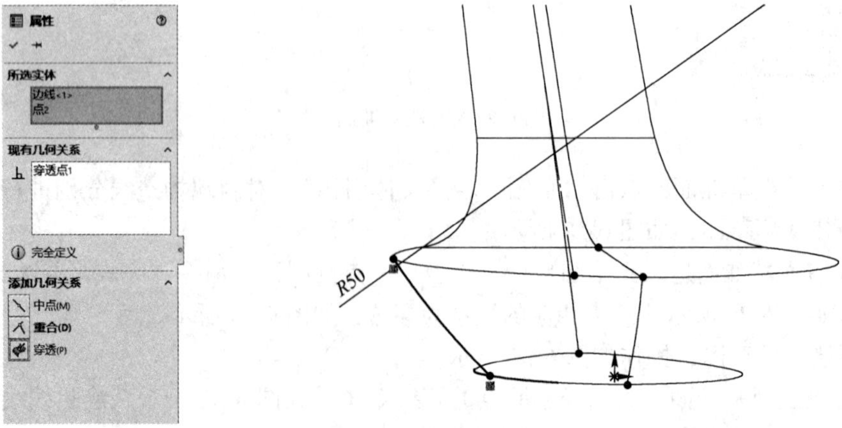

图 6-30　穿透约束放大图

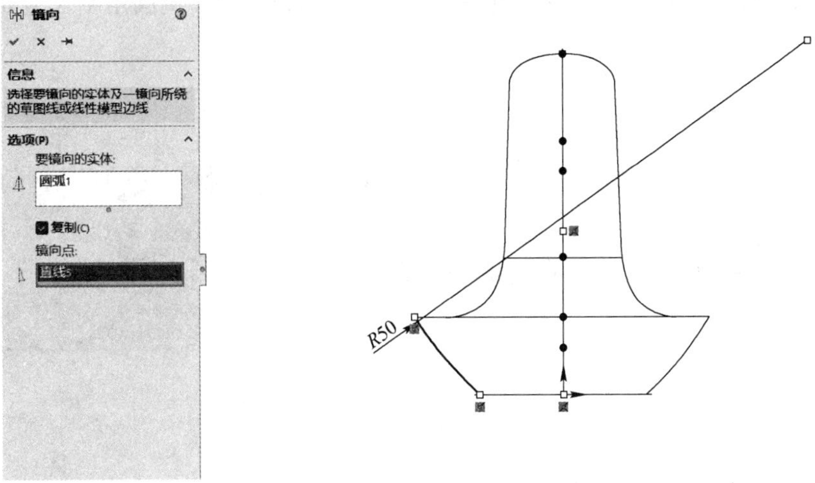

图 6-31　镜向

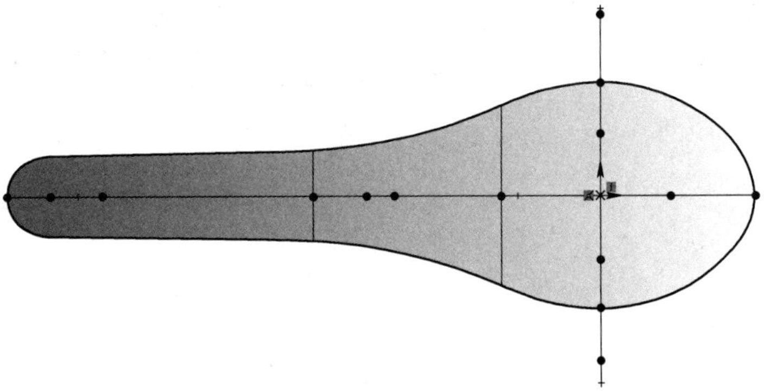

图 6-32　分割线

点击“特征—曲线—分割线”，在分割线对话框的“分割类型”选择“投影”分割，分割线选择直线，分割面选择汤勺的上下面，点击确定按钮 ✔，将结构分割成两半，如图 6-33 所示。

(9) 点击“曲面—填充曲面”，在修补边界中依次选择上部分圆弧—草图 9—下部分圆弧—草图 10，点击确定按钮 ✔，完成前半部分的填充，如图 6-34 所示。进一步填充汤勺的把手部分，同理点击“曲面—填充曲面”，在修补边界中依照次序选择边界部分，不能遗漏。

(10) 调出“直接编辑”选项卡，如图 6-35 所示。

点击“直接编辑—删除/保留实体”，将上表面删除，如图 6-36 所示。

（11）点击“曲面—缝合”，对剩下的曲面进行缝合。窗选全部的结构，勾选合并结果，完成曲面的缝合，如图 6-37 所示。

（12）点击“曲面—圆角”命令，选择底面的面进行倒圆角，倒圆角半径为 0. 5 mm，如图 6-38 所示。

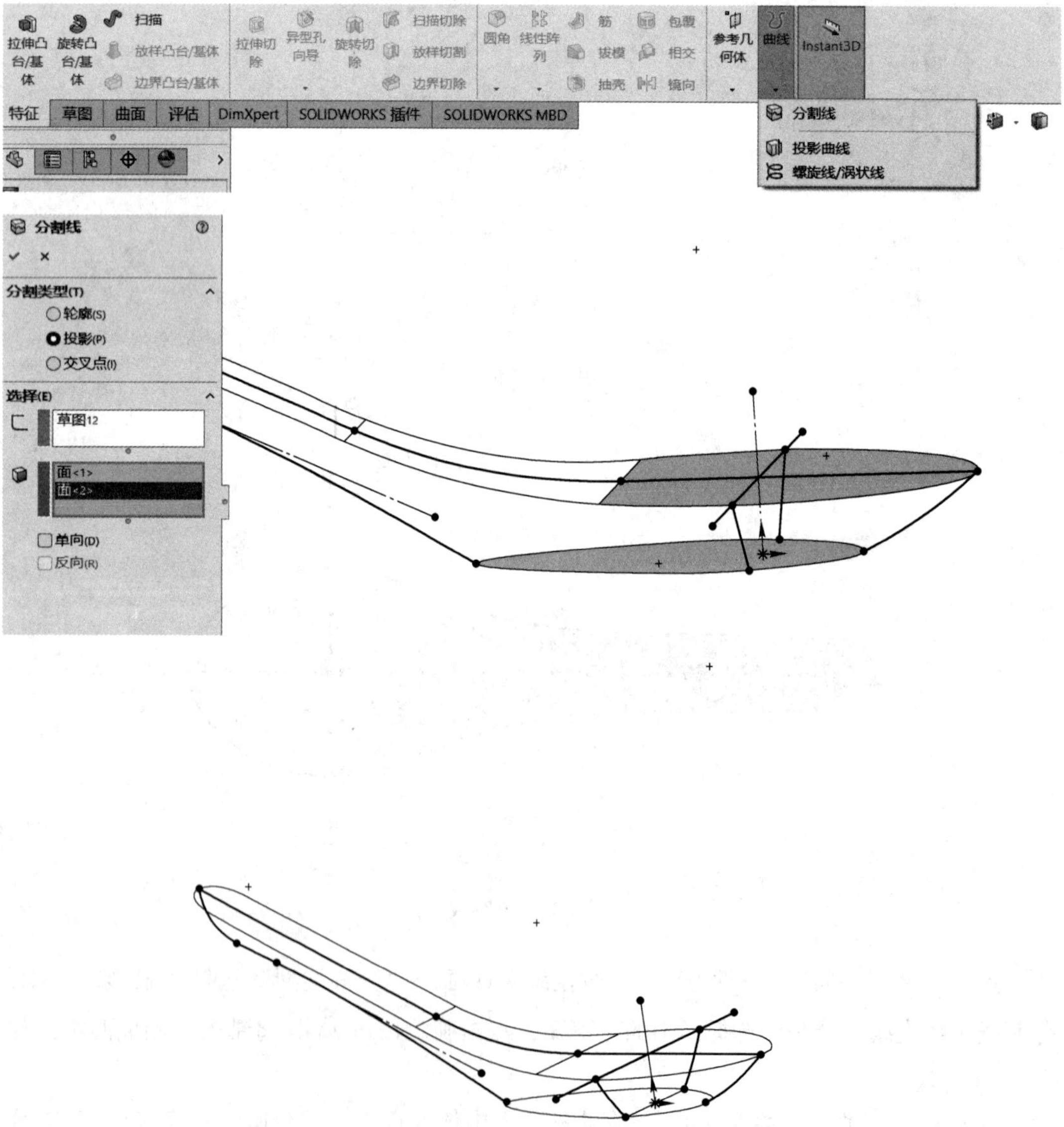

图 6-33　分割形状

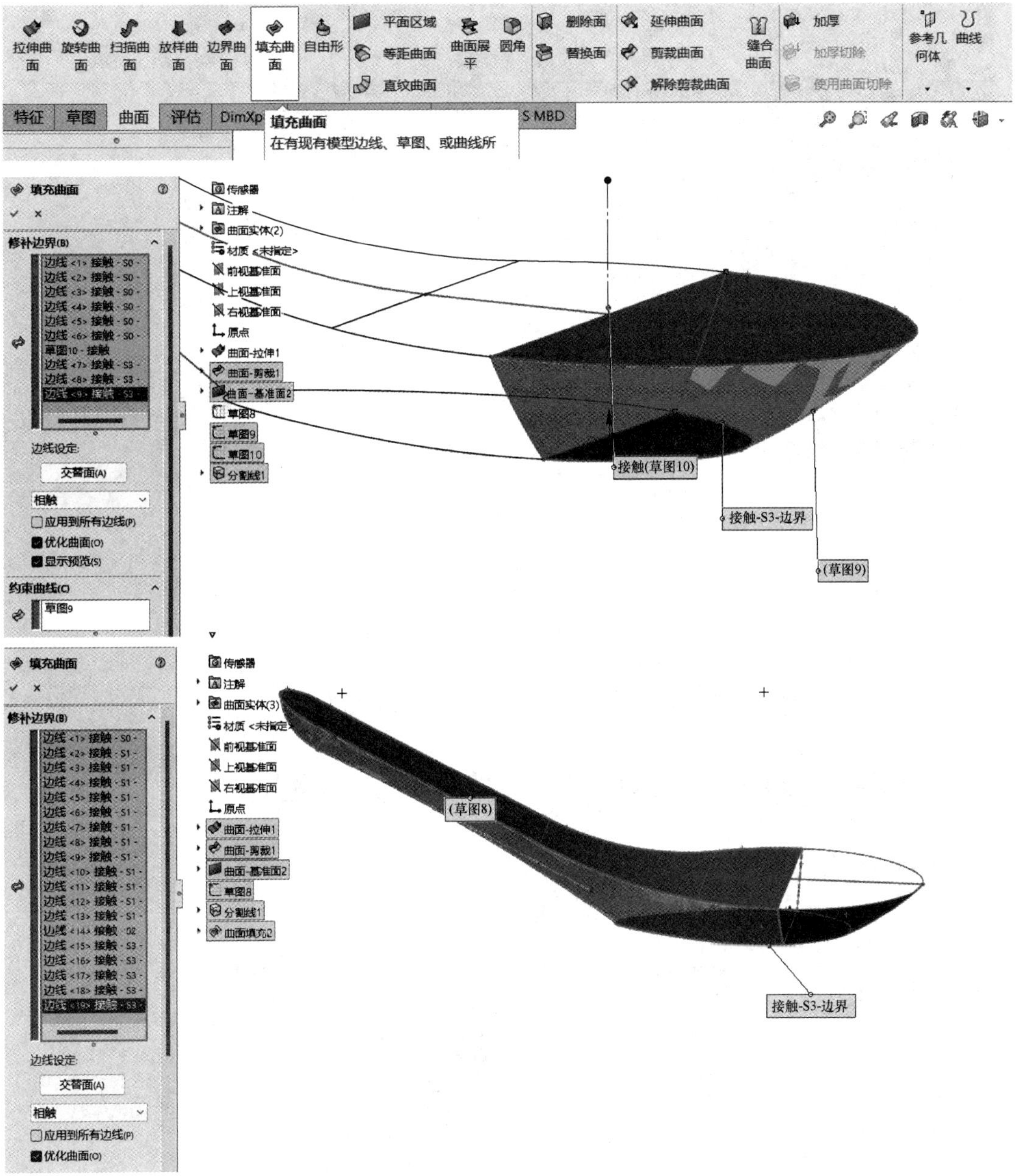
拉伸曲面
旋转曲面
扫描曲面
放样曲面
边界曲面
填充曲面
自由形
平面区域
等距曲面
直纹曲面
曲面展平
圆角
删除面
替换面
延伸曲面
剪裁曲面
解除剪裁曲面
缝合曲面
加厚
加厚切除
使用曲面切除
参考几何体
曲线
特征
草图
曲面
评估
DimXp
S MBD
填充曲面
在有现有模型边线、草图、或曲线所
填充曲面
修补边界(B)
边线 <1> 接触 - S0 -
边线 <2> 接触 - S0 -
边线 <3> 接触 - S0 -
边线 <4> 接触 - S0 -
边线 <5> 接触 - S0 -
边线 <6> 接触 - S0 -
草图10 - 接触
边线 <7> 接触 - S3 -
边线 <8> 接触 - S3 -
边线 <9> 接触 - S3
边线设定:
交替面(A)
相触
应用到所有边线(P)
优化曲面(O)
显示预览(S)
约束曲线(C)
草图9
传感器
注解
曲面实体(2)
材质 <未指定>
前视基准面
上视基准面
右视基准面
原点
曲面-拉伸1
曲面-剪裁1
曲面-基准面2
草图8
草图9
草图10
分割线1
接触(草图10)
接触-S3-边界
(草图9)
填充曲面
修补边界(B)
边线 <1> 接触 - S0 -
边线 <2> 接触 - S1 -
边线 <3> 接触 - S1 -
边线 <4> 接触 - S1 -
边线 <5> 接触 - S1 -
边线 <6> 接触 - S1 -
边线 <7> 接触 - S1 -
边线 <8> 接触 - S1 -
边线 <9> 接触 - S1 -
边线 <10> 接触 - S1 -
边线 <11> 接触 - S1 -
边线 <12> 接触 - S1 -
边线 <13> 接触 - S1 -
边线 <14> 接触 - S2
边线 <15> 接触 - S3 -
边线 <16> 接触 - S3 -
边线 <17> 接触 - S3 -
边线 <18> 接触 - S3 -
边线 <19> 接触 - S3 -
边线设定:
交替面(A)
相触
应用到所有边线(P)
优化曲面(O)
传感器
注解
曲面实体(3)
材质 <未指定>
前视基准面
上视基准面
右视基准面
原点
曲面-拉伸1
曲面-剪裁1
曲面-基准面2
草图8
分割线1
曲面填充2
(草图8)
接触-S3-边界

图 6-34　填充曲面

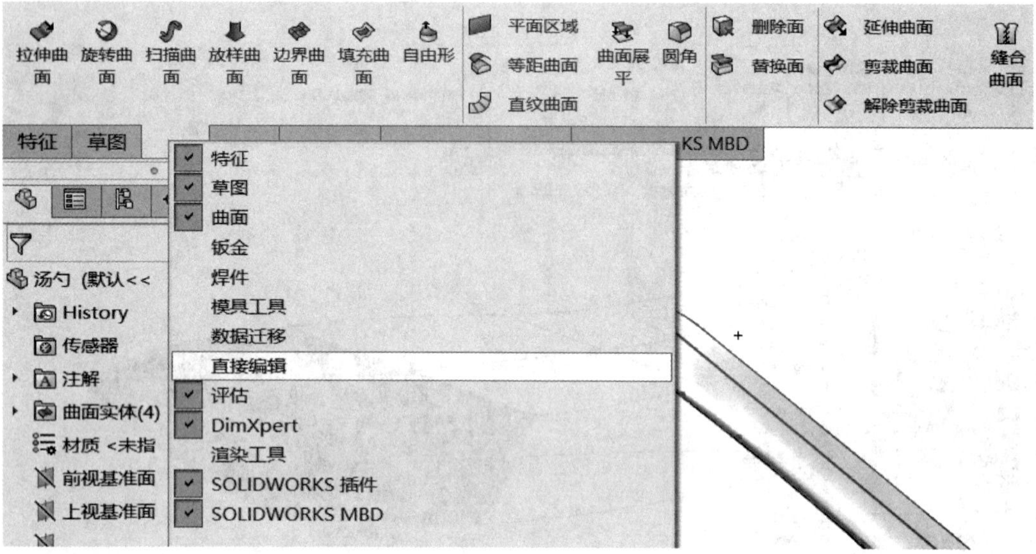

图 6-35　编辑选项

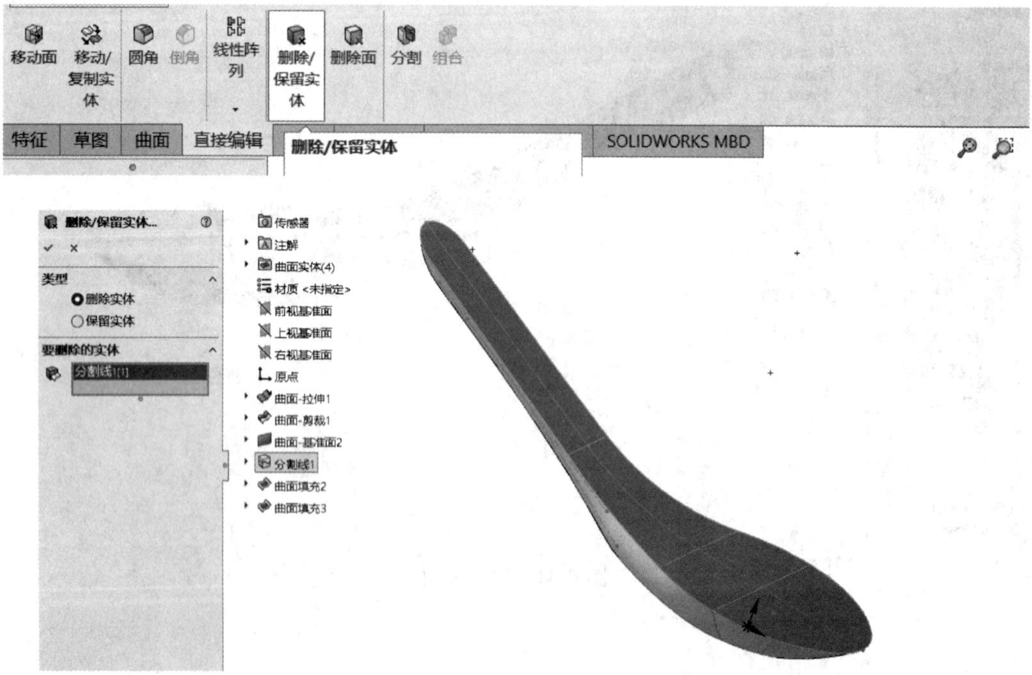

图 6-36　删除/保留实体

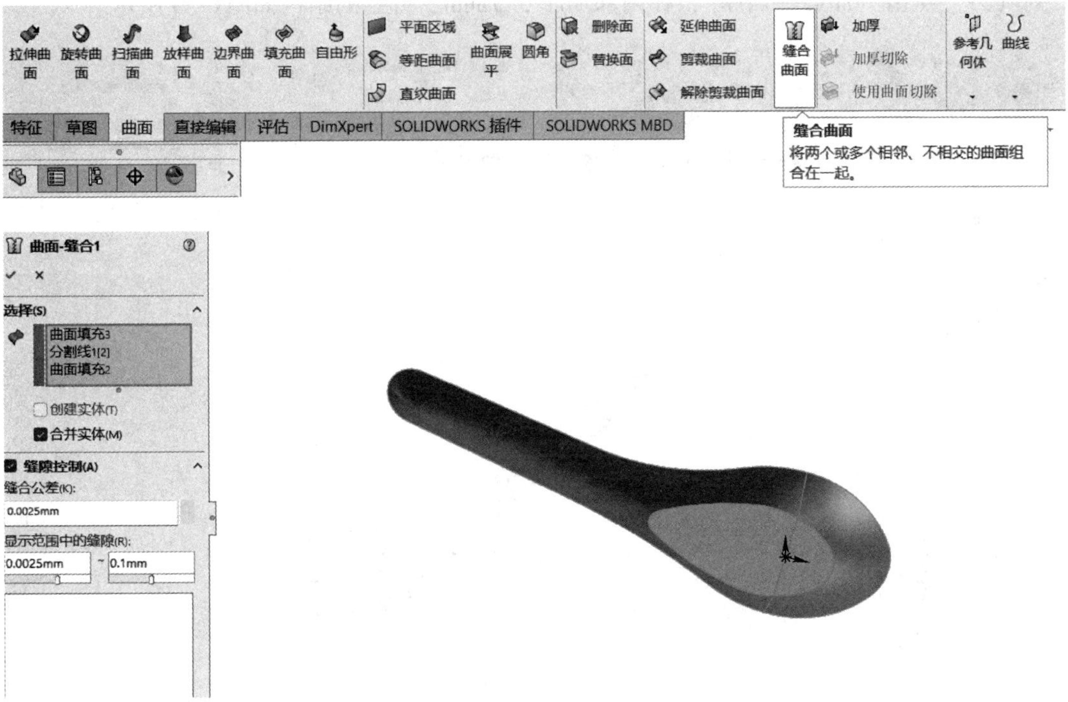

图 6-37　曲面缝合

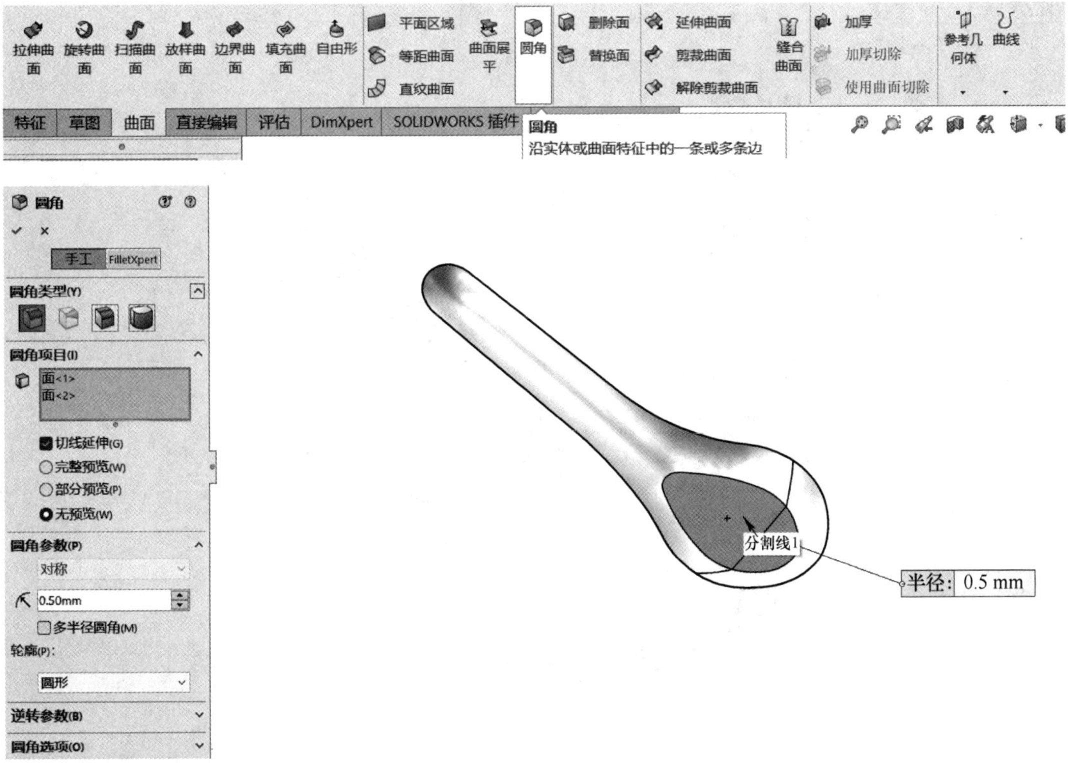

图 6-38　倒圆角

（13）点击“曲面—加厚”，往内部加厚 0. 5 mm，得到的结构如图 6-39 所示。

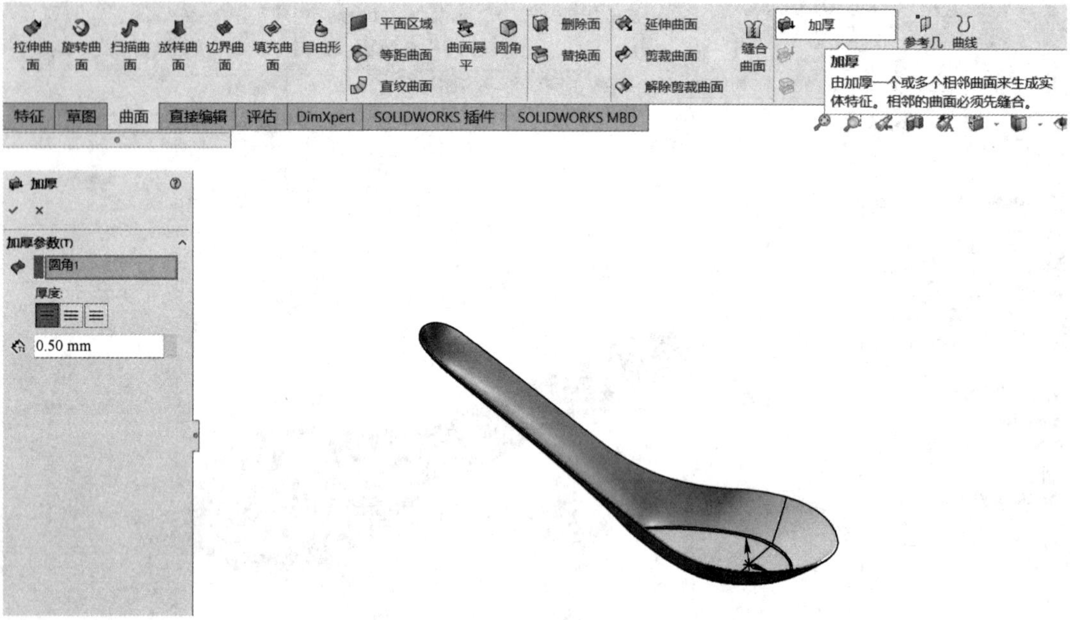

图 6-39　加厚

（14）点击“特征—圆角”，倒角半径输入 0. 2 mm，完成汤勺边沿的倒角，如图 6-40 所示。

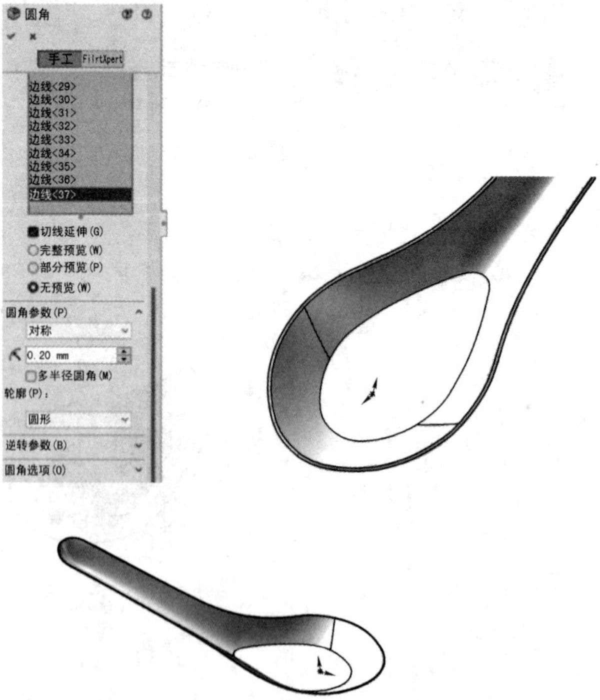

图 6-40　倒圆角

（15）右击“材质”，选择“编辑材料”，完成材料的定义并对其进行渲染，如图 6-41 所示。

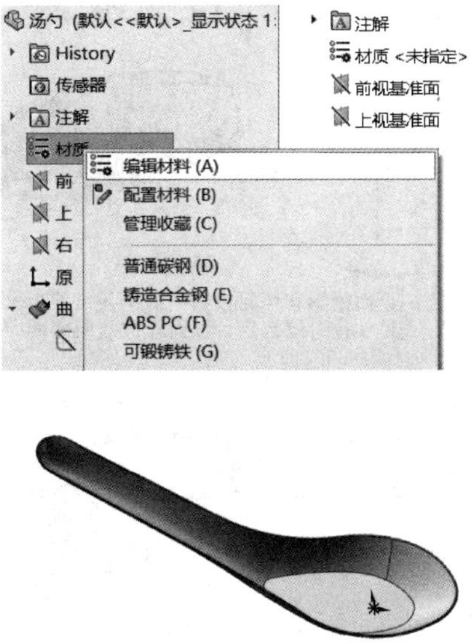

图 6-41　材质添加

练　习

设计并完成图 6-42~图 6-45 所示模型的绘制。

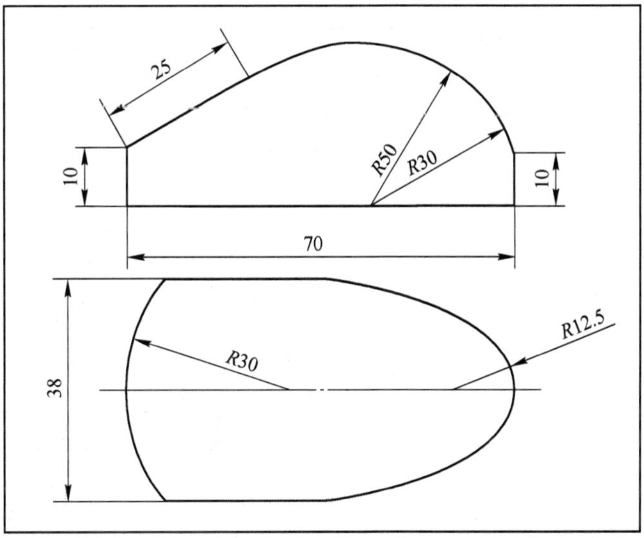

图 6-42　练习 1

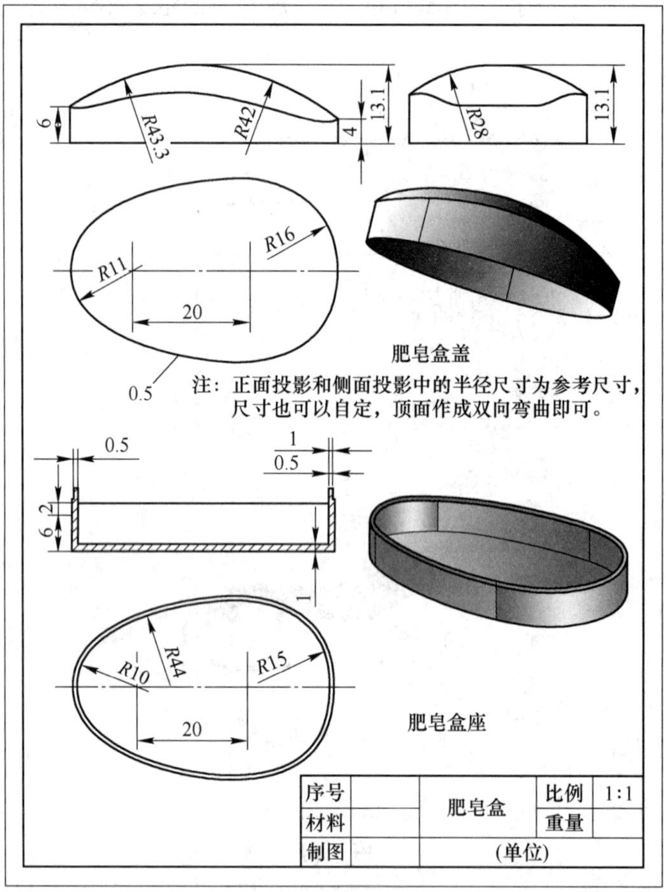

图 6-43　练习 2

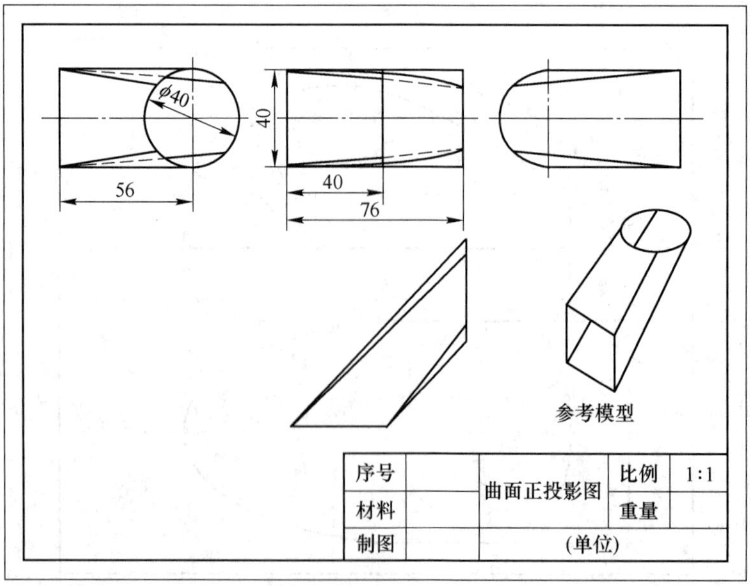

图 6-44　练习 3

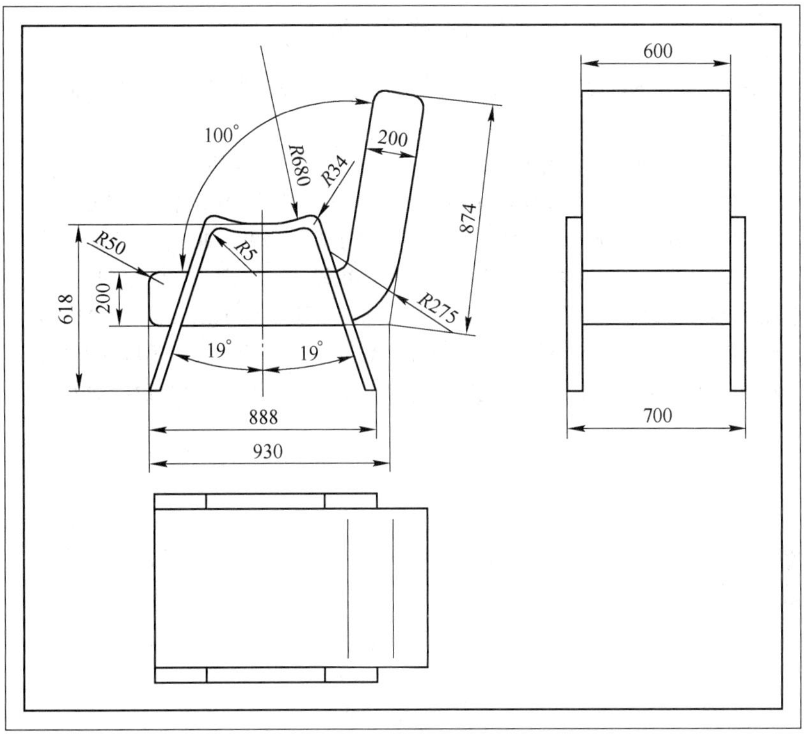

图 6-45　练习 4

参考文献

[1] 罗广思，潘安霞．使用 SolidWorks 软件的机械产品数字化设计项目教程［M］．北京：高等教育出版社，2011.

[2] 杨义勇，郑凯．机械三维设计实用教程［M］．北京：清华大学出版社，2013.

[3] 张云杰，张云敬．SolidWorks 完全学习手册［M］．北京：清华大学出版社，2020.

[4] 詹迪维．SolidWorks 机械设计教程［M］．北京：机械工业出版社，2021.

[5] 刘鸿莉，宋丕伟．SolidWorks 机械设计简明实用基础教程［M］．北京：北京理工大学出版社，2022.

[6] 赵罘，杨晓静．SolidWorks 中文版基础教程［M］．北京：人民邮电出版社，2022.

[7] 詹建新，魏向京．SolidWorks 产品设计标准教程［M］．北京：清华大学出版社，2022.

[8] 包慧，冯斌．SolidWorks 机械设计项目化教程［M］．北京：机械工业出版社，2024.